环保公益性行业科研专项经费项目系列丛书

“十二五”期间近岸海域水环境与陆源压力趋势研究

中国环境监测总站 编著

中国环境出版社·北京

图书在版编目（CIP）数据

“十二五”期间近岸海域水环境与陆源压力趋势研究/中国环境监测总站编著. —北京：中国环境出版社，2016.12

ISBN 978-7-5111-3021-1

Ⅰ. ①十… Ⅱ. ①中… Ⅲ. ①近海—水环境—水质监测—中国—2011—2015 Ⅳ. ①X832

中国版本图书馆 CIP 数据核字（2016）第 31195 号

出版人 王新程
责任编辑 赵惠芬
责任校对 尹 芳
封面设计 宋 瑞

出版发行 中国环境出版社
（100062 北京市东城区广渠门内大街 16 号）
网 址：http：//www.cesp.com.cn
电子邮箱：bjgl@cesp.com.cn
联系电话：010-67112765（编辑管理部）
发行热线：010-67125803，010-67113405（传真）
印 刷 北京市联华印刷厂
经 销 各地新华书店
版 次 2016 年 12 月第 1 版
印 次 2016 年 12 月第 1 次印刷
开 本 787×1092 1/16
印 张 13.75
字 数 313 千字
定 价 50.00 元

《环保公益性行业科研专项经费项目系列丛书》

编 委 会

本书编委会

总　序

目前，全球性和区域性环境问题不断加剧，已经成为限制各国经济社会发展的主要因素，解决环境问题的需求十分迫切。环境问题也是我国经济社会发展面临的困难之一，特别是在我国快速工业化、城镇化进程中，这个问题变得更加突出。党中央、国务院高度重视环境保护工作，积极推动我国生态文明建设进程。党的十八大以来，按照“五位一体”总体布局、“四个全面”战略布局以及“五大发展”理念，党中央、国务院把生态文明建设和环境保护摆在更加重要的战略地位，先后出台了《环境保护法》《关于加快推进生态文明建设的意见》《生态文明体制改革总体方案》《大气污染防治行动计划》《水污染防治行动计划》《土壤污染防治行动计划》等一批法律法规和政策文件，我国环境治理力度前所未有，环境保护工作和生态文明建设的进程明显加快，环境质量有所改善。

在党中央、国务院的坚强领导下，环境问题全社会共治的局面正在逐步形成，环境管理正在走向系统化、科学化、法治化、精细化和信息化。科技是解决环境问题的利器，科技创新和科技进步是提升环境管理系统化、科学化、法治化、精细化和信息化的基础，必须加快建立持续改善环境质量的科技支撑体系，加快建立科学有效防控人群健康和环境风险的科技基础体系，建立开拓进取、充满活力的环保科技创新体系。

“十一五”以来，中央财政加大对环保科技的投入，先后启动实施水体污染控制与治理科技重大专项、清洁空气研究计划、蓝天科技工程专项等专项，同时设立了环保公益性行业科研专项。根据财政部、科技部的总体部署，环保公益性行业科研专项紧密围绕《国家中长期科学和技术发展规划纲要（2006—2020 年）》《国家创新驱动发展战略纲要》《国家科技创新规划》和《国家环境保护科技发展规划》，立足环境管理中的科技需求，积极开展应急性、培育性、基础性科学研究。“十一五”以来，环境保护部组织实施了公益性行业科研专项项目 479 项，涉及大气、水、生态、土壤、固废、化学品、核与辐射等领域，共有包括中央级科研院所、高等院校、地方环保科研单位和企业等几百家单位参与，逐步形成了优势互补、团结协作、良性竞争、共同发展的环保科技“统一战线”。目前，专项取得了重要研究成果，已验收的项目中，共提交各类标准、技术规范 997 项，各类政策建议与咨询报告 535 项，授权专利 519 项，出版专著 300 余部，专项研究成果在各级环保部门中得到较好的应用，为解决我国环境问题和提升环境管理水平提供了重要的科技支撑。

为广泛共享环保公益性行业科研专项项目研究成果，及时总结项目组织管理经验，环境保护部科技标准司组织出版环保公益性行业科研专项经费系列丛书。该丛书汇集了一批专项研究的代表性成果，具有较强的学术性和实用性，是环境领域不可多得的资料文献。丛书的组织出版，在科技管理上也是一次很好的尝试，我们希望通过这一尝试，能够进一步活跃环保科技的学术氛围，促进科技成果的转化与应用，不断提高环境治理能力现代化水平，为持续改善我国环境质量提供强有力的科技支撑。

中华人民共和国环境保护部副部长

黄润秋

编 者 序

“十二五”期间，中国环境监测总站组织全国近岸海域环境监测网成员单位开展了近岸海域水质和陆源的监测工作，在“十一五”工作的基础上，进一步完善和修订了相关监测技术、质量保证和质量控制要求。在各沿海省、自治区、直辖市环境监测中心（站）和各城市（部分县）环境监测站的共同努力下，使全国近岸海域水环境监测、入海河流和直排海污染源监测更加完善。

本研究基于全国近岸海域环境监测网 2011—2015 年开展近岸海域水环境质量、入海河流和直排海污染源监测结果，结合环保公益性行业科研专项“近岸海域环境质量综合评价方法研究”（项目编号 201309008）研究成果，对“十二五”期间全国近岸海域水环境状况及陆源压力进行了分析。便于近岸海域环境监测和科研人员了解“十二五”期间全国近岸海域环境污染状况及压力，亦可作为大专院校和科研机构开展近岸海域水环境状况与陆源压力的教学参考书籍。

全国近岸海域环境监测网各成员单位为本书的研究与分析提供了基础数据和相关信息，在此，对各单位及参加监测的所有工作人员表示感谢！

全书编制分工为：第一章、第二章由李曌、王业耀等编著，第三章和第四章由丁页、刘方、刘喜惠等编著，第五章由刘喜惠、丁页、刘方等编著，第六章由王业耀、刘方、李俊龙等编著。书稿由王业耀、刘方、丁页统稿和定稿。

由于近岸海域环境监测的不断发展，编写人员的业务水平、工作经验和工作局限，尚存有诸多不尽如人意之处，敬请专家和广大读者批评指正，使近岸海域水环境状况及陆源压力分析工作不断完善，更好地为广大读者服务。

编　者

2016 年 5 月于北京

目 录

第一章　全国近岸海域水质状况

1.1　全国近岸海域水质总体状况

1.1.1　总体情况

2011—2015 年全国近岸海域环境监测网开展 28 项污染因子监测，包括 pH、溶解氧、化学需氧量、五日生化需氧量、大肠菌群、无机氮、非离子氨、活性磷酸盐、汞、镉、铅、六价铬、总铬、砷、铜、锌、硒、镍、氰化物、硫化物、挥发性酚、石油类、六六六、滴滴涕、马拉硫磷、甲基对硫磷、苯并[*a*]芘和阴离子表面活性剂。根据对监测数据的评价结果表明，2011—2015 年，全国近岸海域水质总体保持稳定，为轻度污染，近岸海域水质恶化趋势依然没有得到遏制。影响全国近岸海域水质的主要污染因子为无机氮和活性磷酸盐，石油类、pH、铅、铜等污染因子在局部海域多年超二类标准。

四大海区中，东海近岸海域水质最差，以差和极差为主；渤海次之，以一般和差为主；黄海和南海水质较好，以良好为主。东海污染因子主要为无机氮和活性磷酸盐，渤海主要污染因子除无机氮外还包括石油类和重金属中的铅、铜。

沿海各省市中，上海和浙江水质最差，以极差为主；天津其次，为中度或极差；福建为轻度或差；辽宁以轻度污染为主；河北、江苏为良好或轻度污染；广西为优到轻度污染；广东以良好为主；山东、海南水质较好，为优或良好。

1.1.2　全国近岸海域水质类别

2011—2015 年，全国近岸海域水质保持稳定，水质类别均为一般。一类、二类海水比例为 62.8%～70.4%，三类、四类海水比例为 11.3%～20.3%，劣四类海水比例为 16.9%～18.6%。各年中，2015 年水质最好，2011 年水质最差。主要污染因子为无机氮和活性磷酸盐，见表 1-1 和图 1-1。

全国各项超标污染因子中，无机氮和活性磷酸盐点位超标率较高，各年中有年度超过 10%。其他污染因子包括溶解氧、pH、化学需氧量、石油类、铜、铅、镉、非离子氨、锌、生化需氧量、镍、挥发性酚、阴离子表面活性剂、大肠菌群、镍、硫化物、氰化物各年中有年度出现超标，见图 1-2。

表 1-1 2011—2015 年全国近岸海域各类海水比例

年份	一类海水/%	二类海水/%	三类海水/%	四类海水/%	劣四类海水/%	水质类别	主要污染因子
2011	25.2%	37.5%	12.0%	8.3%	16.9%	一般	无机氮（29.6%）、活性磷酸盐（11.0%）
2012	29.9%	39.5%	6.6%	5.3%	18.6%	一般	无机氮（28.6%）、活性磷酸盐（15.9%）
2013	24.6%	41.9%	8.0%	7.0%	18.6%	一般	无机氮（28.6%）、活性磷酸盐（15.6%）
2014	28.6%	38.2%	7.0%	7.6%	18.6%	一般	无机氮（31.2%）、活性磷酸盐（14.6%）
2015	33.6%	36.9%	7.6%	3.7%	18.3%	一般	无机氮（29.2%）、活性磷酸盐（14.6%）

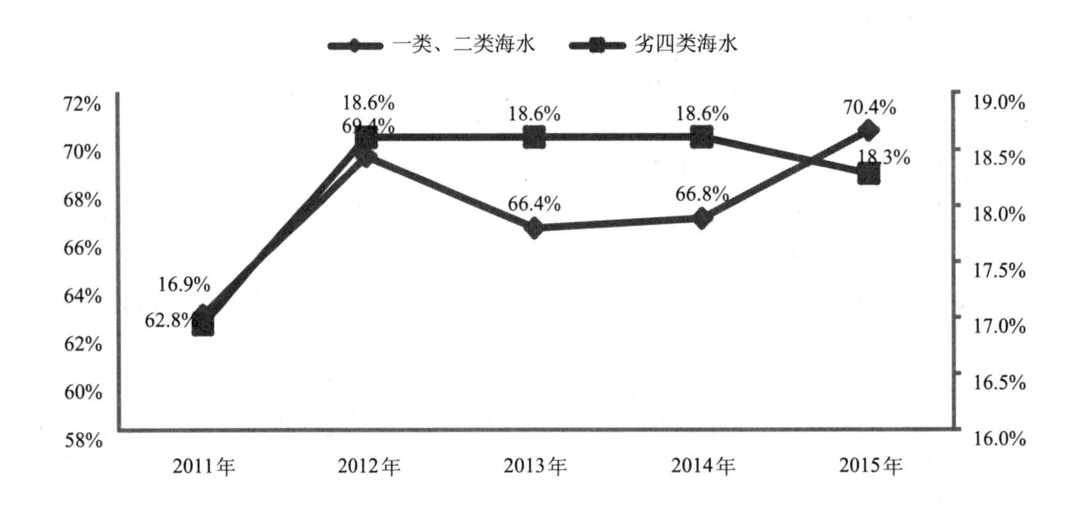

图 1-1 2011—2015 年全国近岸海域一类、二类及劣四类海水比例变化

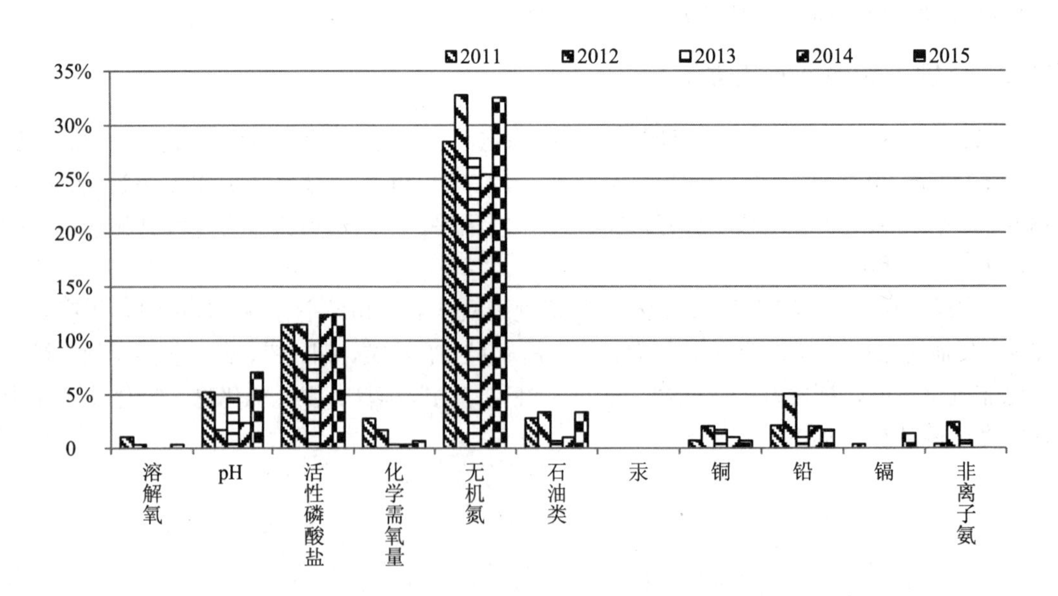

图 1-2 2011—2015 年全国近岸海域主要污染因子超标比例

1.1.3　四大海区水质类别

四大海区中，东海近岸海域水质最差，以差和极差为主；渤海次之，以一般和差为主；黄海和南海水质较好，以良好为主。东海污染因子主要为无机氮和活性磷酸盐，渤海主要污染因子除无机氮外还包括石油类、铅、铜等，见表 1-2、图 1-3 和图 1-4。

表 1-2　2011—2015 年渤海近岸海域各类海水比例

海区	年度	一类海水/%	二类海水/%	三类海水/%	四类海水/%	劣四类海水/%	水质类别	主要污染因子
渤海	2011	16.3%	40.8%	18.4%	14.3%	10.2%	差	无机氮（30.6%）、铅（26.5%）、石油类（12.2%）
	2012	26.5%	40.8%	12.2%	8.2%	12.2%	一般	无机氮（30.6%）、pH（8.2%）、非离子氨（8.2%）
	2013	12.2%	51.0%	16.3%	14.3%	6.1%	一般	无机氮（34.7%）、硫化物（12.2%）、铅（6.1%）、镍（6.1%）
	2014	26.5%	46.9%	6.1%	14.3%	6.1%	一般	无机氮（22.4%）、石油类（6.1%）
	2015	14.3%	57.1%	14.3%	8.2%	6.1%	一般	无机氮（28.6%）
黄海	2011	33.3%	50.0%	14.8%	1.9%	0.0%	良好	无机氮（7.4%）、石油类（5.6%）
	2012	37.0%	50.0%	9.3%	3.7%	0.0%	良好	无机氮（9.3%）
	2013	29.6%	55.6%	13.0%	1.9%	0.0%	良好	硫化物（14.8%）、无机氮（7.4%）、石油类（7.4%）
	2014	42.6%	40.7%	9.3%	5.6%	1.9%	良好	无机氮（13.0%）
	2015	37.0%	51.9%	5.6%	1.9%	3.7%	良好	无机氮（11.1%）
东海	2011	7.4%	29.5%	8.4%	14.7%	40.0%	差	无机氮（61.1%）、活性磷酸盐（31.6%）
	2012	16.8%	21.1%	6.3%	9.5%	46.3%	极差	无机氮（61.1%）、活性磷酸盐（43.2%）
	2013	0.0%	30.5%	7.4%	12.6%	49.5%	极差	无机氮（58.9%）、活性磷酸盐（42.1%）、生化需氧量（13.7%）
	2014	2.1%	27.4%	9.5%	13.7%	47.4%	极差	无机氮（70.5%）、活性磷酸盐（36.8%）
	2015	20.0%	16.8%	11.6%	5.3%	46.3%	极差	无机氮（62.1%）、活性磷酸盐（40%）
南海	2011	41.7%	36.9%	10.7%	2.9%	7.8%	一般	无机氮（11.7%）、pH（6.8%）
	2012	39.8%	50.5%	2.9%	1.0%	5.8%	良好	无机氮（7.8%）
	2013	50.5%	40.8%	1.9%	1.0%	5.8%	良好	无机氮（8.7%）、活性磷酸盐（5.8%）、大肠菌群（5.8%）
	2014	46.6%	42.7%	3.9%	0.0%	6.8%	良好	无机氮（8.7%）、活性磷酸盐（6.8%）
	2015	53.4%	37.9%	1.9%	1.0%	5.8%	良好	无机氮（8.7%）

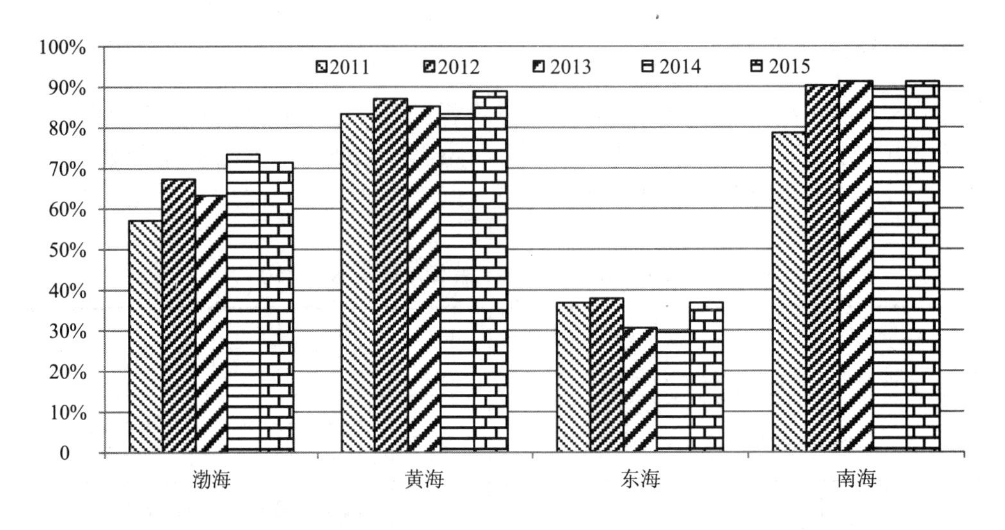

图 1-3 2011—2015 年四大海区近岸海域一类、二类海水比例变化

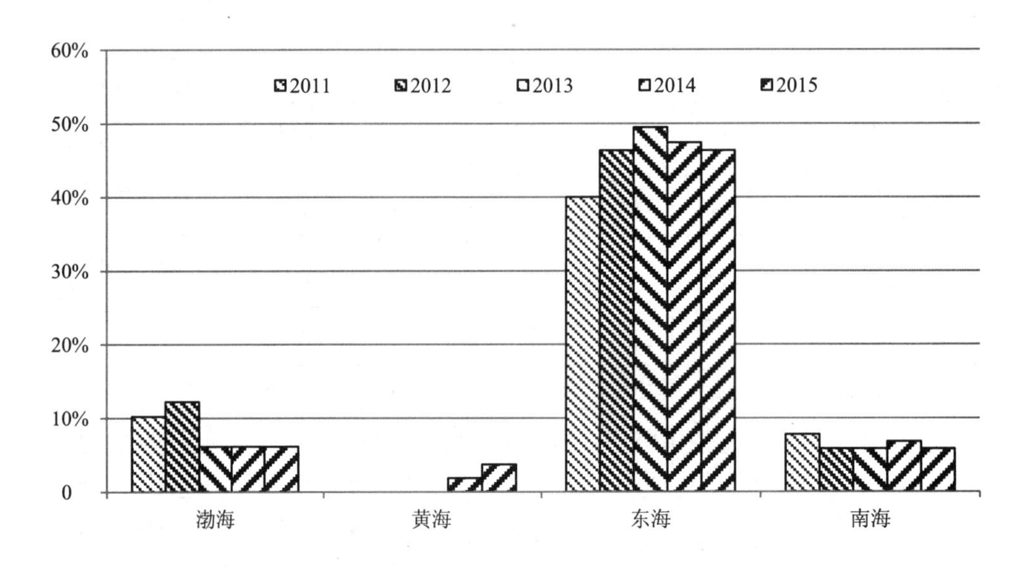

图 1-4 2011—2015 年四大海区近岸海域劣四类海水比例变化

2011—2015 年，渤海近岸海域水质恶化，水质类别为一般至差，以一般为主。一类、二类海水比例为 57.1%～73.5%，三类、四类海水比例为 20.4%～32.7%，劣四类海水比例为 6.1%～12.2%。各年中，2014 年水质最好，2011 年水质最差。主要污染因子为无机氮、铅、石油类、pH、非离子氨、镍。渤海海区各项超标污染因子中，无机氮、石油类、铅点位超标率较高，各年中有年度超过 10%。铜、镉、锌、pH、非离子、氨点位超标率各年中有年度超过 5%。其他污染因子活性磷酸盐、化学需氧量各年中有年度出现超标。

2011—2015 年，黄海近岸海域水质保持稳定，水质类别均为良好。一类、二类海水比例为 83.3%～88.9%，三类、四类海水比例为 7.4%～16.7%，劣四类海水比例为 0～3.7%。各年中，2015 年水质最好，2011 年水质最差。主要污染因子为无机氮、石油类。黄海海区各项超标污染因子中，无机氮点位超标率较高，各年中有年度超过 10%。石油类点位超标率各年中有年度超过 5%。其他污染因子 pH、活性磷酸盐、大肠菌群各年中有年度出现超标。

2011—2015 年，东海近岸海域水质恶化，水质类别为差至极差，以极差为主。一类、二类海水比例为 29.5%～37.9%，三类、四类海水比例为 15.8%～23.2%，劣四类海水比例为 40.0%～49.5%。各年中，2012 年水质最好，2014 年水质最差。主要污染因子为无机氮、活性磷酸盐、生化需氧量。东海海区各项超标污染因子中，活性磷酸盐、无机氮点位超标率较高，各年中有年度超过 10%。其他污染因子化学需氧量、生化需氧量、挥发性酚、阴离子表面活性剂各年中有年度出现超标。

2011—2015 年，南海近岸海域水质好转，水质类别为良好至一般，以良好为主。一类、二类海水比例为 78.6%～91.3%，三类、四类海水比例为 2.9%～13.6%，劣四类海水比例为 5.8%～7.8%。各年中，2013 年水质最好，2011 年水质最差。主要污染因子为无机氮、pH、活性磷酸盐、大肠菌群、无机氮。南海海区各项超标污染因子中，无机氮点位超标率较高，各年中有年度超过 10%。pH、活性磷酸盐点位超标率各年中有年度超过 5%。其他污染因子溶解氧、石油类、非离子氨、镍、阴离子表面活性剂、氰化物有年度出现超标。

1.2　近岸海域污染因子分析

1.2.1　营养盐

1.2.1.1　无机氮

2011—2015 年，全国无机氮年均值范围为 0.311～0.361 mg/L，点位超标率范围为 28.6%～31.2%。年均值变化趋势与点位超标率变化趋势一致，整体呈波动变化，见图 1-5。

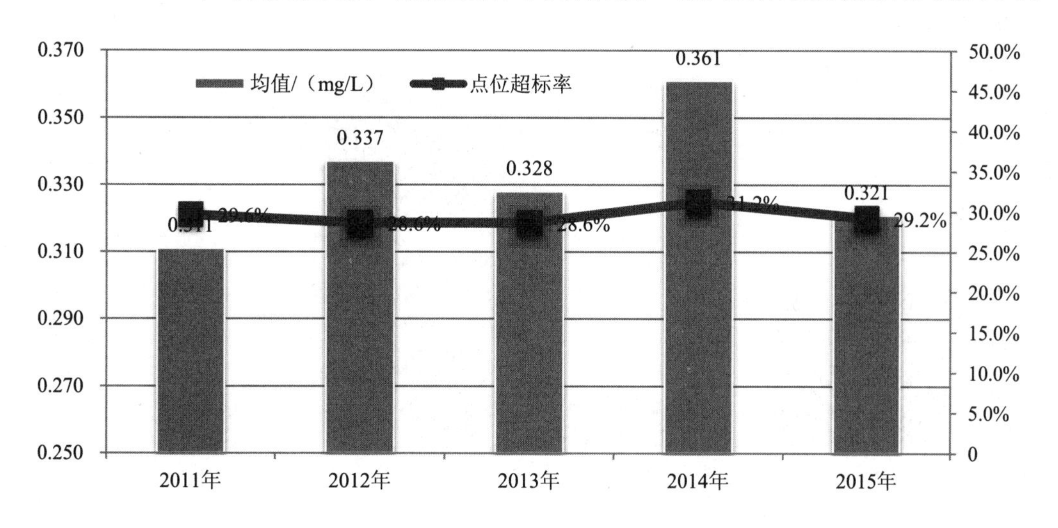

图 1-5　2011—2015 年全国近岸海域无机氮均值和点位超标率变化

四大海区中，渤海无机氮年均值范围为 0.242～0.3 mg/L，点位超标率范围为 22.4%～34.7%。黄海无机氮年均值范围为 0.163～0.193 mg/L，点位超标率范围为 7.4%～13.0%。东海无机氮均值范围为 0.518～0.637 mg/L，点位超标率范围为 58.9%～70.5%。南海无机氮年均值范围为 0.184～0.254 mg/L，点位超标率范围为 7.8%～11.7%。东海无机氮浓度水平和点位超标率均较高。

2011—2015 年，四大海区无机氮浓度基本保持稳定，见图 1-6。无机氮点位超标率呈波动变化，见图 1-7。

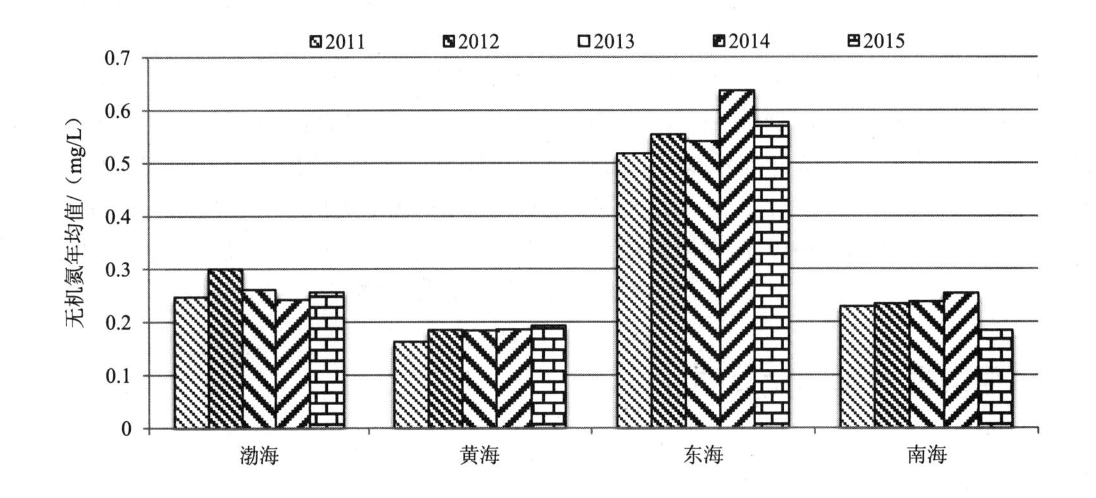

图 1-6 2011—2015 年四大海区近岸海域无机氮年均值变化

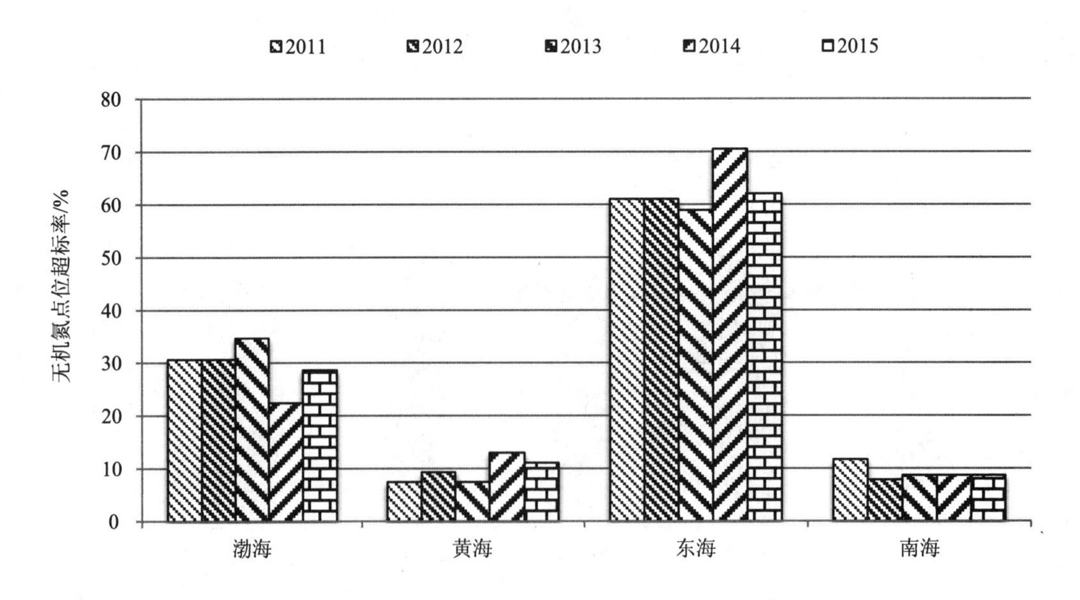

图 1-7 2011—2015 年四大海区近岸海域无机氮各年点位超标率变化

1.2.1.2 活性磷酸盐

2011—2015 年，全国活性磷酸盐年均值范围为 0.015 6～0.017 5 mg/L，点位超标率范围为 11.0%～15.9%。年均值变化较小，点位超标率先升高后稳定，见图 1-8。

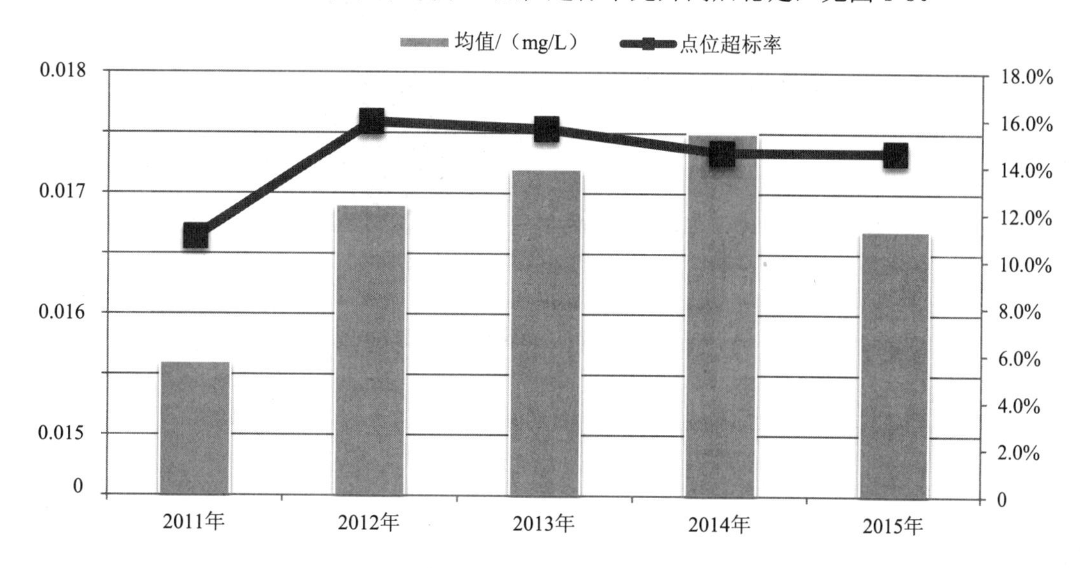

图 1-8 2011—2015 年全国近岸海域活性磷酸盐均值和点位超标率变化

四大海区中，渤海活性磷酸盐年均值范围为 0.011 6～0.012 8 mg/L，点位超标率范围为 0～4.1%。黄海活性磷酸盐年均值范围为 0.011 ～0.014 mg/L，点位超标率范围为 0～3.7%。东海活性磷酸盐年均值范围为 0.025 2～0.029 1 mg/L，点位超标率范围为 31.6%～43.2%。南海活性磷酸盐年均值范围为 0.010 9～0.013 2 mg/L，点位超标率范围为 1.9%～6.8%。东海活性磷酸盐浓度水平和点位超标率均较高，见图 1-9、图 1-10。

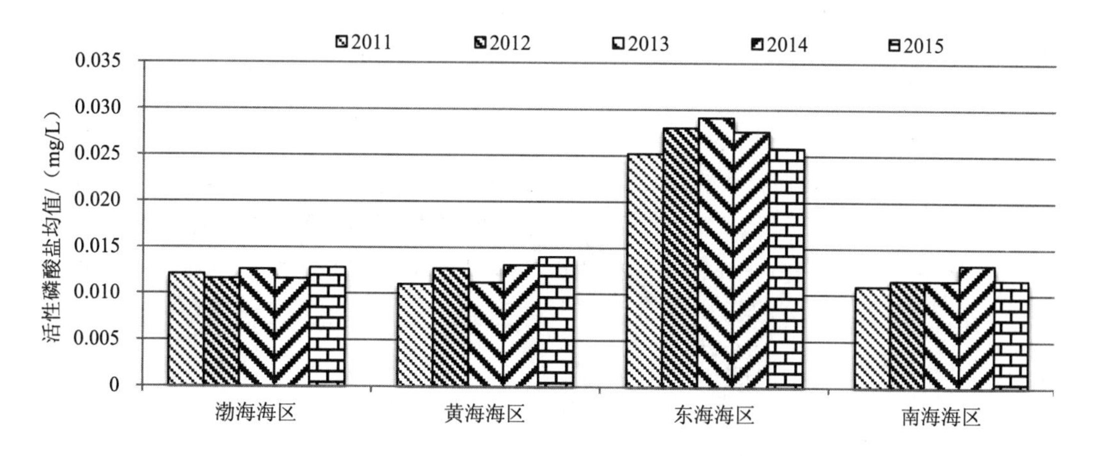

图 1-9 2011—2015 年四大海区近岸海域活性磷酸盐均值变化

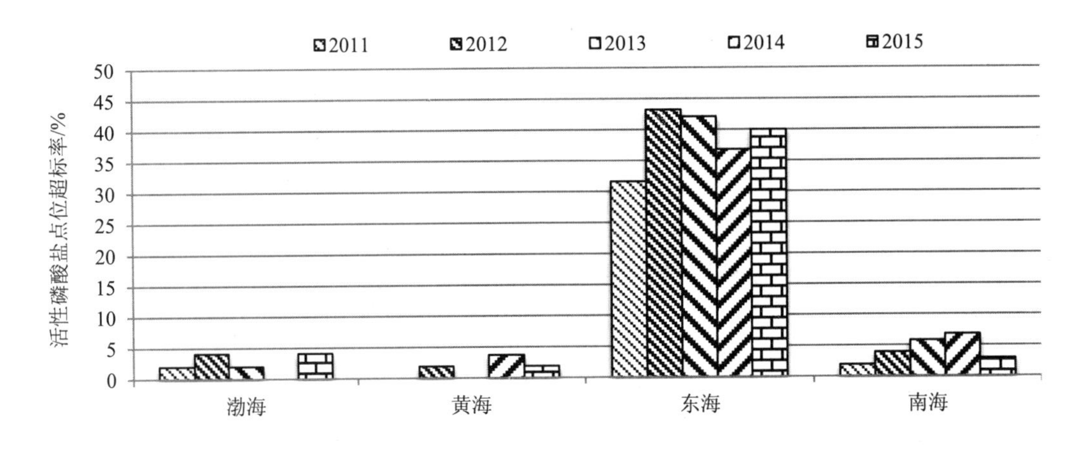

图 1-10 2011—2015 年四大海区近岸海域活性磷酸盐点位超标率变化

1.2.2 有机污染

1.2.2.1 化学需氧量

2011—2015 年，全国化学需氧量年均值范围为 1.11～1.19 mg/L，点位超标率范围为 0.3%～1.7%。年均值呈波动变化，点位超标率均较低。见图 1-11。

四大海区中，2011—2015 年，渤海化学需氧量年均值范围为 1.41～1.58 mg/L，点位超标率范围为 0～2.0%。黄海化学需氧量年均值范围为 1.25～1.35 mg/L，无点位超标。东海化学需氧量年均值范围为 0.77～1.1 mg/L，点位超标率范围为 0～3.2%。南海化学需氧量年均值范围为 1～1.13 mg/L，点位超标率范围为 0～1.9%。见图 1-11、图 1-12。

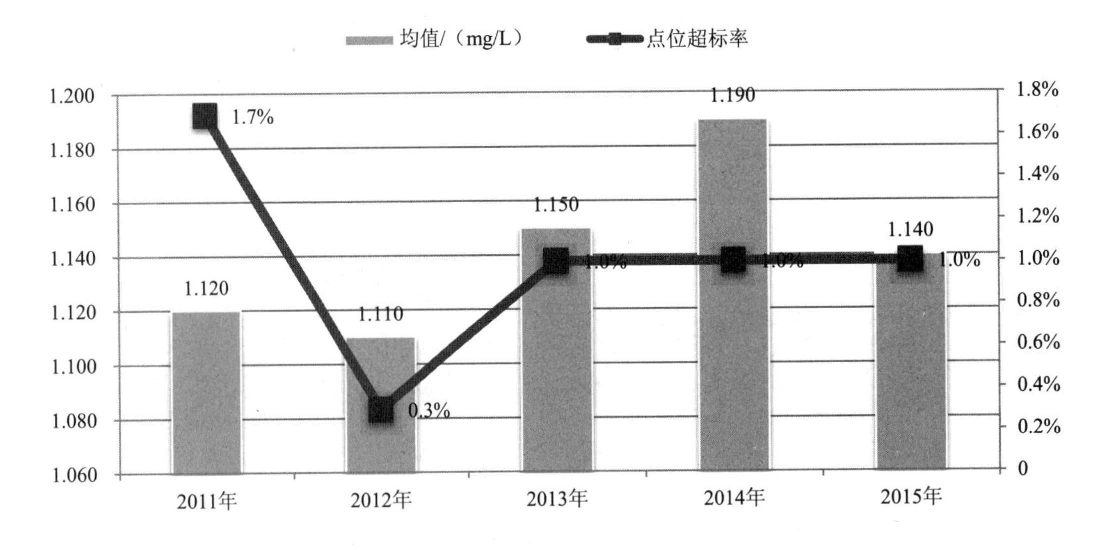

图 1-11 2011—2015 年全国近岸海域化学需氧量均值和点位超标率变化

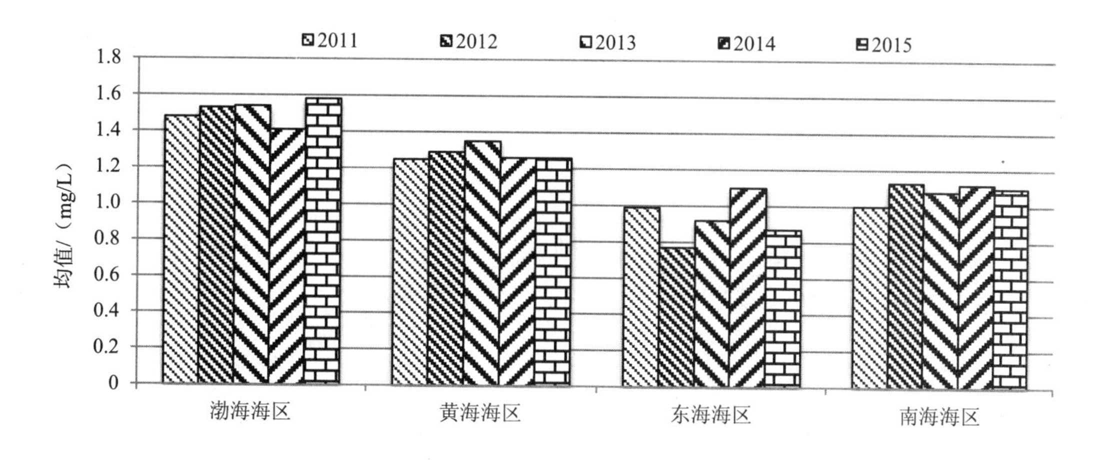

图 1-12　2011—2015 年四大海区近岸海域化学需氧量均值变化

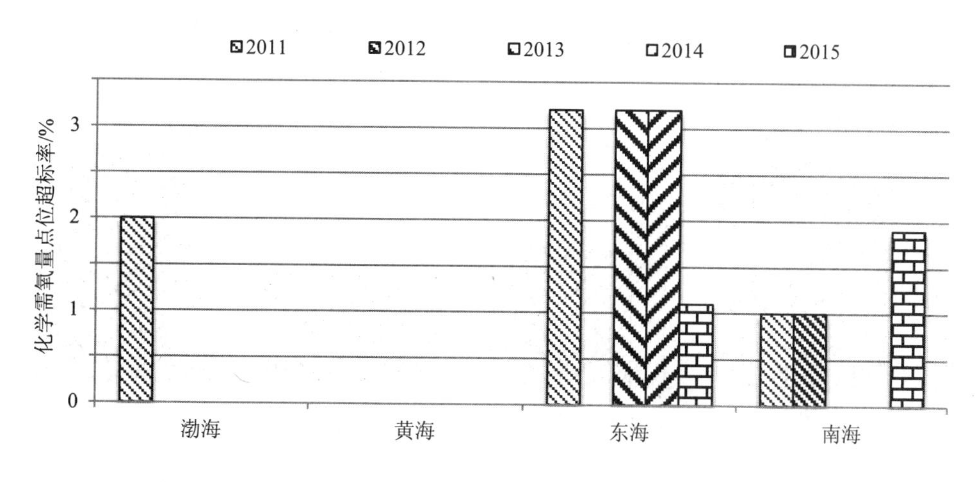

图 1-13　2011—2015 年四大海区近岸海域化学需氧量点位超标率变化

1.2.2.2　石油类

2011—2015 年，全国石油类年均值范围为 0.017 3～0.019 5 mg/L，点位超标率范围为 0.3%～5.0%。年均值基本保持稳定，点位超标率呈下降趋势。见图 1-14。

四大海区中，渤海石油类年均值范围为 0.024 8～0.032 8 mg/L，点位超标率范围为 0～12.2%。黄海石油类年均值范围为 0.010 6～0.019 6 mg/L，点位超标率范围为 0～7.4%。东海石油类年均值范围为 0.007 8～0.011 6 mg/L，无点位超标。南海石油类年均值范围为 0.022 4～0.024 7 mg/L，点位超标率范围为 1.0%～5.8%。渤海石油类浓度水平和点位超标率均较高。

2011—2015 年，四大海区中，渤海、黄海石油类浓度呈下降趋势，东海先升高后稳定，南海保持稳定。石油类超标率呈波动变化。见图 1-15、图 1-16。

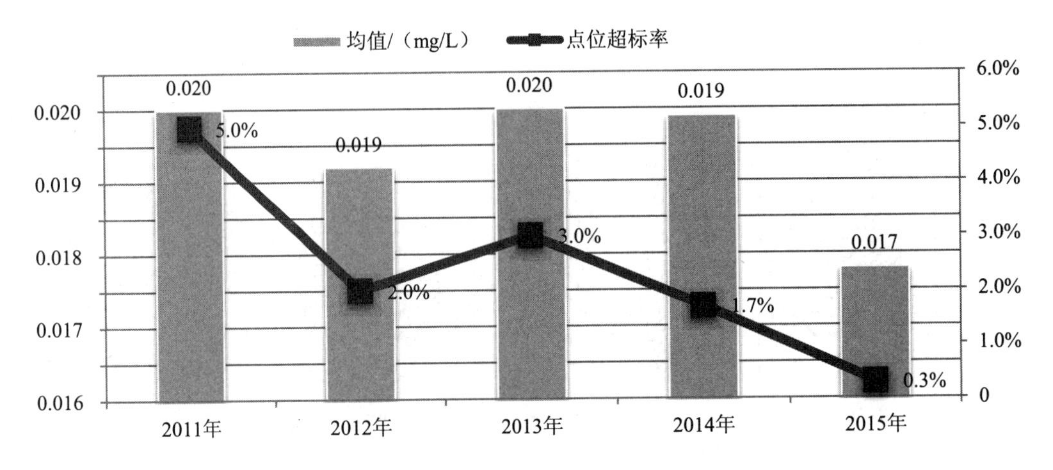

图 1-14　2011—2015 年全国近岸海域石油类均值和点位超标率变化

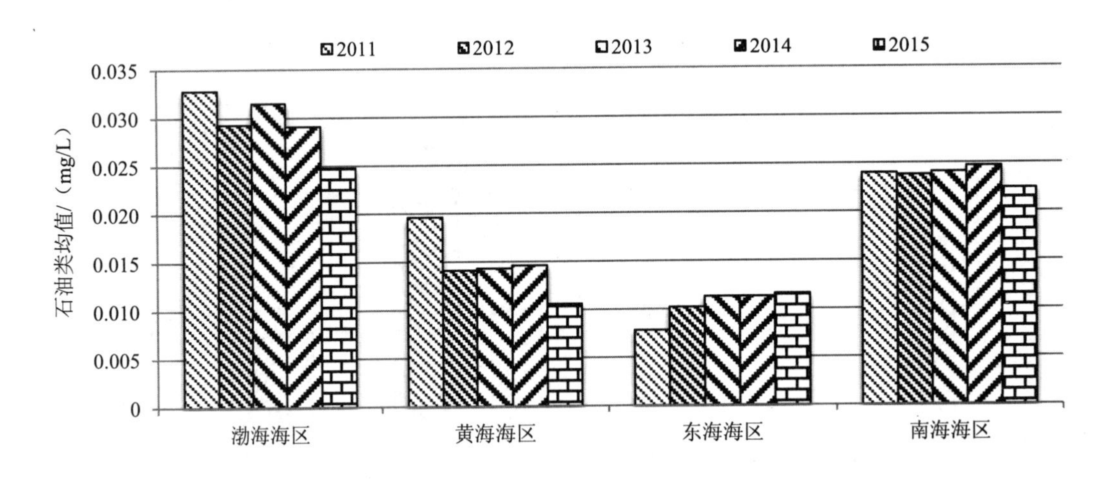

图 1-15　2011—2015 年四大海区近岸海域石油类均值变化

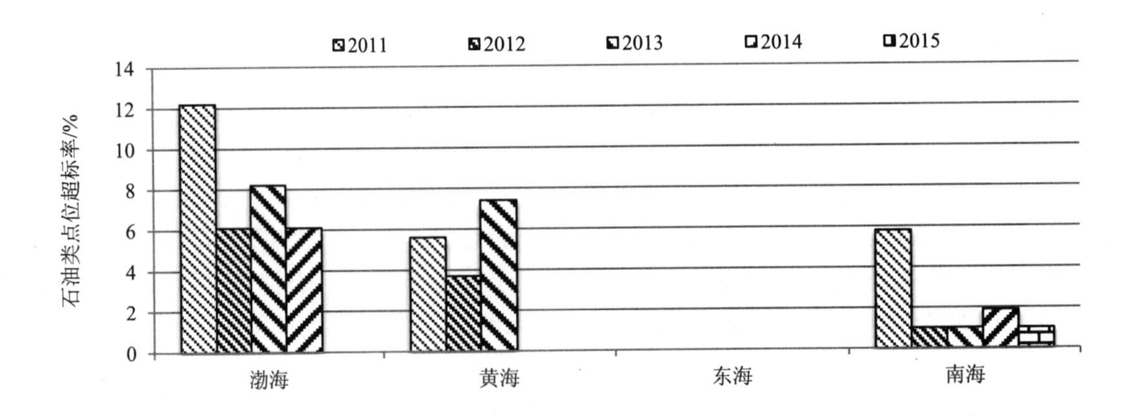

图 1-16　2011—2015 年四大海区近岸海域石油类点位超标率变化

1.2.3 重金属

1.2.3.1 铅

2011—2015 年，全国铅年均值范围为 0.000 585～0.001 096 mg/L，点位超标率范围为 0～4.7%。年均值变化趋势与点位超标率变化趋势呈下降趋势。见图 1-17。

四大海区中，渤海铅年均值范围为 0.001 405～0.003 176 mg/L，点位超标率范围为 0～26.5%。黄海铅年均值范围为 0.000 546～0.000 739 mg/L，无点位超标。东海铅年均值范围为 0.000 115～0.000 537 mg/L，点位超标率范围为 0～1.1%。南海铅年均值范围为 0.000 559～0.000 833 mg/L，无点位超标。渤海铅浓度水平和点位超标率均较高。见图 1-18、图 1-19。

2011—2015 年，四大海区中渤海、东海铅浓度呈降低趋势，其余海区呈波动变化。铅超标率各海区呈波动变化。

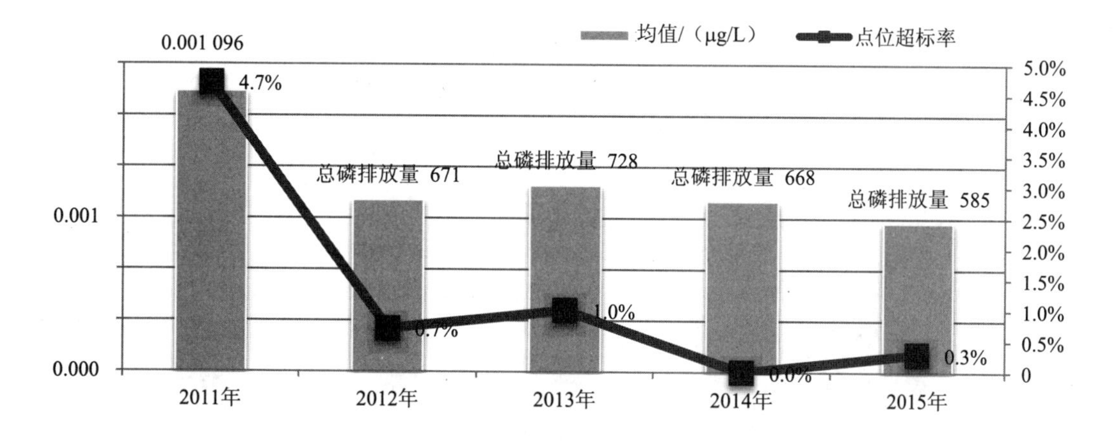

图 1-17　2011—2015 年全国近岸海域铅均值和点位超标率变化

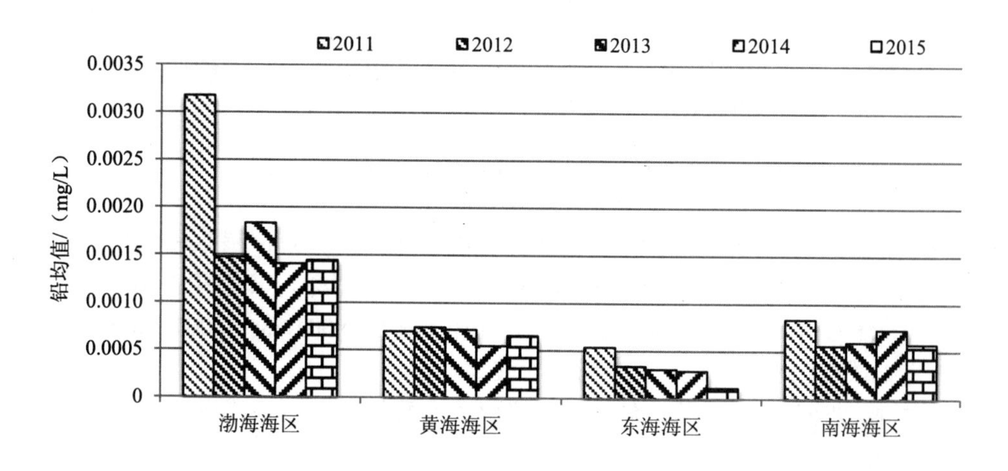

图 1-18　2011—2015 年四大海区近岸海域铅均值变化

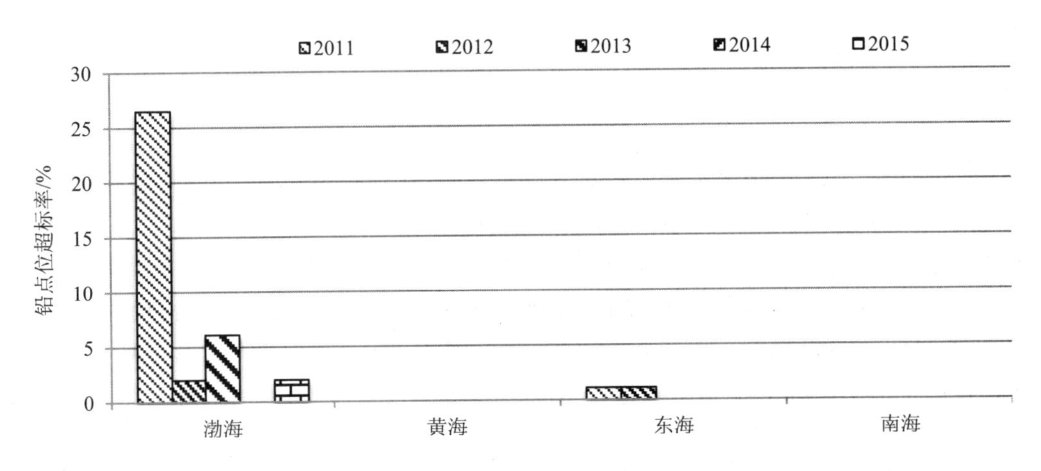

图 1-19 2011—2015 年四大海区近岸海域铅点位超标率变化

1.2.3.2 铜

2011—2015 年，全国铜年均值范围为 0.001 54～0.001 98 mg/L，点位超标率范围为 0～1.3%。年均值呈降低趋势。见图 1-20。

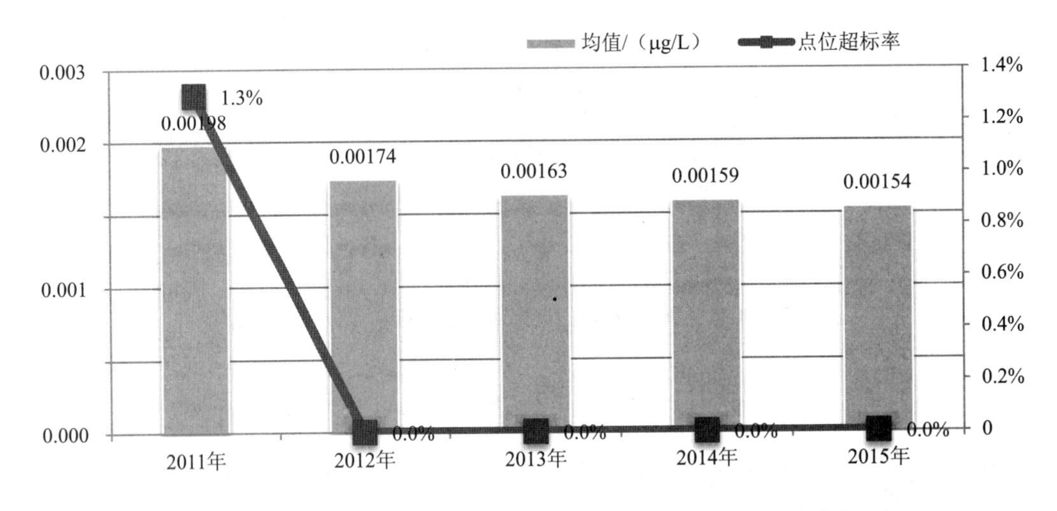

图 1-20 2011—2015 年全国近岸海域铜均值和点位超标率变化

四大海区中，渤海铜年均值范围为 0.002 65～0.003 84 mg/L，点位超标率范围为 0～8.2%。黄海铜年均值范围为 0.001 59～0.001 89 mg/L，无点位超标。东海铜年均值范围为 0.000 77～0.001 18 mg/L，无点位超标。南海铜年均值范围为 0.001 28～0.001 9 mg/L，无点位超标。渤海铜浓度水平和点位超标率均相对较高。

2011—2015 年，四大海区中渤海、东海、南海铜浓度呈降低趋势，黄海铜浓度保持稳定。见图 1-21、图 1-22。

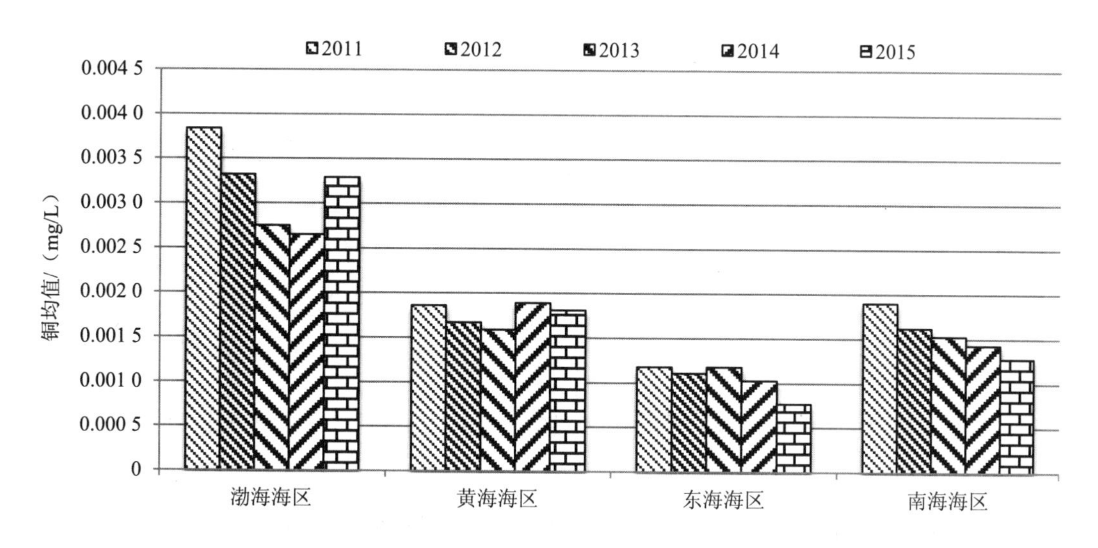

图 1-21 2011—2015 年四大海区近岸海域铜均值变化

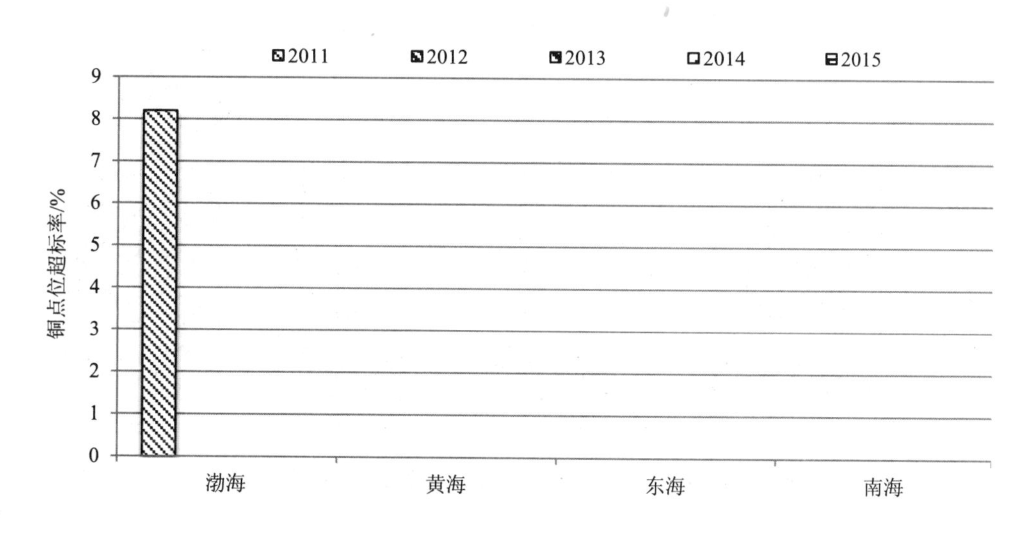

图 1-22 2011—2015 年四大海区近岸海域铜点位超标率变化

1.2.3.3 汞

2011—2015 年，全国汞年均值范围为 0.000 024～0.000 027 mg/L，无点位超标。年均值呈波动降低变化。见图 1-23。

四大海区中，渤海汞年均值范围为 0.000 021～0.000 032 mg/L，无点位超标。黄海汞年均值范围为 0.000 024～0.000 031 mg/L，无点位超标。东海汞年均值范围为 0.000 01～0.000 024 mg/L，无点位超标。南海汞年均值范围为 0.000 028～0.000 036 mg/L，无点位超标。见图 1-24。

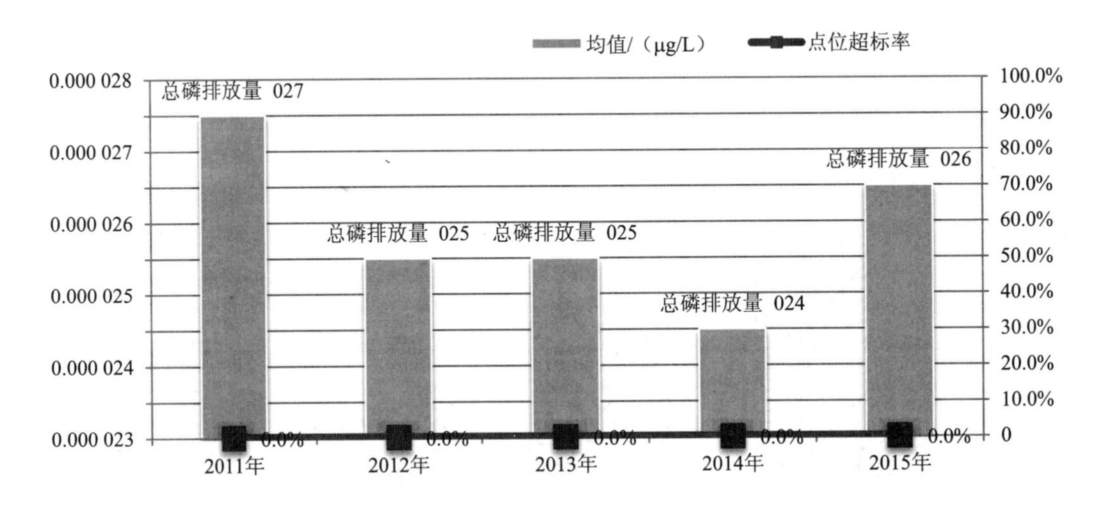

图 1-23　2011—2015 年全国近岸海域汞均值和点位超标率变化

2011—2015 年，四大海区中汞浓度各海区呈波动变化。

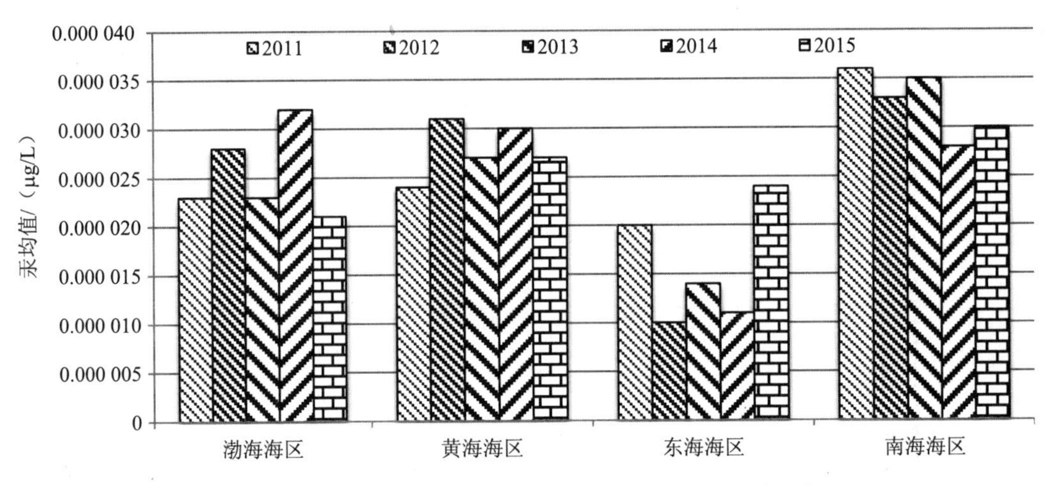

图 1-24　2011—2015 年四大海区近岸海域汞均值变化

1.2.3.4　镉

2011—2015 年，全国镉年均值范围为 0.000 132～0.000 240 mg/L，点位超标率范围为 0～1.0%。年均值呈波动降低变化趋势，点位超标率呈波动变化。见图 1-25。

四大海区中，渤海镉年均值范围为 0.000 284～0.000 839 mg/L，点位超标率范围为 0～6.1%。黄海镉年均值范围为 0.000 14～0.000 218 mg/L，无点位超标。东海镉年均值范围为 0.000 051～0.000 094 mg/L，无点位超标。南海镉年均值范围为 0.000 086～0.000 13 mg/L，无点位超标。

2011—2015 年，四大海区中渤海、黄海、东海镉浓度呈降低趋势，南海基本保持稳定。见图 1-26、图 1-27。

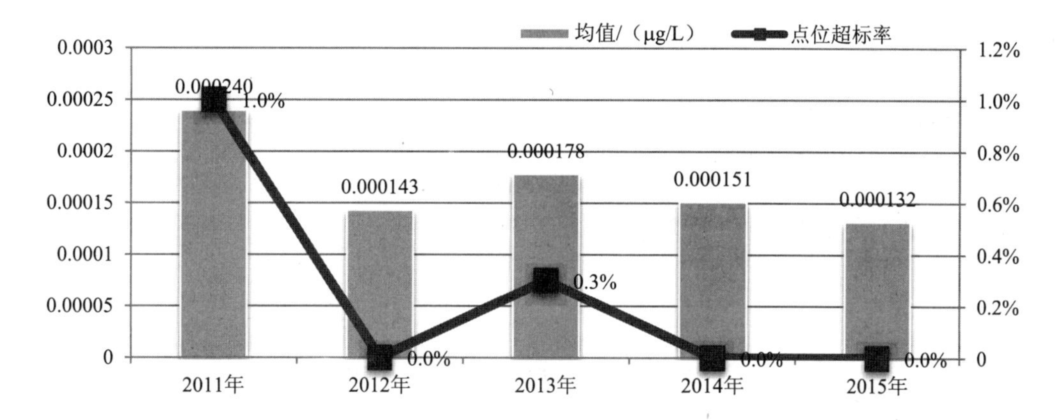

图 1-25　2011—2015 年全国近岸海域镉均值和点位超标率变化

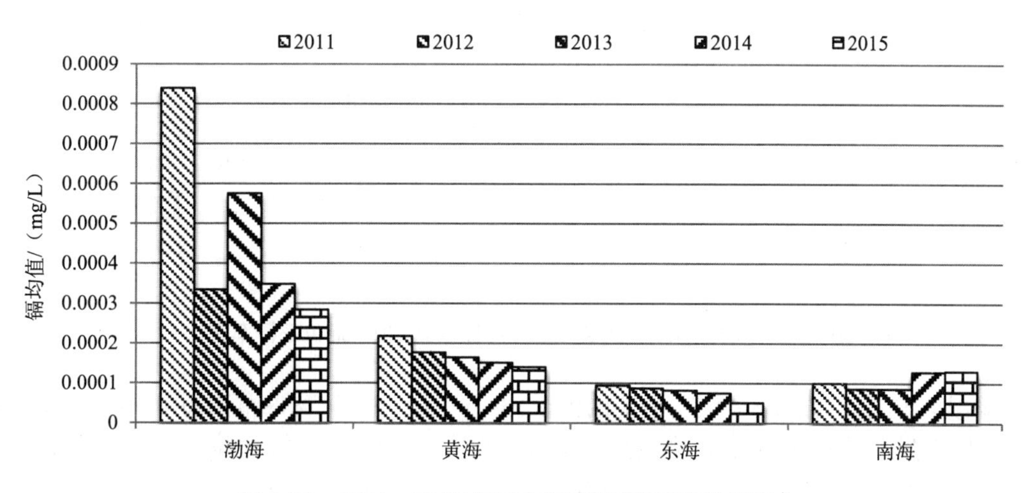

图 1-26　2011—2015 年四大海区近岸海域镉均值变化

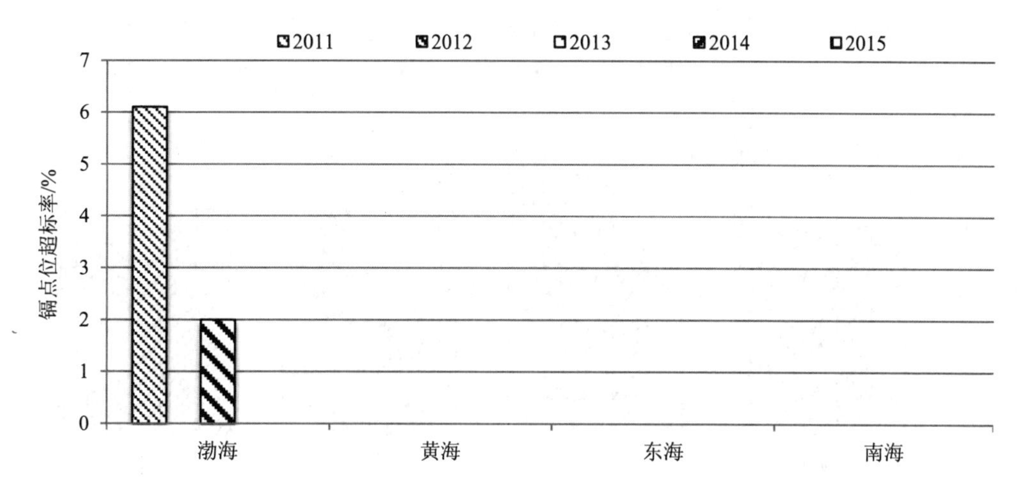

图 1-27　2011—2015 年四大海区近岸海域镉点位超标率变化

1.2.4 其他指标

1.2.4.1 pH

2011—2015 年，全国 pH 年均值范围为 8.04～8.08，点位超标率范围为 0.3%～5.3%。点位超标率呈下降趋势。见图 1-28。

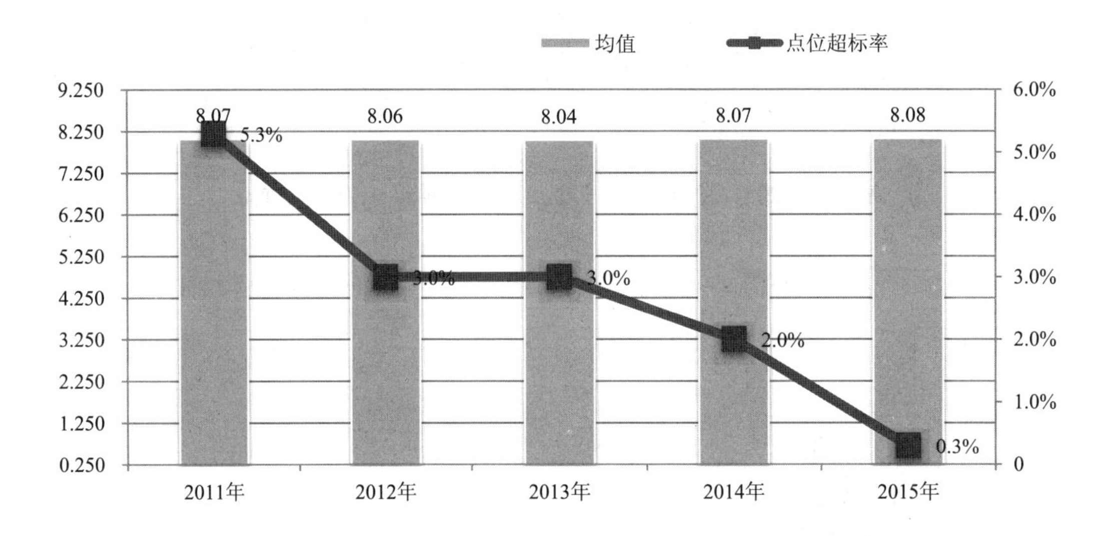

图 1-28 2011—2015 年全国近岸海域 pH 均值和点位超标率变化

四大海区中，渤海 pH 年均值范围为 8.05～8.13，点位超标率范围为 0～8.2%。黄海 pH 年均值范围为 8.03～8.11，点位超标率范围为 0～5.6%。东海 pH 年均值范围为 8.01～8.09，点位超标率范围为 0～1.1%。南海 pH 年均值范围为 8.04～8.09，点位超标率范围为 1.0%～7.8%。

2011—2015 年，四大海区 pH 点位超标率呈波动变化。见图 1-29、图 1-30。

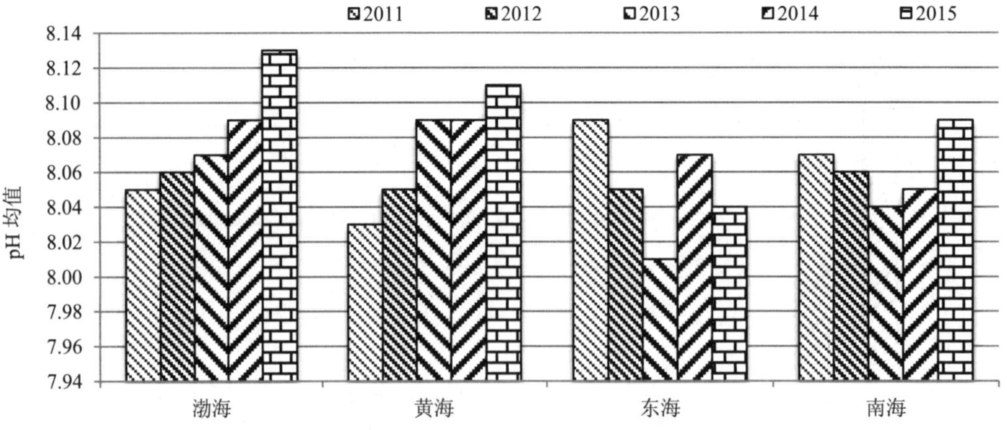

图 1-29 2011—2015 年四大海区近岸海域 pH 均值变化

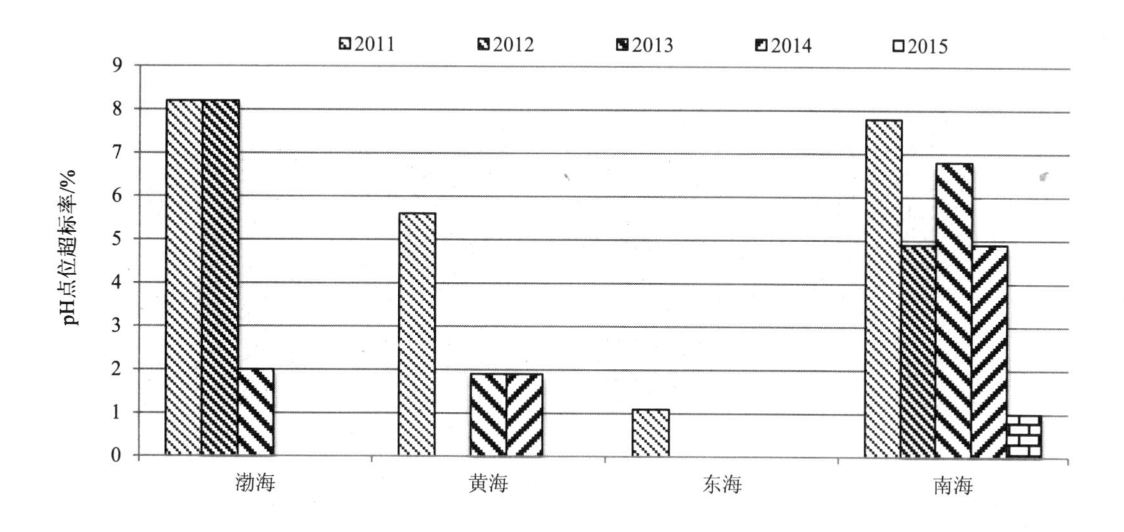

图 1-30 2011—2015 年四大海区近岸海域 pH 点位超标率变化

1.2.4.2 溶解氧

2011—2015 年，全国溶解氧年均值范围为 7.35～7.56 mg/L，点位超标率范围为 0～1.3%。点位超标率先下降后上升。见图 1-31。

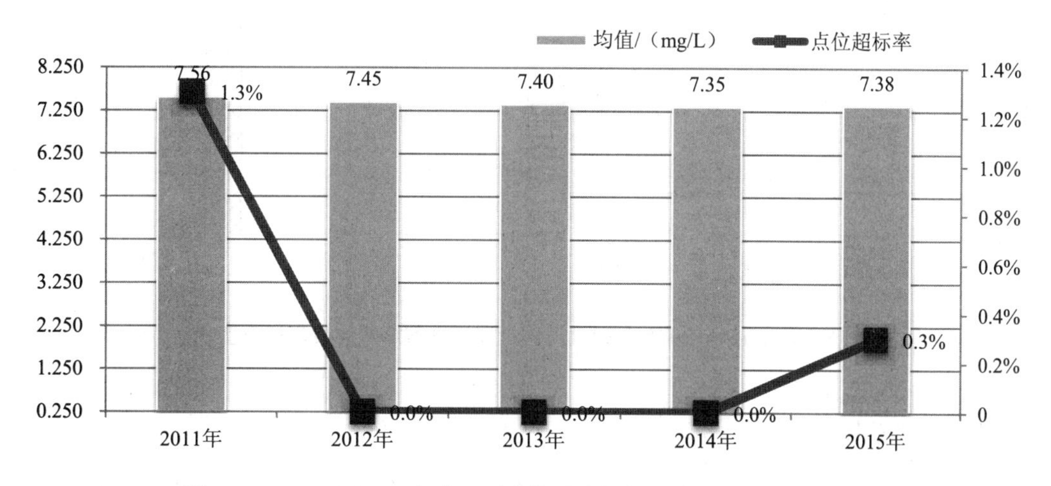

图 1-31 2011—2015 年全国近岸海域溶解氧均值和点位超标率变化

四大海区中，渤海溶解氧年均值范围为 7.73～8.31 mg/L，无点位超标。黄海溶解氧年均值范围为 8～8.53 mg/L，点位超标率范围为 0～1.9%。东海溶解氧年均值范围为 7.15～7.64 mg/L，无点位超标。南海溶解氧年均值范围为 6.84～6.89 mg/L，点位超标率范围为 0～3.9%。

2011—2015 年，四大海区溶解氧浓度基本保持稳定。溶解氧超标率呈波动变化。见图 1-32、图 1-33。

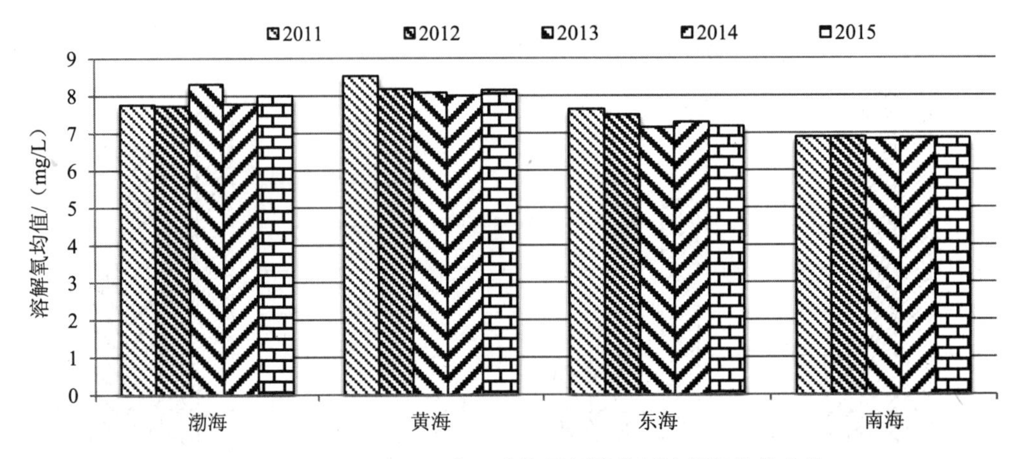

图 1-32 2011—2015 年四大海区近岸海域溶解氧均值变化

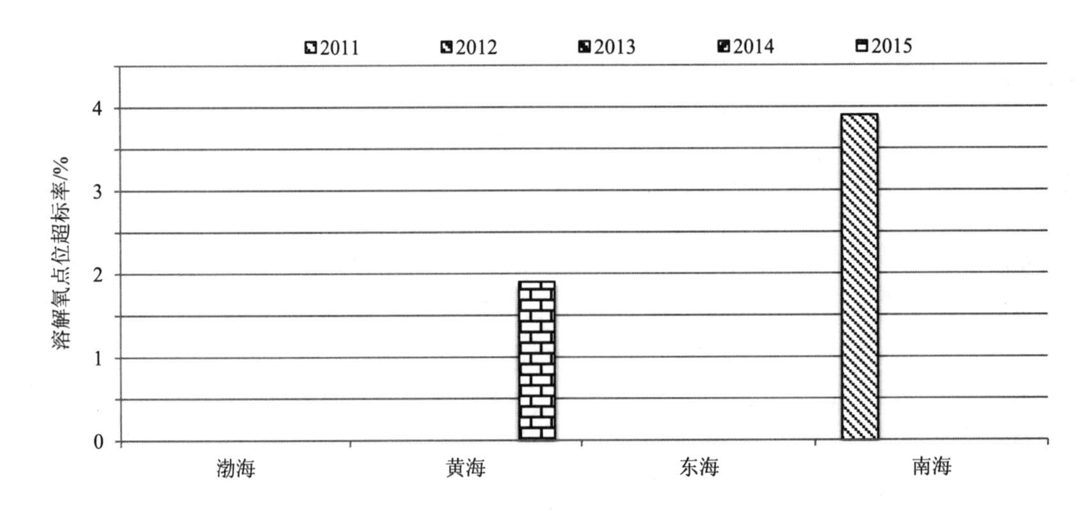

图 1-33 2011—2015 年四大海区近岸海域溶解氧点位超标率变化

1.2.4.3 非离子氨

2011—2015 年，全国非离子氨年均值范围为 0.002 0～0.003 0 mg/L，点位超标率范围为 0～1.3%。年均值变化趋势与点位超标率呈波动变化。见图 1-34。

四大海区中，渤海非离子氨年均值范围为 0.003 ～0.006 mg/L，点位超标率范围为 0～8.2%。黄海非离子氨年均值范围为 0.002 ～0.003 mg/L，无点位超标。东海非离子氨年均值范围为 0.001 ～0.002 mg/L，无点位超标。南海非离子氨年均值范围为 0.003 ～0.003 mg/L，点位超标率范围为 0～1.0%。

2011—2015 年，四大海区非离子氨浓度基本保持稳定。非离子氨超标率呈波动变化。见图 1-35、图 1-36。

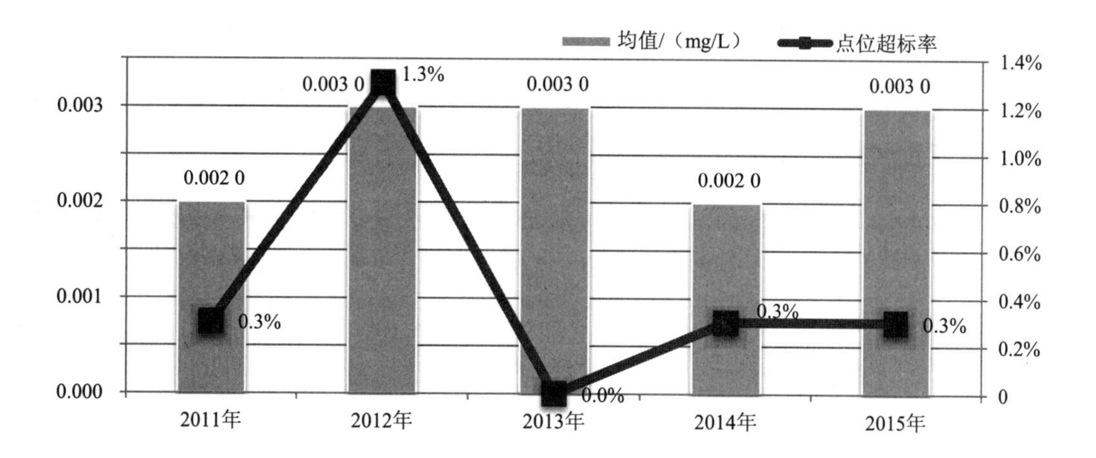

图 1-34　2011—2015 年全国近岸海域非离子氨均值和点位超标率变化

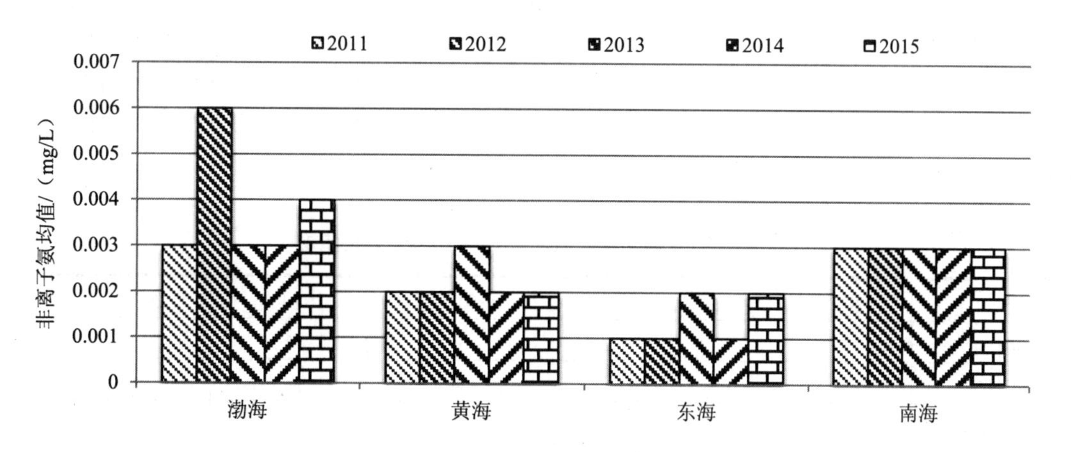

图 1-35　2011—2015 年四大海区近岸海域非离子氨均值变化

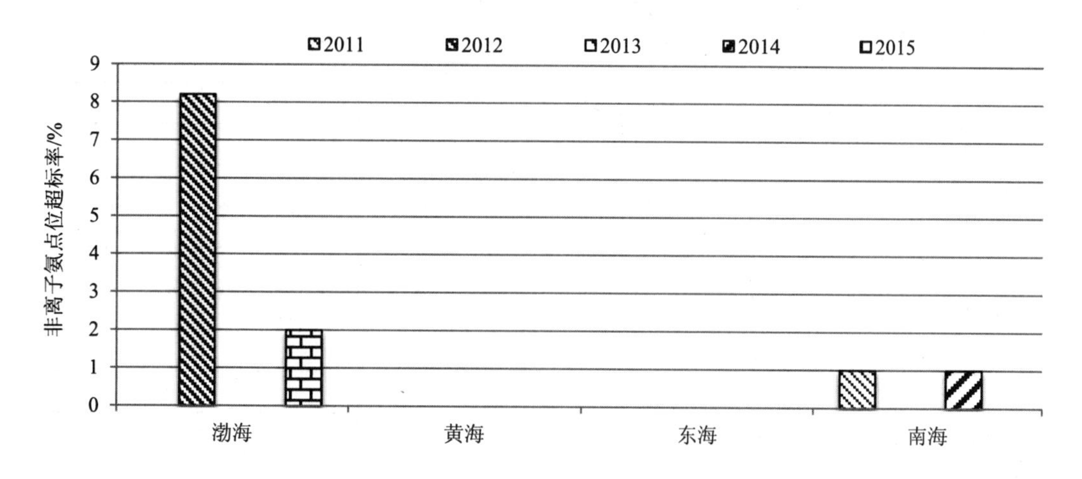

图 1-36　2011—2015 年四大海区近岸海域非离子氨点位超标率变化

1.2.4.4 锌、镍、氰化物、挥发性酚、阴离子表面活性剂

2011—2015 年，全国近岸海域水质中锌、镍、氰化物、挥发性酚、阴离子表面活性剂仅在个别年份的个别区域出现超标现象。

1.2.4.5 六价铬、总铬、砷、硒、硫化物、六六六、滴滴涕、马拉硫磷、甲基对硫磷和苯并[*a*]芘

2011—2015 年，全国近岸海域水质中六价铬、总铬、砷、硒、硫化物、六六六、滴滴涕、马拉硫磷、甲基对硫磷和苯并[*a*]芘监测结果未出现超现象。

1.3 各监测点位超标污染因子变化情况

2011—2015 年，301 个点位中，136 个监测点位出现超标现象，其中仅一年出现超标的为 30 个，有两年出现超标的为 13 个，三年出现超标的为 14 个，四年出现超标的为 6 个，各年度均有超标的为 73 个。各年度均超标的点位主要分布在浙江（39 个）、上海（7 个）、广东（7 个）、天津（7 个）、福建（4 个）、辽宁（4 个）、山东（2 个）、广西（1 个）、河北（1 个）和江苏（1 个）。见表 1-3。

表 1-3 2011—2015 年各监测点位污染因子变化情况

站位编码	2011 年	2012 年	2013 年	2014 年	2015 年
FJ0101					
FJ0102	A1	A1	A2	A1	A1
FJ0103	A1		A1		
FJ0104	A1			A1	A1
FJ0105					
FJ0106	A1B1	A2		A2	
FJ0107					
FJ0201	A2	A2	A2	A2	A2
FJ0202					
FJ0203	A1		A1		
FJ0204					
FJ0301	A1	A1	A1		
FJ0302				A1	
FJ0303					
FJ0304					
FJ0305					
FJ0306					
FJ0501	A2B1D1	A2	A2	A2	A1

站位编码	2011 年	2012 年	2013 年	2014 年	2015 年
FJ0502					
FJ0503					
FJ0504					
FJ0505					
FJ0506					
FJ0601					
FJ0602					
FJ0603					
FJ0604					
FJ0605					
FJ0901	A1	A2	A1		A1
FJ0902			A1	A1	
FJ0903					
FJ0904	A2	A2	A1	A2	A2
FJ0905	A1	A1	A1		A1
FJ0906	A1				
FJ0907	A2		A1	A2	A1
GD0301	A1D2	A1C1D1	A2D1	A2D1	A1B1
GD0302					
GD0303	A1D2	A1	A2D1	A2D1	A1B1D1
GD0304	A2D2	A2C1D1	A2D1	A2D1	A2
GD0305					
GD0306	A2D1	A2C1D1	A2	A2	A2
GD0307	A1	A1	A2D1	A2D1	A1
GD0308	A1	A2	A2	A2D1	A1
GD0309					
GD0401	D1				
GD0402	B1D1				
GD0403	B1D1				
GD0404					
GD0405					
GD0406					
GD0407	B1				
GD0408					
GD0409	B1D1				
GD0410					
GD0411	B1D1				
GD0501	A1	A1B1	A1B1	A1B1	A1

站位编码	2011 年	2012 年	2013 年	2014 年	2015 年
GD0502	A1				
GD0503					
GD0504					
GD0505					
GD0506					
GD0701					
GD0702					
GD0801					
GD0802		C1D1	A1D1		A1
GD0803					
GD0804					
GD0805					
GD0806					
GD0807					
GD0808					
GD0809					
GD0810					
GD0811					
GD0901					
GD0902					
GD1301					
GD1302					
GD1303					
GD1501					
GD1502					
GD1503					
GD1504					
GD1701	B1	B1		B1	
GD1702					
GD1703					
GD5201					
GX0501	A1			A2	
GX0502				A1	
GX0503	A1				
GX0504	A1				
GX0505					
GX0506					
GX0507					

站位编码	2011 年	2012 年	2013 年	2014 年	2015 年
GX0508					
GX0509					
GX0510					
GX0511					
GX0512					
GX0513					
GX0601					
GX0602					
GX0603					
GX0604					
GX0605					
GX0701	A1D1	A2C1D1	A1D1	D1	A2
GX0702					
GX0704					
GX0705					
HB0201					
HB0202					
HB0203					
HB0301					
HB0302					
HB0303					
HB0304					
HB0901	A1B1	A1	A1	A1	A1
HN0101					
HN0102					
HN0103					
HN0104					
HN0201					
HN0202					
HN0203					
HN0204					
HN0205					
HN0206					
HN0207					
HN2701					
HN2801					
HN3101					
HN3401					

站位编码	2011 年	2012 年	2013 年	2014 年	2015 年
HN3402					
HN9201					
HN9202					
HN9301					
HN9302					
HN9303					
HN9304					
HN9501					
HN9502					
HN9503					
HN9504					
HN9601					
HN9701					
HN9702					
JS0601					
JS0602		A1	A1		A1
JS0603					
JS0604				A2	A1
JS0605		A1		A1	
JS0701					
JS0702					
JS0703				A1	A1
JS0704					
JS0705				A1	
JS0706					
JS0707	A1	A1	A1D1	A1	A2D1
JS0901	B1		B1		
JS0902			B1		
JS0903		B1	B1	A1	
JS0904	A1	B1	B1		
LN0201	D1				
LN0202	D1				
LN0203					
LN0204					
LN0205					
LN0206	D1				
LN0207					
LN0208	D1				

站位编码	2011 年	2012 年	2013 年	2014 年	2015 年
LN0209					
LN0210					
LN0211					
LN0212					
LN0213	D1				
LN0214	D1				
LN0601					
LN0602				D1	
LN0603	D1				
LN0701	C1		A1	B1	
LN0702	A1C3	A1C1C1D1	A1C1		A1
LN0703	A1C3	C1D1	A1C1D1	B1	A1C1
LN0704	C2	A1B1C1D1	A1		
LN0705	A1C3	A1C1D1	A1C2		
LN0801	A1	A1	A1	A1	A2
LN0802					
LN1101	A1	A1	A1	A1	A1
LN1102	A1	A1	A1	A1	A1
LN1401			B1		
LN1402					
SD0201					
SD0202					
SD0203	A1B1	A2	A1	A1	A1
SD0204	A1	A1	A1	A1	A1
SD0205					
SD0206					
SD0207					
SD0208					
SD0209					
SD0210					
SD0501					
SD0502					
SD0503					
SD0504					A1
SD0601					
SD0602					
SD0603					
SD0604					

站位编码	2011 年	2012 年	2013 年	2014 年	2015 年
SD0605					
SD0606					
SD0607					
SD0608					
SD0609					
SD0610					
SD0611					
SD0612					
SD0613					
SD0614					
SD0701					
SD1001					
SD1002	B1				
SD1003					
SD1004					
SD1005					
SD1006					
SD1007					
SD1008					
SD1009					
SD1101					
SD1106					
SD2301					
SH3101	A1	A1	A2	A2	A1
SH3102		A1	A1	A1	
SH3105	A2	A2	A2	A2	A2
SH3106	A2	A2	A2	A2	A2
SH3109	A2	A1	A2	A2	A2
SH3110		A1	A1	A1	A1
SH3111	A2	A2	A2	A2	A2
SH3112	A2	A2	A2	A2	A2
SH3113	A2	A2	A2	A2	A2
SH3114		A1		A1	
TJ1201	A1B1C1	A2D1	A1	A1B1	A1
TJ1202	A1B1C1	A1D1	A1	A1	A1
TJ1203	A1B1C1	A2B1D1	A1	A1	A2D1
TJ1204	A1B1C1	A1B1D1	A1	A1	A1
TJ1205	A2C1	A1	A1	A1	A1

站位编码	2011 年	2012 年	2013 年	2014 年	2015 年
TJ1206	A1C1	A1	A1	A1	A1
TJ1207	A1B1C1	A1	A2	A1	A1
TJ1208	A1B1C1	A1			
TJ1209					
TJ1210			A1		
ZJ0201	A2	A2	A2	A2	A2
ZJ0202	A2	A2	A2	A2	A2
ZJ0203	A1	A2	A1	A2	A1
ZJ0204	A2	A2	A2	A2	A2
ZJ0205				A1	
ZJ0206	A1	A2	A1	A1	A1
ZJ0207	A2	A2	A2	A2	A2
ZJ0208	A1	A2	A2	A1	A2
ZJ0209				A1	
ZJ0301	A2	A2	A2	A2	A2
ZJ0302	A2	A2	A1	A2	A2
ZJ0303		A1		A1	A1
ZJ0304	A2	A2	A1	A1	A2
ZJ0305	A1	A1	A1	A1	A1
ZJ0306					A1
ZJ0307	A1	A1	A1	A1	A1
ZJ0308	A1	A1	A1	A1	A1
ZJ0401	A2	A2	A2B1	A2B1	A2
ZJ0402	A2B1	A2	A2B1	A2	A2
ZJ0403	A2	A2	A2B1	A2	A2
ZJ0901	A1	A1	A1	A1	A1
ZJ0902			A1	A1	
ZJ0903	A1	A1	A1	A1	A1
ZJ0904	A2	A2	A2	A2B1	A2B1
ZJ0905	A2	A2	A2	A2	A2
ZJ0906	A2	A2	A2	A2	A2
ZJ0907				A1	A1
ZJ0908	A1	A2	A2	A2	A2
ZJ0909	A1	A2	A1	A2	A2
ZJ0910	A2	A2	A2	A2	A2
ZJ0911	A1			A1	A1
ZJ0912	A2	A2	A2	A2B1	A2
ZJ0913	A1	A2	A1	A1	A1

站位编码	2011 年	2012 年	2013 年	2014 年	2015 年
ZJ0914	A1	A2	A2	A2	A2
ZJ0915	A1	A2	A2	A1	A2
ZJ0916	A1	A2	A2	A2	A2
ZJ0917	A1	A1	A2	A1	A2
ZJ0918			A1	A1	
ZJ0919	A1	A1	A2	A2	A2
ZJ0920	A1	A1	A1	A1	A1
ZJ0921					
ZJ1001	A2	A2	A2	A2	A2
ZJ1002				A1	
ZJ1003	A2	A2	A2	A2	A2
ZJ1004	A1	A2	A1	A1	A2
ZJ1005	A1	A2	A2	A1	A2
ZJ1006	A1	A2	A2	A2	A2
ZJ1007	A2	A2	A1	A1	A2
ZJ1008	A1	A1	A1	A1	A1
ZJ1009		A1	A1	A1	A1

注：A 为营养盐；B 为有机污染因子；C 为重金属；D 为其他污染因子；数字表示污染因子种类数。

第二章　沿海省、自治区、直辖市近岸海域环境质量状况

2.1　总体情况

2.1.1　水质总体情况

2011—2015 年，沿海各省市中，广西、山东、海南近岸海域水质较好，为优或良好；广东近岸海域水质以良好为主；福建、辽宁、江苏近岸海域水质为良好或轻度污染；天津近岸海域水质为差或极差；上海和浙江近岸海域为极差。见表 2-1。

表 2-1　2011—2015 年各沿海省市水质类别变化及主要污染因子

省份	年份	一类海水	二类海水	三类海水	四类海水	劣四类海水	水质类别	主要污染因子
辽宁	2011	25.0%	21.4%	32.1%	17.9%	3.6%	差	无机氮(21.4%)、铅(17.9%)、铜(14.3%)
	2012	39.3%	35.7%	14.3%	10.7%	0.0%	一般	无机氮（21.4%）、pH（14.3%）
	2013	21.4%	46.4%	17.9%	14.3%	0.0%	一般	硫化物（50%）、无机氮（28.6%）、铅（10.7%）、镍（10.7%）
	2014	46.4%	32.1%	10.7%	10.7%	0.0%	一般	无机氮（10.7%）、石油类（7.1%）
	2015	25.0%	57.1%	14.3%	3.6%	0.0%	良好	无机氮（17.9%）
河北	2011	50.0%	37.5%	12.5%	0.0%	0.0%	良好	化学需氧量(12.5%)、无机氮(12.5%)
	2012	25.0%	62.5%	12.5%	0.0%	0.0%	良好	无机氮（12.5%）
	2013	12.5%	75.0%	12.5%	0.0%	0.0%	良好	无机氮（12.5%）
	2014	12.5%	75.0%	12.5%	0.0%	0.0%	良好	无机氮（12.5%）
	2015	12.5%	75.0%	12.5%	0.0%	0.0%	良好	无机氮（12.5%）
天津	2011	0.0%	20.0%	20.0%	20.0%	40.0%	差	无机氮(80%)、铅(80%)、石油类(60%)
	2012	0.0%	20.0%	10.0%	10.0%	60.0%	极差	无机氮（80%）、非离子氨（40%）、活性磷酸盐（20%）、石油类（20%）
	2013	0.0%	20.0%	20.0%	30.0%	30.0%	差	无机氮（80%）、活性磷酸盐（10%）
	2014	0.0%	30.0%	0.0%	40.0%	30.0%	差	无机氮（70%）、石油类（10%）
	2015	0.0%	30.0%	10.0%	30.0%	30.0%	差	无机氮（70%）、活性磷酸盐（10%）、非离子氨（10%）

省份	年份	一类海水	二类海水	三类海水	四类海水	劣四类海水	水质类别	主要污染因子
山东	2011	26.8%	65.9%	4.9%	2.4%	0.0%	良好	
	2012	39.0%	56.1%	0.0%	4.9%	0.0%	良好	
	2013	26.8%	68.3%	2.4%	2.4%	0.0%	良好	
	2014	46.3%	48.8%	4.9%	0.0%	0.0%	良好	
	2015	39.0%	53.7%	7.3%	0.0%	0.0%	良好	无机氮（7.3%）
江苏	2011	25.0%	56.3%	18.8%	0.0%	0.0%	良好	无机氮（12.5%）、石油类（6.3%）
	2012	25.0%	43.8%	31.3%	0.0%	0.0%	一般	无机氮（18.8%）、石油类（12.5%）
	2013	25.0%	37.5%	37.5%	0.0%	0.0%	一般	石油类（25%）、无机氮（12.5%）、pH（6.3%）
	2014	18.8%	43.8%	12.5%	18.8%	6.3%	一般	无机氮（31.3%）、活性磷酸盐（12.5%）
	2015	18.8%	56.3%	6.3%	6.3%	12.5%	一般	无机氮（25%）、溶解氧（6.3%）、活性磷酸盐（6.3%）
上海	2011	30.0%	0.0%	0.0%	10.0%	60.0%	极差	无机氮（70%）、活性磷酸盐（60%）
	2012	0.0%	0.0%	10.0%	10.0%	80.0%	极差	无机氮（100%）、活性磷酸盐（50%）
	2013	0.0%	10.0%	20.0%	0.0%	70.0%	极差	无机氮（90%）、活性磷酸盐（70%）
	2014	0.0%	0.0%	0.0%	20.0%	80.0%	极差	无机氮（100%）、活性磷酸盐（70%）
	2015	0.0%	20.0%	10.0%	0.0%	70.0%	极差	无机氮（80%）、活性磷酸盐（60%）
浙江	2011	8.0%	12.0%	6.0%	18.0%	56.0%	极差	无机氮（78%）、活性磷酸盐（38%）
	2012	8.0%	10.0%	8.0%	6.0%	68.0%	极差	无机氮（82%）、活性磷酸盐（60%）
	2013	0.0%	8.0%	8.0%	8.0%	76.0%	极差	无机氮（84%）、活性磷酸盐（48%）、生化需氧量（26%）
	2014	2.0%	2.0%	16.0%	10.0%	70.0%	极差	无机氮（96%）、活性磷酸盐（46%）、化学需氧量（6%）
	2015	2.0%	10.0%	14.0%	4.0%	70.0%	极差	无机氮（88%）、活性磷酸盐（58%）
福建	2011	0.0%	62.9%	14.3%	11.4%	11.4%	一般	无机氮（34.3%）、活性磷酸盐（14.3%）、化学需氧量（5.7%）
	2012	34.3%	42.9%	2.9%	14.3%	5.7%	一般	无机氮（20%）、活性磷酸盐（17.1%）
	2013	0.0%	68.6%	2.9%	22.9%	5.7%	一般	活性磷酸盐（25.7%）、无机氮（14.3%）
	2014	2.9%	71.4%	2.9%	17.1%	5.7%	一般	无机氮（25.7%）、活性磷酸盐（14.3%）
	2015	51.4%	25.7%	8.6%	8.6%	5.7%	一般	无机氮（20%）、活性磷酸盐（8.6%）、粪大肠菌群（5.7%）
广东	2011	13.5%	51.9%	19.2%	0.0%	15.4%	一般	无机氮（15.4%）、pH（11.5%）、阴离子表面活性剂（9.6%）、石油类（9.6%）
	2012	23.1%	59.6%	5.8%	0.0%	11.5%	良好	无机氮（13.5%）、pH（7.7%）、活性磷酸盐（5.8%）
	2013	17.3%	67.3%	3.8%	0.0%	11.5%	良好	无机氮（15.4%）、活性磷酸盐（11.5%）、大肠菌群（11.5%）
	2014	17.3%	67.3%	3.8%	0.0%	11.5%	良好	无机氮（13.5%）、活性磷酸盐（11.5%）、pH（5.8%）、大肠菌群（5.8%）
	2015	25.0%	59.6%	3.8%	0.0%	11.5%	良好	无机氮（15.4%）

省份	年份	一类海水	二类海水	三类海水	四类海水	劣四类海水	水质类别	主要污染因子
广西	2011	50.0%	31.8%	4.5%	13.6%	0.0%	良好	无机氮（18.2%）
	2012	40.9%	54.5%	0.0%	4.5%	0.0%	良好	
	2013	90.9%	4.5%	0.0%	4.5%	0.0%	优	
	2014	63.6%	22.7%	9.1%	0.0%	4.5%	优	无机氮（9.1%）
	2015	81.8%	13.6%	0.0%	4.5%	0.0%	优	
海南	2011	86.2%	13.8%	0.0%	0.0%	0.0%	优	
	2012	69.0%	31.0%	0.0%	0.0%	0.0%	优	
	2013	79.3%	20.7%	0.0%	0.0%	0.0%	优	
	2014	86.2%	13.8%	0.0%	0.0%	0.0%	优	
	2015	82.8%	17.2%	0.0%	0.0%	0.0%	优	

2.1.2　污染因子分析

2.1.2.1　营养盐

（1）无机氮

2011—2015 年，沿海各省（自治区、直辖市）中，辽宁无机氮年均值范围为 0.187～0.229 mg/L，点位超标率范围为 10.7%～28.6%。河北无机氮年均值范围为 0.112～0.215 mg/L，点位超标率范围为 12.5%～12.5%。天津无机氮年均值范围为 0.43～0.705 mg/L，点位超标率范围为 70.0%～80.0%。山东无机氮年均值范围为 0.152～0.161 mg/L，点位超标率范围为 4.9%～7.3%。江苏无机氮年均值范围为 0.191～0.3 mg/L，点位超标率范围为 12.5%～31.3%。上海无机氮年均值范围为 0.874～1.138 mg/L，点位超标率范围为 70.0%～100.0%。浙江无机氮年均值范围为 0.616～0.799 mg/L，点位超标率范围为 78.0%～96.0%。福建无机氮年均值范围为 0.2～0.275 mg/L，点位超标率范围为 14.3%～34.3%。广东无机氮年均值范围为 0.28～0.403 mg/L，点位超标率范围为 13.5%～15.4%。广西无机氮年均值范围为 0.081 ～0.14 mg/L，点位超标率范围为 4.5%～18.2%。海南无机氮年均值范围为 0.082 ～0.111 mg/L，无点位超标。上海、浙江和天津无机氮浓度水平和点位超标率均较高。见图 2-1、图 2-2。

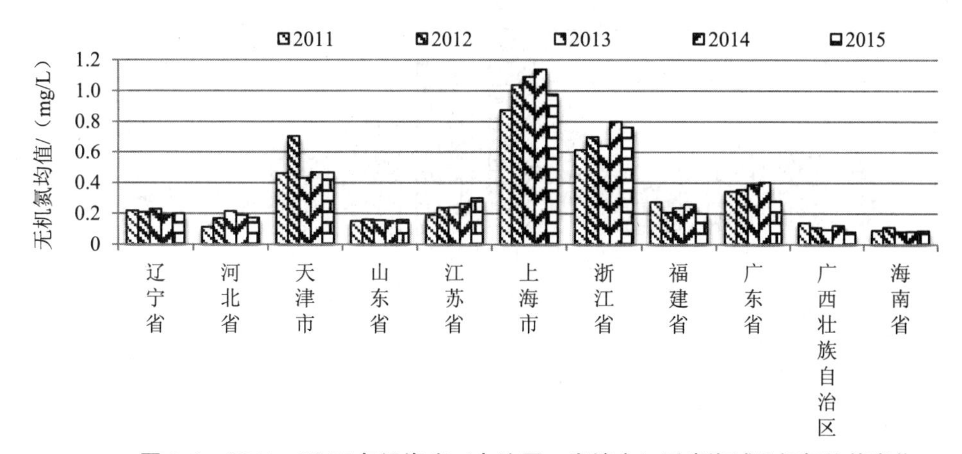

图 2-1　2011—2015 年沿海省（自治区、直辖市）近岸海域无机氮均值变化

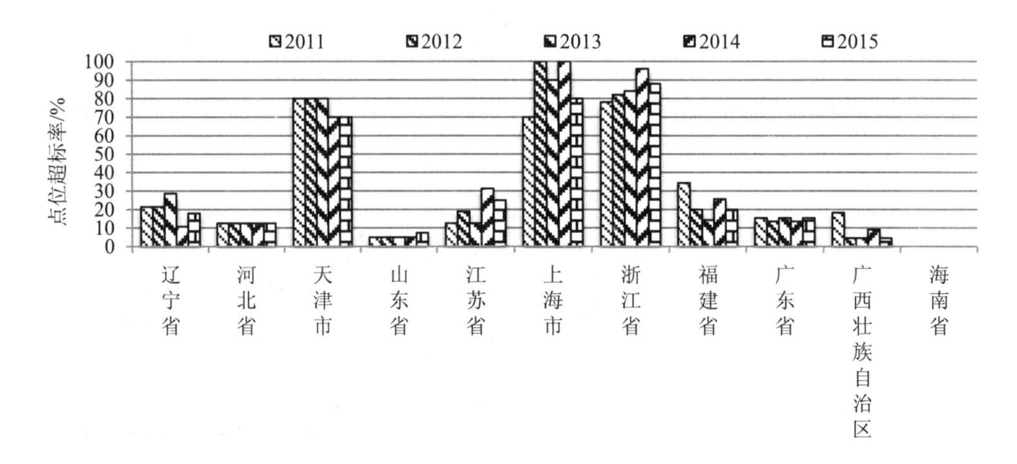

图 2-2 2011—2015 年沿海省（自治区、直辖市）近岸海域无机氮点位超标率变化

（2）活性磷酸盐

2011—2015 年，沿海各省（自治区、直辖市）中，辽宁活性磷酸盐年均值范围为 0.008 1～0.013 8 mg/L，点位超标率范围为 0～3.6%。河北活性磷酸盐年均值范围为 0.011 9～0.016 8 mg/L，无点位超标。天津活性磷酸盐年均值范围为 0.009 8～0.017 5 mg/L，点位超标率范围为 0～20.0%。山东活性磷酸盐年均值范围为 0.010 2～0.012 7 mg/L，点位超标率范围为 0～2.4%。江苏活性磷酸盐年均值范围为 0.010 9～0.020 2 mg/L，点位超标率范围为 0～12.5%。上海活性磷酸盐年均值范围为 0.030 6～0.040 3 mg/L，点位超标率范围为 50.0%～70.0%。浙江活性磷酸盐年均值范围为 0.026 7～0.033 6 mg/L，点位超标率范围为 38.0%～60.0%。福建活性磷酸盐年均值范围为 0.011 5～0.023 mg/L，点位超标率范围为 8.6%～25.7%。广东活性磷酸盐年均值范围为 0.015 ～0.018 6 mg/L，点位超标率范围为 3.8%～11.5%。广西活性磷酸盐年均值范围为 0.004 8～0.008 1 mg/L，点位超标率范围为 0～4.5%。海南活性磷酸盐年均值范围为 0.006 6～0.009 4 mg/L，无点位超标。见图 2-3、图 2-4。

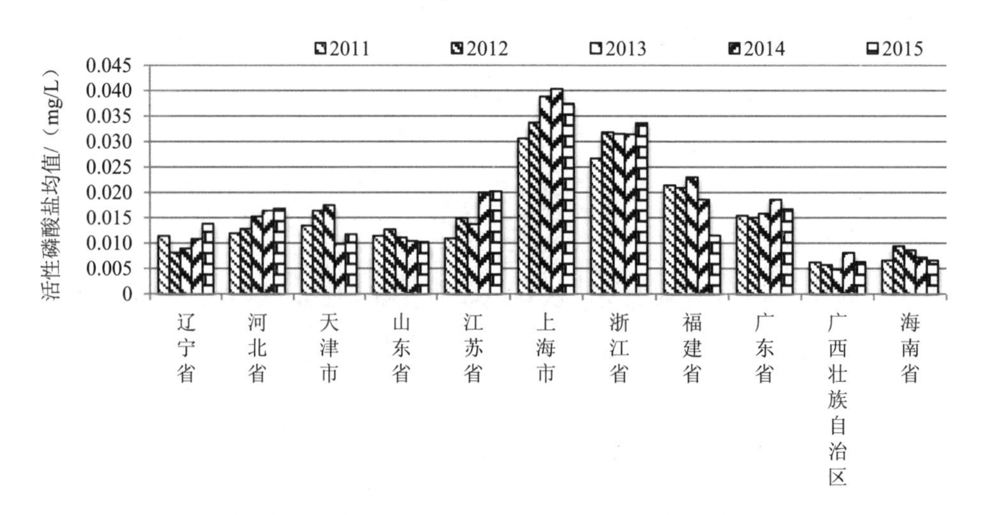

图 2-3 2011—2015 年沿海省（自治区、直辖市）近岸海域活性磷酸盐均值变化

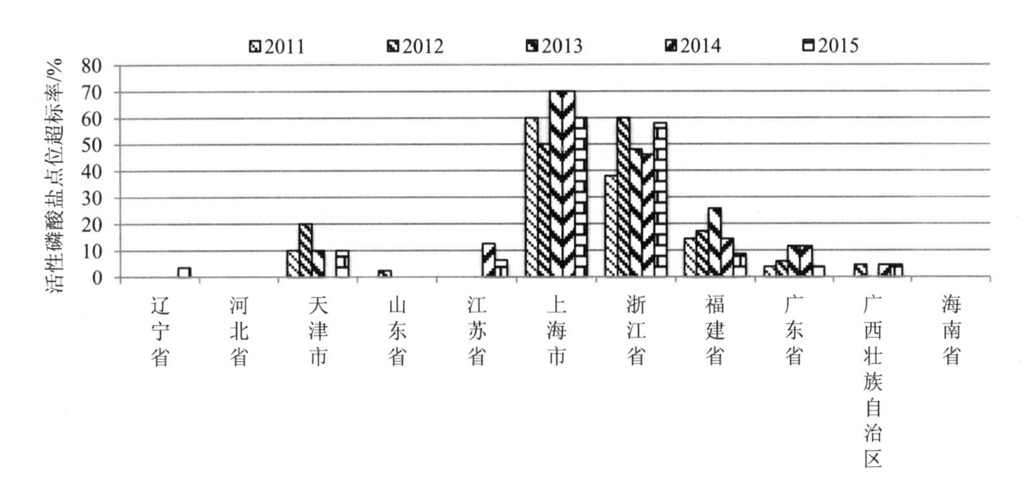

图 2-4　2011—2015 年沿海省（自治区、直辖市）近岸海域活性磷酸盐点位超标率变化

2.1.2.2　有机污染

（1）化学需氧量

2011—2015 年，沿海各省（自治区、直辖市）中，辽宁化学需氧量年均值范围为 1.18～1.38 mg/L，无点位超标。河北化学需氧量年均值范围为 1.47～1.77 mg/L，点位超标率范围为 0～12.5%。天津化学需氧量年均值范围为 0.89～1.62 mg/L，无点位超标。山东化学需氧量年均值范围为 1.44～1.5 mg/L，无点位超标。江苏化学需氧量年均值范围为 1.07～1.33 mg/L，无点位超标。上海化学需氧量年均值范围为 1.18～1.44 mg/L，无点位超标。浙江化学需氧量年均值范围为 0.83～1.27 mg/L，点位超标率范围为 0～6.0%。福建化学需氧量年均值范围为 0.58～0.88 mg/L，点位超标率范围为 0～5.7%。广东化学需氧量年均值范围为 1.23～1.42 mg/L，点位超标率范围为 0～3.8%。广西化学需氧量年均值范围为 0.79～1.11 mg/L，无点位超标。海南化学需氧量年均值范围为 0.52～0.91 mg/L，无点位超标。河北化学需氧量浓度水平和点位超标率均较高。见图 2-5、图 2-6。

（2）石油类

2011—2015 年，沿海各省（自治区、直辖市）中，辽宁石油类年均值范围为 0.012 4～0.019 3 mg/L，点位超标率范围为 0～7.1%。河北石油类年均值范围为 0.041 ～0.046 7 mg/L，无点位超标。天津石油类年均值范围为 0.026 8～0.054 8 mg/L，点位超标率范围为 0～60.0%。山东石油类年均值范围为 0.012 9～0.025 2 mg/L，点位超标率范围为 0～4.9%。江苏石油类年均值范围为 0.012 5～0.027 7 mg/L，点位超标率范围为 0～25.0%。上海石油类年均值范围为 0.003 7～0.011 mg/L，无点位超标。浙江石油类年均值范围为 0.002 7～0.007 1 mg/L，无点位超标。福建石油类年均值范围为 0.016 4～0.023 mg/L，无点位超标。广东石油类年均值范围为 0.034 7～0.037 6 mg/L，点位超标率范围为 1.9%～11.5%。广西石油类年均值范围为 0.009 2～0.011 2 mg/L，无点位超标。海南石油类年均值范围为 0.008 8～0.014 5 mg/L，无点位超标。天津石油类浓度水平和点位超标率较高。见图 2-7、图 2-8。

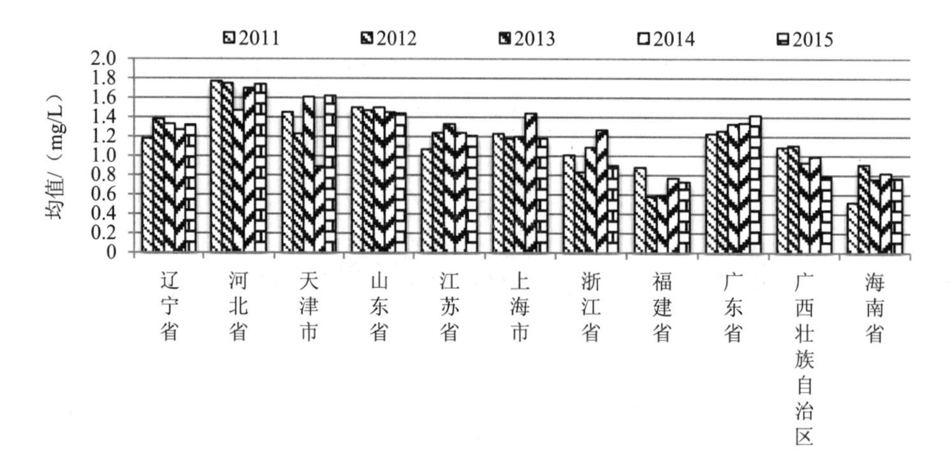

图 2-5 2011—2015 年沿海省（自治区、直辖市）近岸海域化学需氧量均值变化

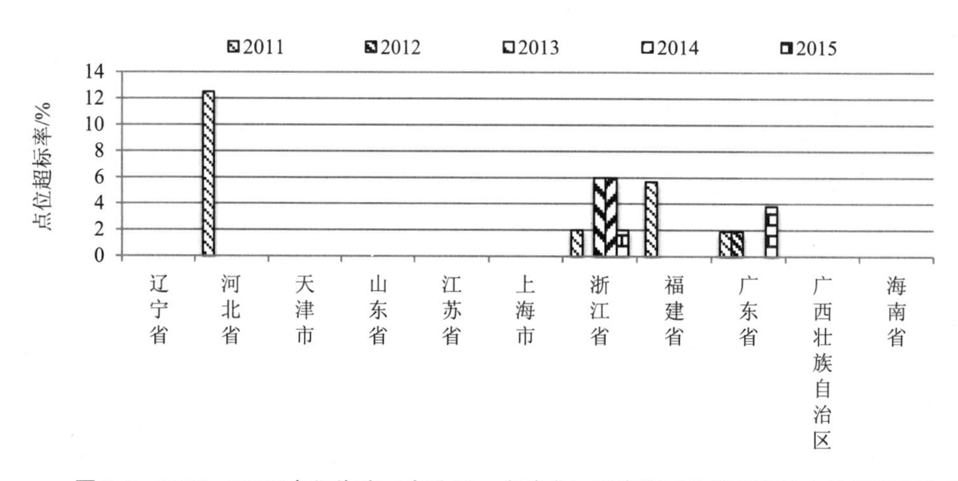

图 2-6 2011—2015 年沿海省（自治区、直辖市）近岸海域化学需氧量点位超标率变化

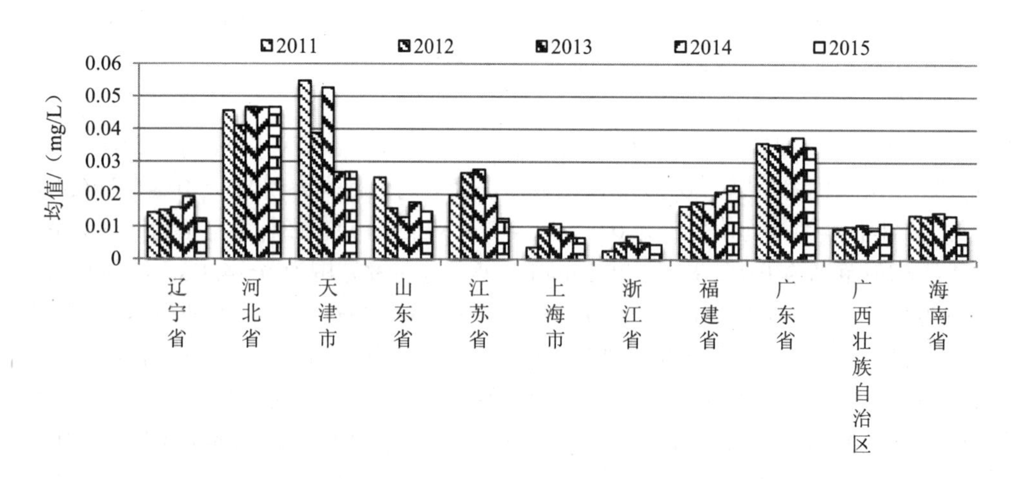

图 2-7 2011—2015 年沿海省（自治区、直辖市）近岸海域石油类均值变化

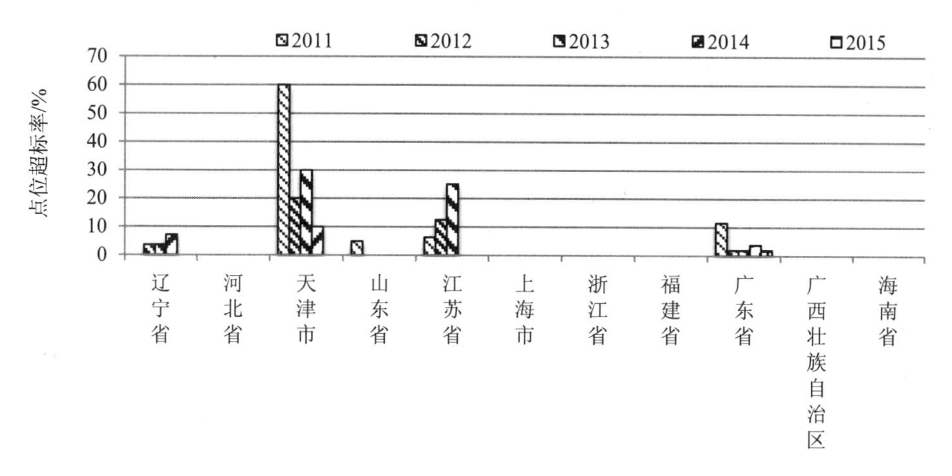

图 2-8 2011—2015 年沿海省（自治区、直辖市）近岸海域石油类点位超标率变化

2.1.2.3 重金属

（1）铅

2011—2015 年，沿海各省（自治区、直辖市）中，辽宁铅年均值范围为 0.000 958～0.002 858 mg/L，点位超标率范围为 0～17.9%。河北铅年均值范围为 0.001 388～0.001 668 mg/L，无点位超标。天津铅年均值范围为 0.001 607～0.005 59 mg/L，点位超标率范围为 0～80.0%。山东铅年均值范围为 0.000 506～0.000 849 mg/L，无点位超标。江苏铅年均值范围为 0.000 443～0.000 863 mg/L，无点位超标。上海铅年均值范围为 0.000 062～0.000 136 mg/L，无点位超标。浙江铅年均值范围为 0.000 073～0.000 125 mg/L，无点位超标。福建铅年均值范围为 0.000 182～0.001 241 mg/L，点位超标率范围为 0～2.9%。广东铅年均值范围为 0.000 695～0.001 19 mg/L，无点位超标。广西铅年均值范围为 0.000 186～0.000 377 mg/L，无点位超标。海南铅年均值范围为 0.000 361～0.000 682 mg/L，无点位超标。辽宁铅浓度水平和点位超标率较高。见图 2-9、图 2-10。

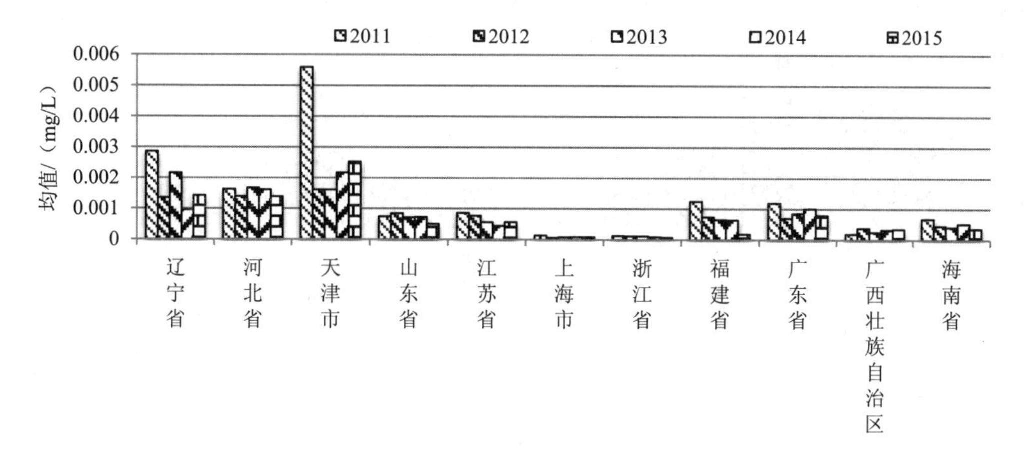

图 2-9 2011—2015 年沿海省（自治区、直辖市）近岸海域铅均值变化

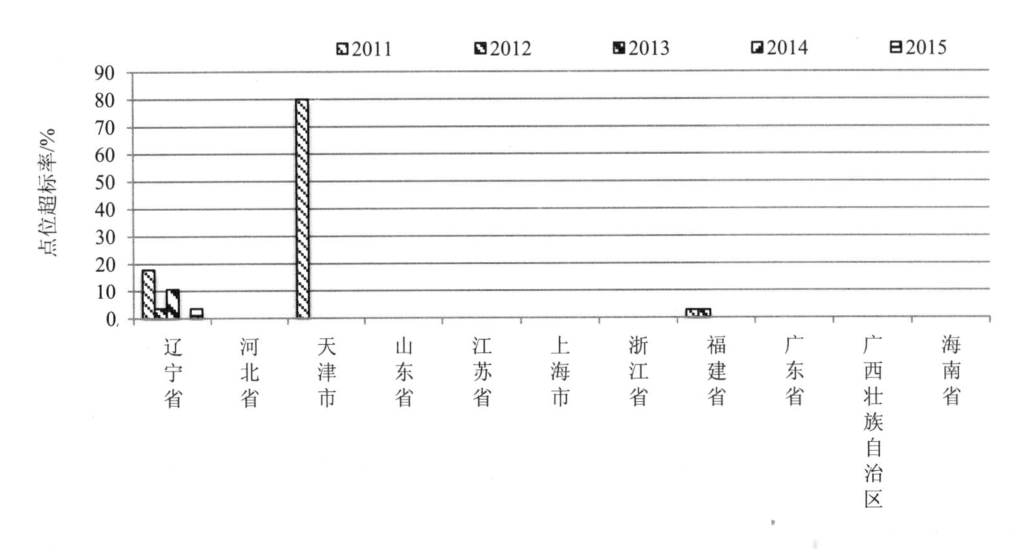

图 2-10 2011—2015 年沿海省（自治区、直辖市）近岸海域铅点位超标率变化

（2）铜

2011—2015 年，沿海各省（自治区、直辖市）中，辽宁铜年均值范围为 0.002 2～0.003 56 mg/L，点位超标率范围为 0～14.3%。河北铜年均值范围为 0.003 48～0.004 64 mg/L，无点位超标。天津铜年均值范围为 0.002 32～0.004 95 mg/L，无点位超标。山东铜年均值范围为 0.001 67～0.002 6 mg/L，无点位超标。江苏铜年均值范围为 0.001 02～0.001 27 mg/L，无点位超标。上海铜年均值范围为 0.000 63～0.001 33 mg/L，无点位超标。浙江铜年均值范围为 0.000 72～0.001 04 mg/L，无点位超标。福建铜年均值范围为 0.000 88～0.001 41 mg/L，无点位超标。广东铜年均值范围为 0.001 73～0.002 13 mg/L，无点位超标。广西铜年均值范围为 0.000 81～0.001 09 mg/L，无点位超标。海南铜年均值范围为 0.000 67～0.002 3 mg/L，无点位超标。见图 2-11、图 2-12。

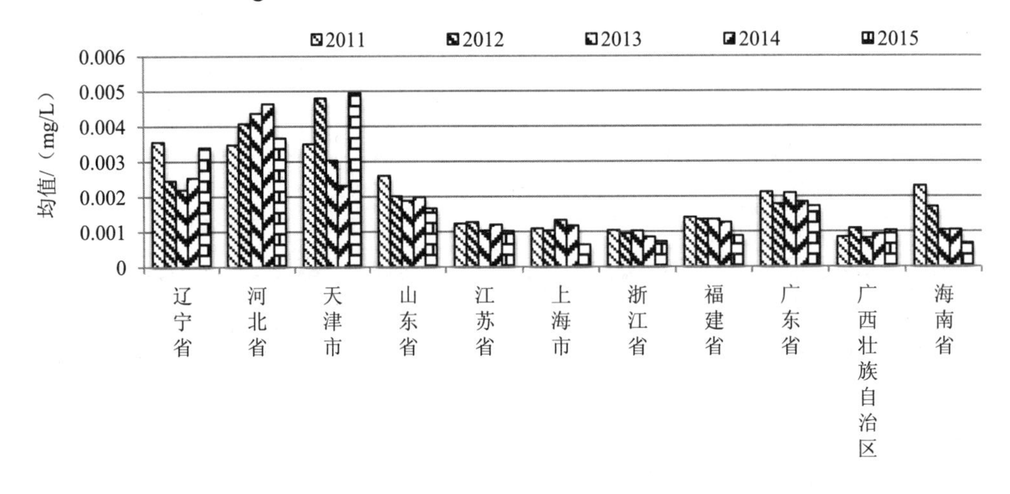

图 2-11 2011—2015 年沿海省（自治区、直辖市）近岸海域铜均值变化

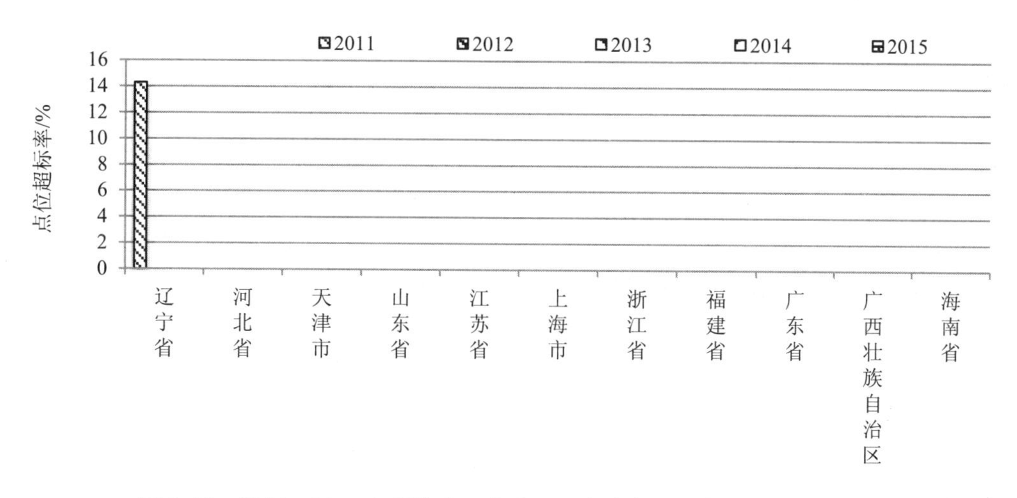

图 2-12　2011—2015 年沿海省（自治区、直辖市）近岸海域铜点位超标率变化

（3）汞

2011—2015 年，沿海各省（自治区、直辖市）中，辽宁汞年均值范围为 0.000 014～0.000 033 mg/L，无点位超标。河北汞年均值范围为 0.000 006～0.000 013 mg/L，无点位超标。天津汞年均值范围为 0.000 018～0.000 062 mg/L，无点位超标。山东汞年均值范围为 0.000 024～0.000 034 mg/L，无点位超标。江苏汞年均值范围为 0.000 022～0.000 031 mg/L，无点位超标。上海汞年均值范围为 0.000 004～0.000 026 mg/L，无点位超标。浙江汞年均值范围为 0.000 005～0.000 025 mg/L，无点位超标。福建汞年均值范围为 0.000 019～0.000 044 mg/L，无点位超标。广东汞年均值范围为 0.000 034～0.000 039 mg/L，无点位超标。广西汞年均值范围为 0.000 016～0.000 033 mg/L，无点位超标。海南汞年均值范围为 0.000 014～0.000 04 mg/L，无点位超标。见图 2-13。

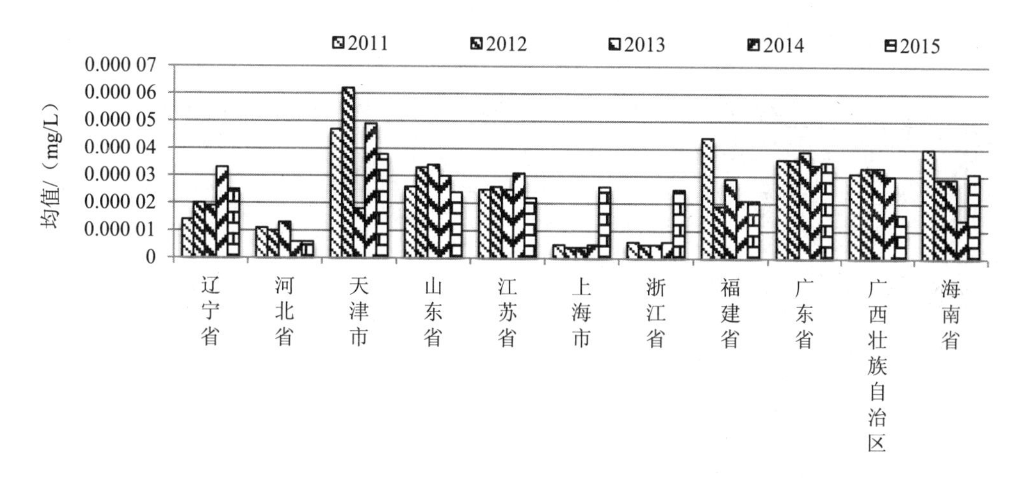

图 2-13　2011—2015 年沿海省（自治区、直辖市）近岸海域汞均值变化

（4）镉

2011—2015 年，沿海各省（自治区、直辖市）中，辽宁镉年均值范围为 0.000 308～

0.001 145 mg/L，点位超标率范围为 0～10.7%。河北镉年均值范围为 0.000 108～0.000 196 mg/L，无点位超标。天津镉年均值范围为 0.000 107～0.000 55 mg/L，无点位超标。山东镉年均值范围为 0.000 143～0.000 3 mg/L，无点位超标。江苏镉年均值范围为 0.000 102～0.000 22 mg/L，无点位超标。上海镉年均值范围为 0.000 031～0.000 04 mg/L，无点位超标。浙江镉年均值范围为 0.000 035～0.000 049 mg/L，无点位超标。福建镉年均值范围为 0.000 078～0.000 175 mg/L，无点位超标。广东镉年均值范围为 0.000 118～0.000 215 mg/L，无点位超标。广西镉年均值范围为 0.000 03～0.000 066 mg/L，无点位超标。海南镉年均值范围为 0.000 026～0.000 121 mg/L，无点位超标。见图 2-14、图 2-15。

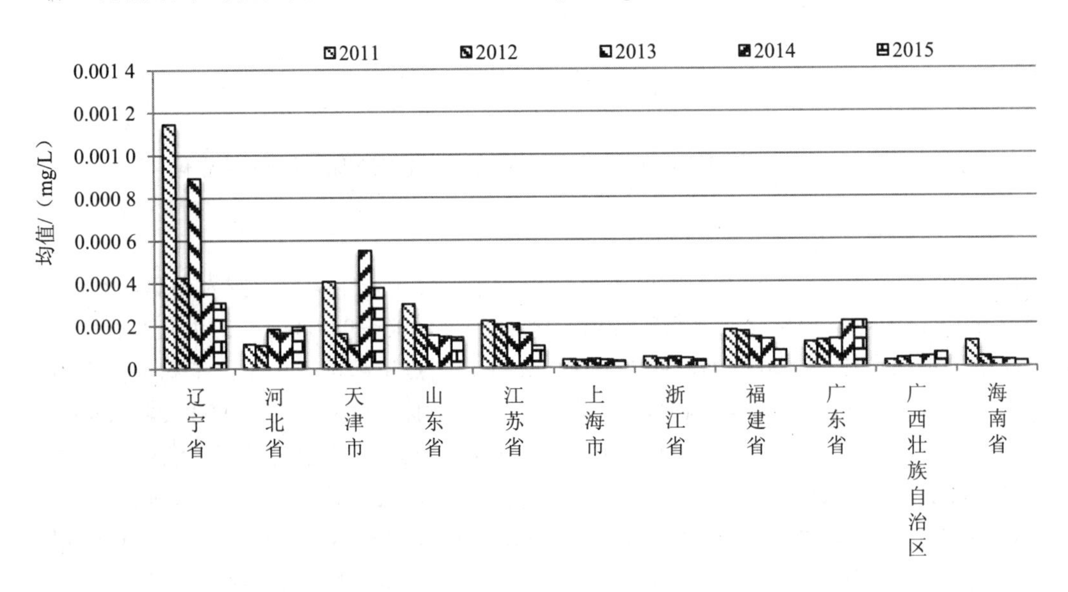

图 2-14　2011—2015 年沿海省（自治区、直辖市）近岸海域镉均值变化

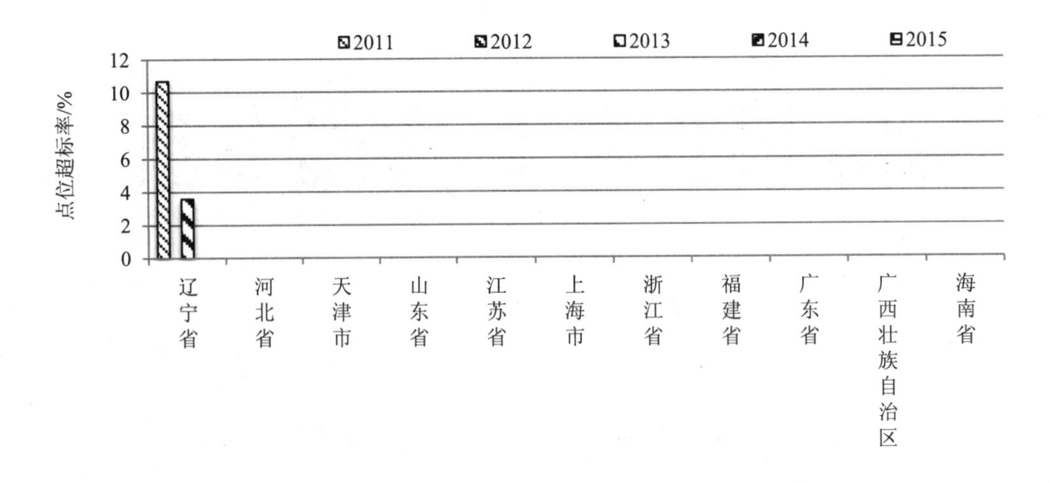

图 2-15　2011—2015 年沿海省（自治区、直辖市）近岸海域镉点位超标率变化

2.1.2.4　其他指标

（1）pH

2011—2015 年，沿海各省（自治区、直辖市）中，辽宁 pH 年均值范围为 7.92～8.15，点位超标率范围为 0～25.0%。河北 pH 年均值范围为 7.97～8.07，无点位超标。天津 pH 年均值范围为 8.02～8.31，无点位超标。山东 pH 年均值范围为 8.07～8.12，无点位超标。江苏 pH 年均值范围为 8.02～8.12，点位超标率范围为 0～6.3%。上海 pH 年均值范围为 7.93～8.07，无点位超标。浙江 pH 年均值范围为 8～8.05，无点位超标。福建 pH 年均值范围为 7.99～8.17，点位超标率范围为 0～2.9%。广东 pH 年均值范围为 7.98～8.09，点位超标率范围为 1.9%～13.5%。广西 pH 年均值范围为 8.07～8.2，点位超标率范围为 0～4.5%。海南 pH 年均值范围为 8.07～8.14，无点位超标。见图 2-16、图 2-17。

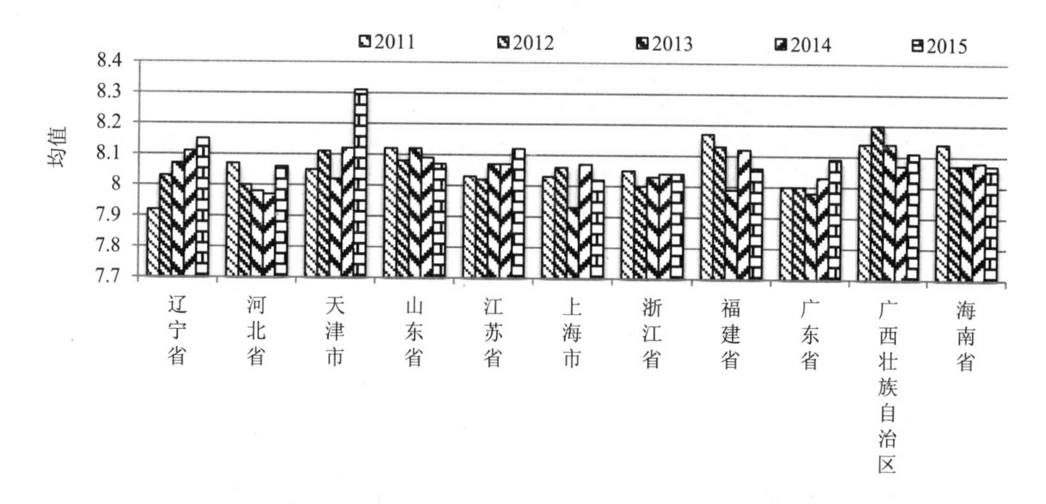

图 2-16　2011—2015 年沿海省（自治区、直辖市）近岸海域 pH 均值变化

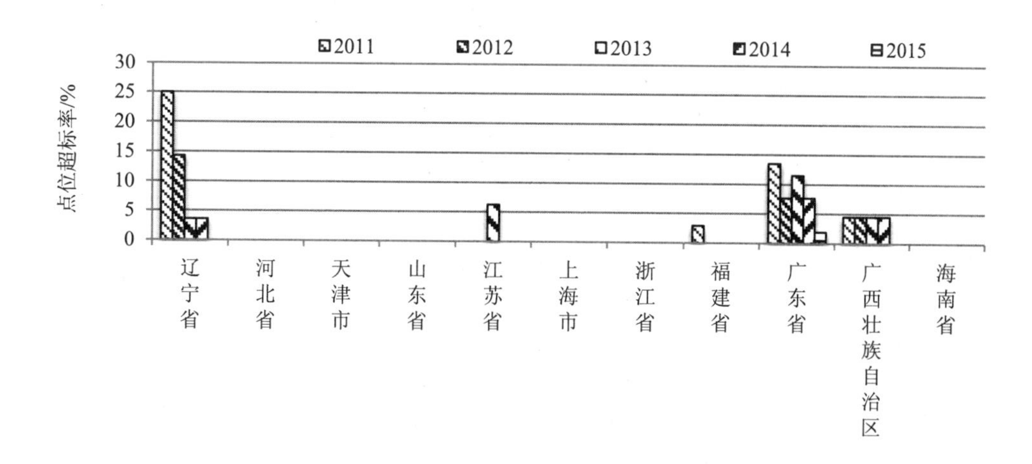

图 2-17　2011—2015 年沿海省（自治区、直辖市）近岸海域 pH 点位超标率变化

（2）溶解氧

2011—2015 年，沿海各省（自治区、直辖市）中，辽宁溶解氧年均值范围为 8.1～8.68 mg/L，无点位超标。河北溶解氧年均值范围为 7.22～8.17 mg/L，无点位超标。天津溶解氧年均值范围为 7.52～9.29 mg/L，无点位超标。山东溶解氧年均值范围为 7.67～7.9 mg/L，无点位超标。江苏溶解氧年均值范围为 7.75～8.78 mg/L，点位超标率范围为 0～6.3%。上海溶解氧年均值范围为 6.73～8.3 mg/L，无点位超标。浙江溶解氧年均值范围为 7.4～7.84 mg/L，无点位超标。福建溶解氧年均值范围为 6.87～7.24 mg/L，无点位超标。广东溶解氧年均值范围为 6.6～6.87 mg/L，点位超标率范围为 0～7.7%。广西溶解氧年均值范围为 7.07～7.77 mg/L，无点位超标。海南溶解氧年均值范围为 6.52～6.76 mg/L，无点位超标。见图 2-18、图 2-19。

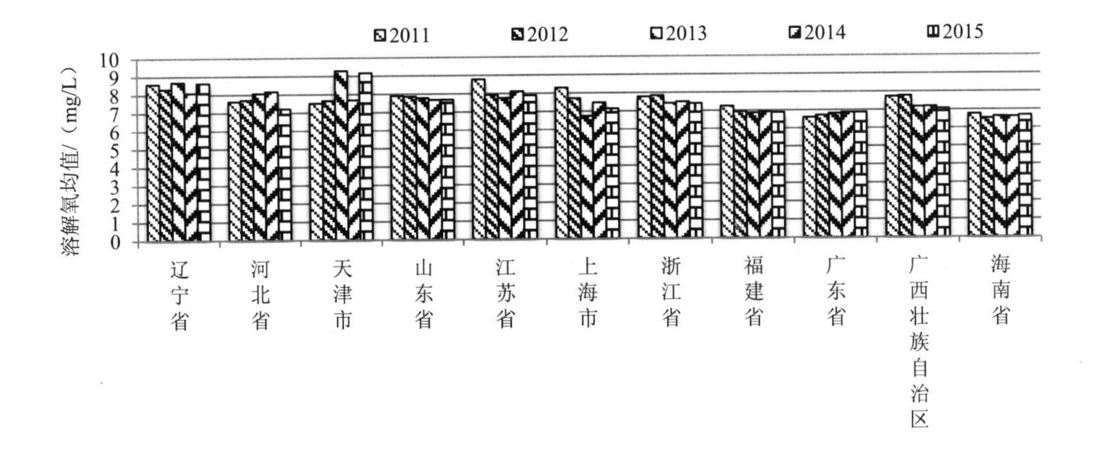

图 2-18　2011—2015 年沿海省（自治区、直辖市）近岸海域溶解氧均值变化

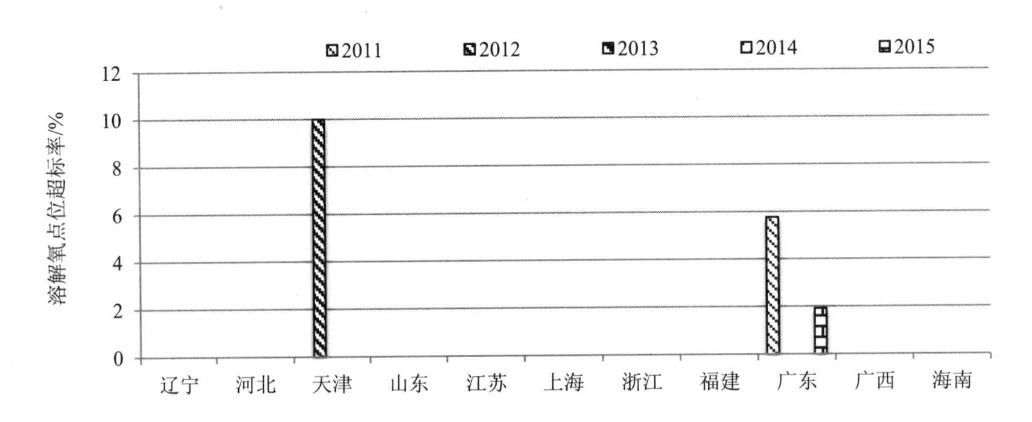

图 2-19　2011—2015 年沿海省（自治区、直辖市）近岸海域溶解氧点位超标率变化

（3）非离子氨

2011—2015 年，沿海各省（自治区、直辖市）中，辽宁非离子氨年均值范围为 0.002 ～

0.004 mg/L，无点位超标。河北非离子氨年均值范围为 0.002 ～0.003 mg/L，无点位超标。天津非离子氨年均值范围为 0.004 ～0.022 mg/L，点位超标率范围为 0～40.0%。山东非离子氨年均值范围为 0.002 ～0.002 mg/L，无点位超标。江苏非离子氨年均值范围为 0.001 ～0.005 mg/L，无点位超标。上海非离子氨年均值范围为 0.001 ～0.001 mg/L，无点位超标。浙江非离子氨年均值范围为 0.001 ～0.001 mg/L，无点位超标。福建非离子氨年均值范围为 0.001 ～0.002 mg/L，无点位超标。广东非离子氨年均值范围为 0.003 ～0.005 mg/L，点位超标率范围为 0～1.9%。广西非离子氨年均值范围为 0.001 ～0.003 mg/L，无点位超标。海南非离子氨年均值范围为 0.002 ～0.003 mg/L，无点位超标。见图 2-20、图 2-21。

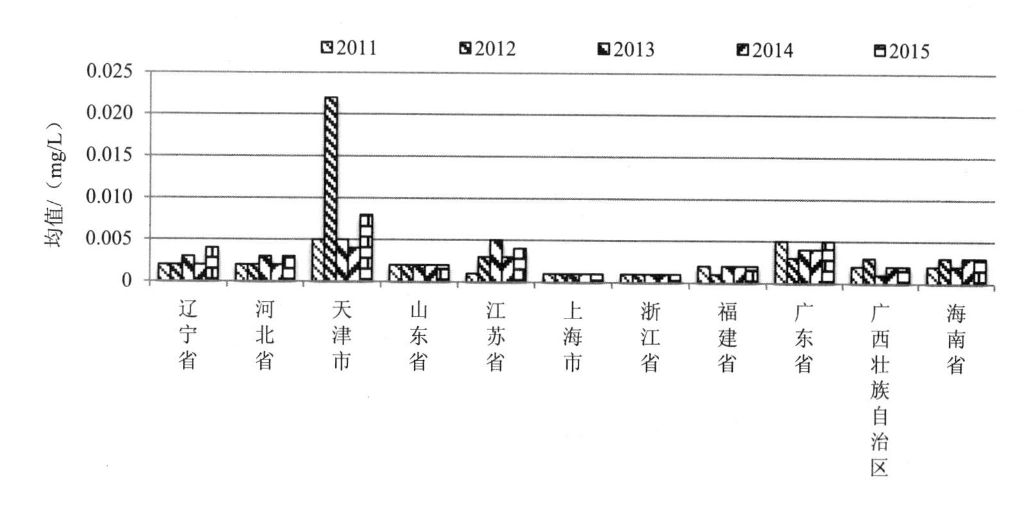

图 2-20　2011—2015 年沿海省（自治区、直辖市）近岸海域非离子氨均值变化

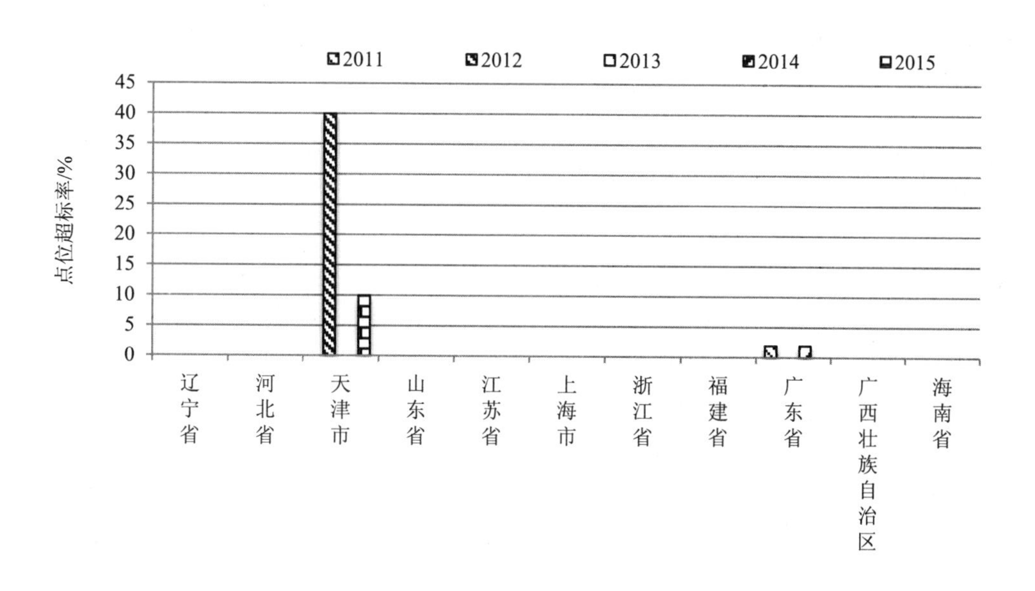

图 2-21　2011—2015 年沿海省（自治区、直辖市）近岸海域非离子氨点位超标率变化

2.2 辽宁

2.2.1 辽宁近岸海域环境质量

2011—2015 年，辽宁近岸海域水质好转，水质类别为良好至差，以一般为主。一类、二类海水比例为 46.4%～82.1%，三类、四类海水比例为 17.9%～50.0%，劣四类海水比例为 0～3.6%。各年中，2015 年水质最好，2011 年水质最差。主要污染因子为无机氮、铅、铜、pH、镍、石油类。见图 2-22。

辽宁各项超标污染因子中，无机氮、铜、铅、镉、锌、pH 点位超标率较高，各年中有年度超过 10%。石油类点位超标率各年中有年度超过 5%。

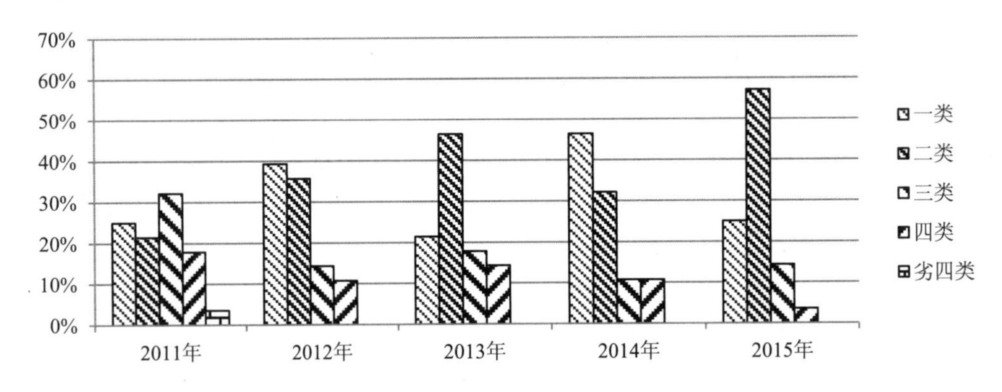

图 2-22 2011—2015 年辽宁近岸海域水质变化情况

2.2.2 各地级市近岸海域环境质量

2011—2015 年，大连近岸海域水质波动大，水质类别为优至一般，以优为主。一类、二类海水比例为 57.1%～100.0%，三类、四类海水比例为 0～42.9%，无劣四类海水。各年中，2012 年水质最好，2011 年水质最差。见表 2-2。

2011—2015 年，丹东近岸海域水质波动大，水质类别为优至一般，以一般为主。一类、二类海水比例为 66.7%～100.0%，三类、四类海水比例为 0～33.3%，无劣四类海水。各年中，2012 年水质最好，2011 年水质最差。主要污染因子为 pH。

2011—2015 年，葫芦岛近岸海域水质波动大，水质类别为优至一般，以良好为主。一类、二类海水比例为 50.0%～100.0%，三类、四类海水比例为 0～50.0%，无劣四类海水。各年中，2011 年水质最好，2013 年水质最差。主要污染因子为石油类。

2011—2015 年，锦州近岸海域水质水质好转，水质类别由差转至一般，以一般为主。一类、二类海水比例为 0～60.0%，三类、四类海水比例为 40.0%～100.0%，无劣四类海水。各年中，2014 年水质最好，2011 年水质最差。主要污染因子为铅、铜、无机氮、镉、锌、pH、石油类。

2011—2015 年，盘锦近岸海域水质好转，水质类别由极差转至一般，以差为主。无一类、二类海水，三类、四类海水比例为 50.0%～100.0%，劣四类海水比例为 0～50.0%。主要污染因子为无机氮。

2011—2015 年，营口近岸海域水质保持稳定，水质类别均为差。一类、二类海水比例为 50.0%～50.0%，三类、四类海水比例为 50.0%～50.0%，无劣四类海水。主要污染因子为无机氮。

表 2-2　辽宁省各沿海市水质类别变化及主要污染因子

城市	年度	一类	二类	三类	四类	劣四类	水质类别	主要污染因子
大连	2011	35.7%	21.4%	42.9%	0.0%	0.0%	一般	
	2012	71.4%	28.6%	0.0%	0.0%	0.0%	优	
	2013	21.4%	78.6%	0.0%	0.0%	0.0%	良好	硫化物（100%）
	2014	71.4%	28.6%	0.0%	0.0%	0.0%	优	
	2015	35.7%	64.3%	0.0%	0.0%	0.0%	良好	
丹东	2011	33.3%	33.3%	33.3%	0.0%	0.0%	一般	pH（33.3%）
	2012	33.3%	66.7%	0.0%	0.0%	0.0%	良好	
	2013	66.7%	33.3%	0.0%	0.0%	0.0%	优	
	2014	33.3%	33.3%	33.3%	0.0%	0.0%	一般	pH（33.3%）
	2015	66.7%	33.3%	0.0%	0.0%	0.0%	优	
葫芦岛	2011	50.0%	50.0%	0.0%	0.0%	0.0%	良好	
	2012	0.0%	100.0%	0.0%	0.0%	0.0%	良好	
	2013	50.0%	0.0%	50.0%	0.0%	0.0%	一般	石油类（50%）
	2014	100.0%	0.0%	0.0%	0.0%	0.0%	优	
	2015	0.0%	100.0%	0.0%	0.0%	0.0%	良好	
锦州	2011	0.0%	0.0%	40.0%	60.0%	0.0%	差	铅（100%）、铜（80%）、无机氮（60%）、镉（60%）、锌（60%）
	2012	0.0%	20.0%	80.0%	0.0%	0.0%	一般	pH(80%)、无机氮(60%)、铅(20%)、挥发性酚（20%）、石油类（20%）
	2013	0.0%	0.0%	60.0%	40.0%	0.0%	差	无机氮(100%)、铅(60%)、镍(60%)
	2014	0.0%	60.0%	40.0%	0.0%	0.0%	一般	石油类（40%）
	2015	0.0%	60.0%	40.0%	0.0%	0.0%	一般	无机氮（40%）、铅（20%）
盘锦	2011	0.0%	0.0%	0.0%	50.0%	50.0%	极差	无机氮（100%）
	2012	0.0%	0.0%	0.0%	100.0%	0.0%	差	无机氮（100%）
	2013	0.0%	0.0%	50.0%	50.0%	0.0%	差	无机氮（100%）
	2014	0.0%	0.0%	0.0%	100.0%	0.0%	差	无机氮（100%）
	2015	0.0%	0.0%	100.0%	0.0%	0.0%	一般	无机氮（100%）
营口	2011	0.0%	50.0%	0.0%	50.0%	0.0%	差	无机氮（50%）
	2012	0.0%	50.0%	0.0%	50.0%	0.0%	差	无机氮（50%）
	2013	0.0%	50.0%	0.0%	50.0%	0.0%	差	无机氮（50%）
	2014	0.0%	50.0%	0.0%	50.0%	0.0%	差	无机氮（50%）
	2015	0.0%	50.0%	0.0%	50.0%	0.0%	差	活性磷酸盐（50%）、无机氮（50%）

2.3 河北

2.3.1 近岸海域环境质量情况

2011—2015 年，河北近岸海域水质保持稳定，水质类别均为良好。一类、二类海水比例为 87.5%～87.5%，三类、四类海水比例为 12.5%～12.5%，无劣四类海水。主要污染因子为化学需氧量和无机氮。见图 2-23。

河北各项超标污染因子中，化学需氧量、无机氮点位超标率较高，各年中有年度超过 10%。

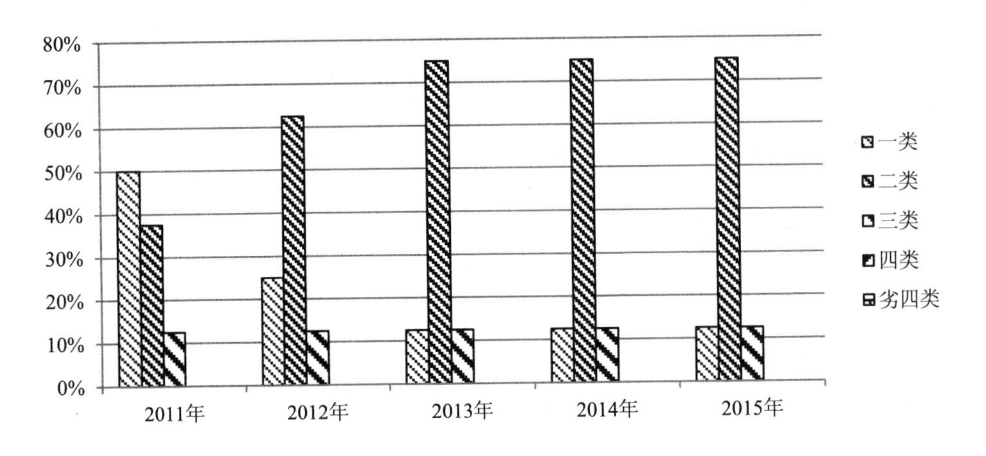

图 2-23 2011—2015 年河北近岸海域水质变化情况

2.3.2 各地级市近岸海域环境质量情况

河北省各沿海市水质类别变化及主要污染因子见表 2-3。

2011—2015 年，唐山近岸海域水质保持稳定，水质类别均为良好。均为一类、二类海水，无三类、四类、劣四类海水。

2011—2015 年，秦皇岛近岸海域水质先变差后稳定，水质类别由优转至良好，以良好为主。均为一类、二类海水，无三类、四类、劣四类海水。

2011—2015 年，沧州近岸海域水质保持稳定，水质类别均为一般。无一类、二类海水，均为三类、四类海水，无劣四类海水。主要污染因子为化学需氧量、无机氮。

表 2-3 河北省各沿海市水质类别变化及主要污染因子

城市	年度	一类	二类	三类	四类	劣四类	水质类别	主要污染因子
唐山	2011	0.0%	100.0%	0.0%	0.0%	0.0%	良好	
	2012	0.0%	100.0%	0.0%	0.0%	0.0%	良好	
	2013	0.0%	100.0%	0.0%	0.0%	0.0%	良好	

城市	年度	一类	二类	三类	四类	劣四类	水质类别	主要污染因子
唐山	2014	0.0%	100.0%	0.0%	0.0%	0.0%	良好	
	2015	0.0%	100.0%	0.0%	0.0%	0.0%	良好	
秦皇岛	2011	100.0%	0.0%	0.0%	0.0%	0.0%	优	
	2012	50.0%	50.0%	0.0%	0.0%	0.0%	良好	
	2013	25.0%	75.0%	0.0%	0.0%	0.0%	良好	
	2014	25.0%	75.0%	0.0%	0.0%	0.0%	良好	
	2015	25.0%	75.0%	0.0%	0.0%	0.0%	良好	
沧州	2011	0.0%	0.0%	100.0%	0.0%	0.0%	一般	化学需氧量（100%）、无机氮（100%）
	2012	0.0%	0.0%	100.0%	0.0%	0.0%	一般	无机氮（100%）
	2013	0.0%	0.0%	100.0%	0.0%	0.0%	一般	无机氮（100%）
	2014	0.0%	0.0%	100.0%	0.0%	0.0%	一般	无机氮（100%）
	2015	0.0%	0.0%	100.0%	0.0%	0.0%	一般	无机氮（100%）

2.4 天津

2011—2015 年，天津近岸海域水质波动变化，水质类别为差至极差，以差为主。一类、二类海水比例为 20.0%～30.0%，三类、四类海水比例为 20.0%～50.0%，劣四类海水比例为 30.0%～60.0%。各年中，2015 年水质最好，2012 年水质最差。主要污染因子为无机氮、铅、石油类、非离子氨、活性磷酸盐。见表 2-1、图 2-24。

天津各项超标污染因子中，无机氮、石油类、铅、活性磷酸盐、非离子氨点位超标率较高，各年中有年度超过 10%。

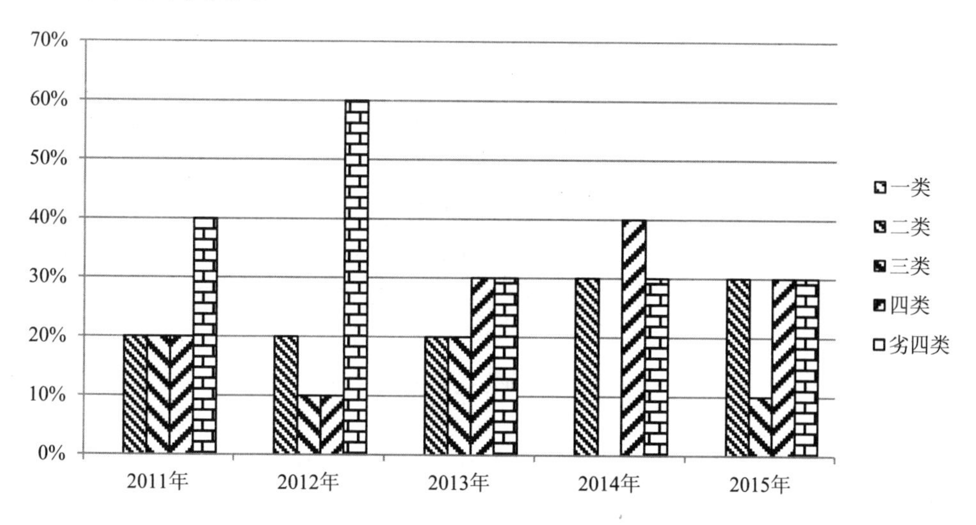

图 2-24　2011—2015 年天津近岸海域水质变化情况

2.5 山东

2.5.1 近岸海域环境质量

2011—2015 年，山东近岸海域水质保持稳定，水质类别均为良好。一类、二类海水比例为 92.7%～95.1%，三类、四类海水比例为 4.9%～7.3%，无劣四类海水。各年中，2012 年水质最好，2011 年水质最差。主要污染因子为无机氮。见图 2-25。

山东各项超标污染因子中，无机氮点位超标率有年度超过 5%。其他污染因子石油类、活性磷酸盐各年中有年度出现超标。

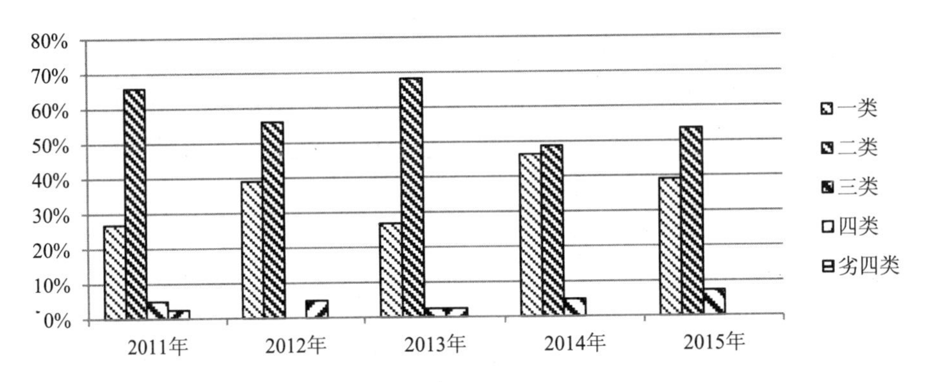

图 2-25 2011—2015 年山东近岸海域水质变化情况

2.5.2 各地级市近岸海域环境质量

山东省各沿海市水质类别变化及主要污染因子见表 2-4。

2011—2015 年，滨州近岸海域水质保持稳定，水质类别均为良好。均为一类、二类海水，无三类、四类、劣四类海水。

2011—2015 年，东营近岸海域水质波动恶化，水质类别为优至一般，以良好为主。一类、二类海水比例为 75.0%～100.0%，三类、四类海水比例为 0～25.0%，无劣四类海水。各年中，2011 年水质最好，2015 年水质最差。主要污染因子为无机氮。

2011—2015 年，青岛近岸海域水质保持稳定，水质类别均为良好。一类、二类海水比例为 80.0%～80.0%，三类、四类海水比例为 20.0%～20.0%，无劣四类海水。主要污染因子为无机氮、石油类、活性磷酸盐。

2011—2015 年，日照近岸海域水质保持稳定，水质类别均为良好。均为一类、二类海水，无三类、四类、劣四类海水。

2011—2015 年，威海近岸海域水质保持稳定，水质类别均为良好。一类、二类海水比例为 88.9%～100.0%，三类、四类海水比例为 0～11.1%，无劣四类海水。各年中，2012 年水质最好，2011 年水质最差。主要污染因子为石油类。

2011—2015 年，潍坊近岸海域水质保持稳定，水质类别均为良好。均为一类、二类海水，无三类、四类、劣四类海水。

2011—2015 年，烟台近岸海域水质保持稳定，水质类别均为良好。均为一类、二类海水，无三类、四类、劣四类海水。

表 2-4　山东省各沿海市水质类别变化及主要污染因子

城市	年度	一类	二类	三类	四类	劣四类	水质类别	主要污染因子
滨州	2011	0.0%	100.0%	0.0%	0.0%	0.0%	良好	
	2012	0.0%	100.0%	0.0%	0.0%	0.0%	良好	
	2013	0.0%	100.0%	0.0%	0.0%	0.0%	良好	
	2014	0.0%	100.0%	0.0%	0.0%	0.0%	良好	
	2015	0.0%	100.0%	0.0%	0.0%	0.0%	良好	
东营	2011	0.0%	100.0%	0.0%	0.0%	0.0%	良好	
	2012	75.0%	25.0%	0.0%	0.0%	0.0%	优	
	2013	0.0%	100.0%	0.0%	0.0%	0.0%	良好	
	2014	100.0%	0.0%	0.0%	0.0%	0.0%	优	
	2015	25.0%	50.0%	25.0%	0.0%	0.0%	一般	无机氮（25%）
青岛	2011	40.0%	40.0%	10.0%	10.0%	0.0%	良好	无机氮（20%）、石油类（10%）
	2012	50.0%	30.0%	0.0%	20.0%	0.0%	良好	无机氮（20%）、活性磷酸盐（10%）、大肠菌群（10%）
	2013	40.0%	40.0%	10.0%	10.0%	0.0%	良好	无机氮（20%）、大肠菌群（10%）
	2014	80.0%	0.0%	20.0%	0.0%	0.0%	良好	无机氮（20%）
	2015	80.0%	0.0%	20.0%	0.0%	0.0%	良好	无机氮（20%）
日照	2011	50.0%	50.0%	0.0%	0.0%	0.0%	良好	
	2012	50.0%	50.0%	0.0%	0.0%	0.0%	良好	
	2013	50.0%	50.0%	0.0%	0.0%	0.0%	良好	
	2014	50.0%	50.0%	0.0%	0.0%	0.0%	良好	
	2015	0.0%	100.0%	0.0%	0.0%	0.0%	良好	
威海	2011	11.1%	77.8%	11.1%	0.0%	0.0%	良好	石油类（11.1%）
	2012	11.1%	88.9%	0.0%	0.0%	0.0%	良好	
	2013	11.1%	88.9%	0.0%	0.0%	0.0%	良好	
	2014	22.2%	77.8%	0.0%	0.0%	0.0%	良好	
	2015	22.2%	77.8%	0.0%	0.0%	0.0%	良好	
潍坊	2011	0.0%	100.0%	0.0%	0.0%	0.0%	良好	
	2012	0.0%	100.0%	0.0%	0.0%	0.0%	良好	
	2013	0.0%	100.0%	0.0%	0.0%	0.0%	良好	
	2014	0.0%	100.0%	0.0%	0.0%	0.0%	良好	
	2015	0.0%	100.0%	0.0%	0.0%	0.0%	良好	
烟台	2011	35.7%	64.3%	0.0%	0.0%	0.0%	良好	
	2012	42.9%	57.1%	0.0%	0.0%	0.0%	良好	
	2013	35.7%	64.3%	0.0%	0.0%	0.0%	良好	
	2014	28.6%	71.4%	0.0%	0.0%	0.0%	良好	
	2015	35.7%	64.3%	0.0%	0.0%	0.0%	良好	

2.6 江苏

2.6.1 近岸海域环境质量

2011—2015 年，江苏近岸海域水质恶化，水质类别为良好至一般，以一般为主。一类、二类海水比例为 62.5%～81.3%，三类、四类海水比例为 12.5%～37.5%，劣四类海水比例为 0～12.5%。各年中，2011 年水质最好，2013 年水质最差。主要污染因子为无机氮、石油类、pH、溶解氧、活性磷酸盐。见图 2-26。

江苏各项超标污染因子中，无机氮、石油类、活性磷酸盐点位超标率较高，各年中有年度超过 10%。pH、溶解氧点位超标率各年中有年度超过 5%。

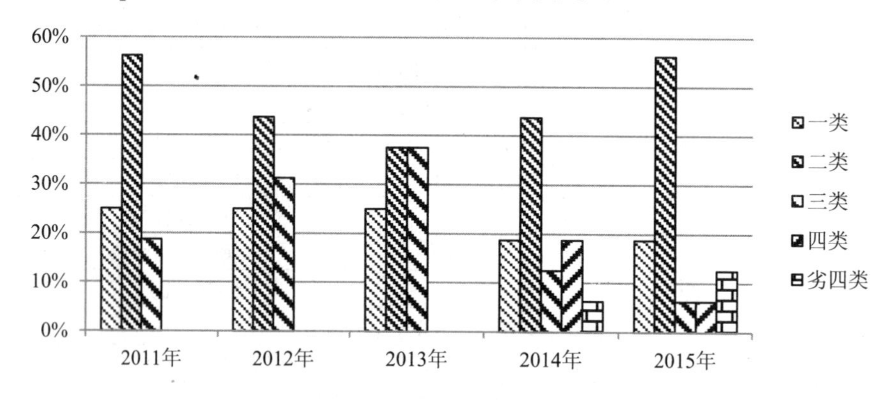

图 2-26 2011—2015 年江苏近岸海域水质变化情况

2.6.2 各地级市近岸海域环境质量

江苏省各沿海市水质类别变化及主要污染因子见表 2-5。

表 2-5 江苏省各沿海市水质类别变化及主要污染因子

城市	年度	一类	二类	三类	四类	劣四类	水质类别	主要污染因子
连云港	2011	57.1%	28.6%	14.3%	0.0%	0.0%	良好	无机氮（14.3%）
	2012	57.1%	28.6%	14.3%	0.0%	0.0%	良好	无机氮（14.3%）
	2013	57.1%	28.6%	14.3%	0.0%	0.0%	良好	pH（14.3%）、无机氮（14.3%）
	2014	42.9%	14.3%	14.3%	14.3%	14.3%	差	无机氮（42.9%）
	2015	28.6%	42.9%	14.3%	0.0%	14.3%	一般	无机氮（28.6%）、溶解氧（14.3%）、活性磷酸盐（14.3%）
南通	2011	0.0%	100.0%	0.0%	0.0%	0.0%	良好	
	2012	0.0%	60.0%	40.0%	0.0%	0.0%	一般	无机氮（40%）
	2013	0.0%	80.0%	20.0%	0.0%	0.0%	良好	无机氮（20%）
	2014	0.0%	60.0%	20.0%	20.0%	0.0%	一般	无机氮（40%）、活性磷酸盐（20%）
	2015	20.0%	40.0%	0.0%	20.0%	20.0%	一般	无机氮（40%）

城市	年度	一类	二类	三类	四类	劣四类	水质类别	主要污染因子
盐城	2011	0.0%	50.0%	50.0%	0.0%	0.0%	一般	石油类（25%）、无机氮（25%）
	2012	0.0%	50.0%	50.0%	0.0%	0.0%	一般	石油类（50%）
	2013	0.0%	0.0%	100.0%	0.0%	0.0%	一般	石油类（100%）
	2014	0.0%	75.0%	0.0%	25.0%	0.0%	一般	活性磷酸盐（25%）
	2015	0.0%	100.0%	0.0%	0.0%	0.0%	良好	

2011—2015 年，连云港近岸海域水质恶化，水质类别为良好至差，以良好为主。一类、二类海水比例为 57.1%～85.7%，三类、四类海水比例为 14.3%～28.6%，劣四类海水比例为 0～14.3%。各年中，2011 年水质最好，2014 年水质最差。主要污染因子为无机氮、溶解氧、活性磷酸盐。

2011—2015 年，南通近岸海域水质波动变化，水质类别为良好至一般，以一般为主。一类、二类海水比例为 60.0%～100.0%，三类、四类海水比例为 0～40.0%，劣四类海水比例为 0～20.0%。各年中，2011 年水质最好，2012 年水质最差。主要污染因子为无机氮、活性磷酸盐。

2011—2015 年，盐城近岸海域水质好转，水质类别为良好至一般，以一般为主。一类、二类海水比例为 0～100.0%，三类、四类海水比例为 0～100.0%，无劣四类海水。各年中，2015 年水质最好，2013 年水质最差。主要污染因子为石油类、无机氮、活性磷酸盐。

2.7 上海

2011—2015 年，上海近岸海域水质保持稳定，水质类别均为极差。一类、二类海水比例为 0～30.0%，三类、四类海水比例为 10.0%～20.0%，劣四类海水比例为 60.0%～80.0%。各年中，2011 年水质最好，2012 年水质最差。主要污染因子为无机氮、活性磷酸盐。见表 2-1、图 2-27。

上海各项超标污染因子中，活性磷酸盐、无机氮点位超标率较高，各年中有年度无机氮点位超标率超过 100%。

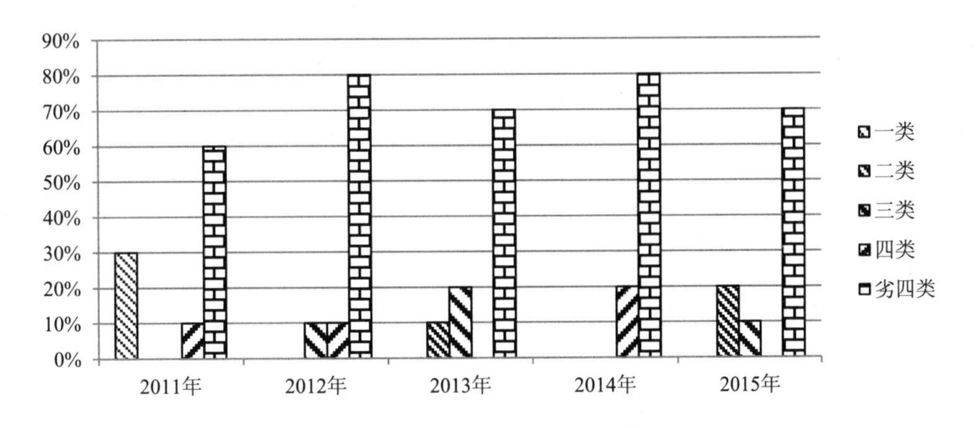

图 2-27 2011—2015 年上海近岸海域水质变化情况

2.8 浙江

2.8.1 近岸海域环境质量

2011—2015 年，浙江近岸海域水质保持稳定，水质类别均为极差。一类、二类海水比例为 4.0%～20.0%，三类、四类海水比例为 14.0%～26.0%，劣四类海水比例为 56.0%～76.0%。各年中，2011 年水质最好，2014 年水质最差。主要污染因子为无机氮、生化需氧量、化学需氧量。见图 2-28。

浙江各项超标污染因子中，活性磷酸盐、无机氮、生化需氧量点位超标率较高，各年中有年度超过 10%。化学需氧量点位超标率各年中有年度超过 5%。

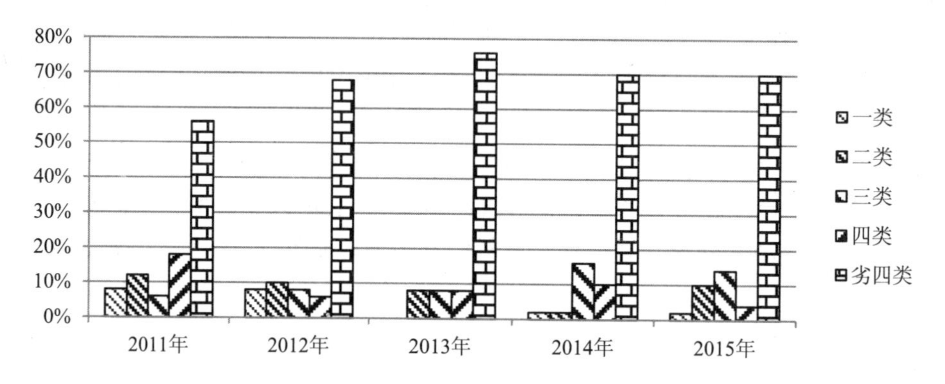

图 2-28 2011—2015 年浙江近岸海域水质变化情况

2.8.2 各地级市近岸海域环境质量

浙江省各沿海市水质类别变化及主要污染因子见表 2-6。

2011—2015 年，嘉兴近岸海域水质保持稳定，水质类别均为极差。无一类、二类海水，无三类、四类海水，均为劣四类海水。主要污染因子为活性磷酸盐、无机氮、化学需氧量。

2011—2015 年，宁波近岸海域水质保持稳定，水质类别均为极差。一类、二类海水比例为 0～22.2%，三类、四类海水比例为 0～22.2%，劣四类海水比例为 55.6%～88.9%。各年中，2011 年水质最好，2014 年水质最差。主要污染因子为无机氮、活性磷酸盐、生化需氧量。

2011—2015 年，台州近岸海域水质保持稳定，水质类别均为极差。一类、二类海水比例为 0～22.2%，三类、四类海水比例为 22.2%～33.3%，劣四类海水比例为 44.4%～77.8%。各年中，2011 年水质最好，2013 年水质最差。主要污染因子为无机氮、活性磷酸盐、生化需氧量。

2011—2015 年，温州近岸海域水质恶化，水质类别为差至极差，以极差为主。一类、二类海水比例为 0～25.0%，三类、四类海水比例为 12.5%～50.0%，劣四类海水比例为 37.5%～62.5%。各年中，2011 年水质最好，2015 年水质最差。主要污染因子为无机氮、活性磷酸盐、生化需氧量。

2011—2015 年，舟山近岸海域水质保持稳定，水质类别均为极差。一类、二类海水比例为4.8%～23.8%，三类、四类海水比例为9.5%～23.8%，劣四类海水比例为61.9%～71.4%。各年中，2012 年水质最好，2013 年水质最差。主要污染因子为无机氮、活性磷酸盐、生化需氧量。

表 2-6　浙江省各沿海市水质类别变化及主要污染因子

城市	年度	一类	二类	三类	四类	劣四类	水质类别	主要污染因子
嘉兴	2011	0.0%	0.0%	0.0%	0.0%	100.0%	极差	活性磷酸盐（100%）、无机氮（100%）、化学需氧量（33.3%）
	2012	0.0%	0.0%	0.0%	0.0%	100.0%	极差	活性磷酸盐（100%）、无机氮（100%）
	2013	0.0%	0.0%	0.0%	0.0%	100.0%	极差	活性磷酸盐（100%）、化学需氧量（100%）、无机氮（100%）
	2014	0.0%	0.0%	0.0%	0.0%	100.0%	极差	活性磷酸盐（100%）、无机氮（100%）、化学需氧量（33.3%）
	2015	0.0%	0.0%	0.0%	0.0%	100.0%	极差	活性磷酸盐（100%）、无机氮（100%）
宁波	2011	22.2%	0.0%	0.0%	22.2%	55.6%	极差	无机氮（66.7%）、活性磷酸盐（55.6%）
	2012	22.2%	0.0%	0.0%	0.0%	77.8%	极差	活性磷酸盐（77.8%）、无机氮（77.8%）
	2013	0.0%	11.1%	0.0%	0.0%	88.9%	极差	无机氮（77.8%）、活性磷酸盐（55.6%）、生化需氧量（22.2%）
	2014	0.0%	0.0%	22.2%	0.0%	77.8%	极差	无机氮（100%）、活性磷酸盐（55.6%）
	2015	0.0%	22.2%	0.0%	0.0%	77.8%	极差	无机氮（77.8%）、活性磷酸盐（55.6%）
台州	2011	0.0%	22.2%	11.1%	22.2%	44.4%	极差	无机氮（77.8%）、活性磷酸盐（33.3%）
	2012	0.0%	11.1%	11.1%	11.1%	66.7%	极差	无机氮（88.9%）、活性磷酸盐（66.7%）
	2013	0.0%	0.0%	11.1%	11.1%	77.8%	极差	无机氮（88.9%）、生化需氧量（55.6%）、活性磷酸盐（44.4%）
	2014	0.0%	0.0%	22.2%	11.1%	66.7%	极差	无机氮（100%）、活性磷酸盐（33.3%）
	2015	0.0%	11.1%	22.2%	0.0%	66.7%	极差	无机氮（88.9%）、活性磷酸盐（66.7%）
温州	2011	0.0%	25.0%	12.5%	25.0%	37.5%	差	无机氮（75%）、活性磷酸盐（37.5%）
	2012	0.0%	12.5%	25.0%	12.5%	50.0%	极差	无机氮（87.5%）、活性磷酸盐（37.5%）
	2013	0.0%	25.0%	12.5%	0.0%	62.5%	极差	无机氮（75%）、生化需氧量（50%）、活性磷酸盐（12.5%）
	2014	0.0%	12.5%	37.5%	0.0%	50.0%	极差	无机氮（87.5%）、活性磷酸盐（25%）
	2015	0.0%	0.0%	37.5%	12.5%	50.0%	极差	无机氮（100%）、活性磷酸盐（37.5%）
舟山	2011	9.5%	9.5%	4.8%	14.3%	61.9%	极差	无机氮（81.0%）、活性磷酸盐（23.8%）
	2012	9.5%	14.3%	4.8%	4.8%	66.7%	极差	无机氮（76.2%）、活性磷酸盐（52.4%）
	2013	0.0%	4.8%	9.5%	14.3%	71.4%	极差	无机氮（85.7%）、活性磷酸盐（52.4%）、生化需氧量（9.5%）
	2014	4.8%	0.0%	4.8%	19.0%	71.4%	极差	无机氮（95.2%）、活性磷酸盐（47.6%）、化学需氧量（9.5%）
	2015	4.8%	9.5%	9.5%	4.8%	71.4%	极差	无机氮（85.7%）、活性磷酸盐（57.1%）

2.9 福建

2.9.1 近岸海域环境质量

2011—2015 年，福建近岸海域水质保持稳定，水质类别均为一般。一类、二类海水比例为 62.9%～77.1%，三类、四类海水比例为 17.1%～25.7%，劣四类海水比例为 5.7%～11.4%。各年中，2012 年水质最好，2011 年水质最差。主要污染因子为无机氮、活性磷酸盐、化学需氧量。见图 2-29。

福建各项超标污染因子中，活性磷酸盐、无机氮点位超标率较高，各年中有年度超过 10%。化学需氧量点位超标率各年中有年度超过 5%。其他污染因子如生化需氧量、阴离子表面活性剂、挥发性酚各年中有年度出现超标。

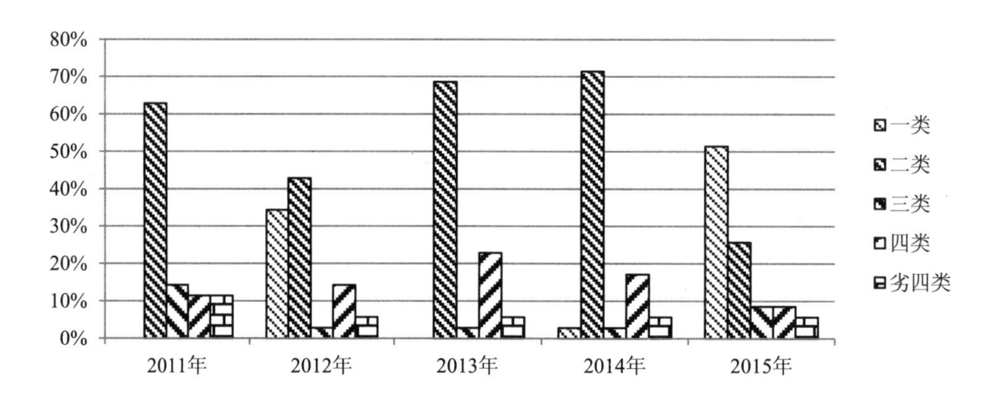

图 2-29　2011—2015 年福建近岸海域水质变化情况

2.9.2 各地级市近岸海域环境质量

福建省各沿海市水质类别变化及主要污染因子见表 2-7。

2011—2015 年，福州近岸海域水质波动变化，水质类别为一般至差，以一般为主。一类、二类海水比例为 42.9%～71.4%，三类、四类海水比例为 14.3%～42.9%，劣四类海水比例为 0～14.3%。各年中，2012 年水质最好，2011 年水质最差。主要污染因子为无机氮、活性磷酸盐、化学需氧量、生化需氧量。

2011—2015 年，宁德近岸海域水质保持稳定，水质类别均为差。一类、二类海水比例为 28.6%～57.1%，三类、四类海水比例为 42.9%～71.4%，劣四类海水比例为 0～14.3%。各年中，2012 年水质最好，2011 年水质最差。主要污染因子为无机氮、活性磷酸盐。

2011—2015 年，莆田近岸海域水质好转，水质类别为优至良好，以良好为主。一类、二类海水比例为 83.3%～100.0%，三类、四类海水比例为 0～16.7%，无劣四类海水。各年中，2015 年水质最好，2011 年水质最差。主要污染因子为无机氮、活性磷酸盐。

表 2-7 福建省各沿海市水质类别变化及主要污染因子

城市	年度	一类	二类	三类	四类	劣四类	水质类别	主要污染因子
福州	2011	0.0%	42.9%	28.6%	14.3%	14.3%	差	无机氮（42.9%）、活性磷酸盐（14.3%）、化学需氧量（14.3%）、生化需氧量（14.3%）
	2012	42.9%	28.6%	0.0%	28.6%	0.0%	一般	无机氮（28.6%）、活性磷酸盐（14.3%）、生化需氧量（14.3%）
	2013	0.0%	71.4%	0.0%	14.3%	14.3%	一般	无机氮（28.6%）、活性磷酸盐（14.3%）
	2014	14.3%	42.9%	0.0%	28.6%	14.3%	差	无机氮（42.9%）、活性磷酸盐（14.3%）
	2015	42.9%	28.6%	14.3%	14.3%	0.0%	一般	无机氮（28.6%）
宁德	2011	0.0%	28.6%	14.3%	42.9%	14.3%	差	无机氮（71.4%）、活性磷酸盐（28.6%）
	2012	0.0%	57.1%	0.0%	42.9%	0.0%	差	活性磷酸盐（42.9%）、无机氮（28.6%）
	2013	0.0%	28.6%	0.0%	71.4%	0.0%	差	活性磷酸盐（71.4%）
	2014	0.0%	57.1%	0.0%	42.9%	0.0%	差	无机氮（42.9%）、活性磷酸盐（28.6%）
	2015	14.3%	28.6%	28.6%	28.6%	0.0%	差	无机氮（42.9%）、活性磷酸盐（28.6%）
莆田	2011	0.0%	83.3%	16.7%	0.0%	0.0%	良好	无机氮（16.7%）
	2012	50.0%	33.3%	16.7%	0.0%	0.0%	良好	无机氮（16.7%）
	2013	0.0%	83.3%	0.0%	16.7%	0.0%	良好	活性磷酸盐（16.7%）
	2014	0.0%	83.3%	16.7%	0.0%	0.0%	良好	无机氮（16.7%）
	2015	66.7%	33.3%	0.0%	0.0%	0.0%	优	
泉州	2011	0.0%	83.3%	0.0%	0.0%	16.7%	良好	活性磷酸盐(16.7%)、化学需氧量(16.7%)、无机氮（16.7%）
	2012	33.3%	50.0%	0.0%	0.0%	16.7%	良好	活性磷酸盐（16.7%）、无机氮（16.7%）
	2013	0.0%	83.3%	0.0%	16.7%	0.0%	良好	活性磷酸盐（16.7%）、无机氮（16.7%）
	2014	0.0%	83.3%	0.0%	16.7%	0.0%	良好	活性磷酸盐（16.7%）、无机氮（16.7%）
	2015	66.7%	16.7%	0.0%	0.0%	16.7%	良好	无机氮（16.7%）、生化需氧量（16.7%）、粪大肠菌群（16.7%）
厦门	2011	0.0%	50.0%	25.0%	0.0%	25.0%	差	无机氮（50%）、活性磷酸盐（25%）、阴离子表面活性剂（25%）
	2012	25.0%	50.0%	0.0%	0.0%	25.0%	一般	活性磷酸盐（25%）、无机氮（25%）
	2013	0.0%	50.0%	25.0%	0.0%	25.0%	差	无机氮（50%）、活性磷酸盐（25%）
	2014	0.0%	75.0%	0.0%	0.0%	25.0%	一般	活性磷酸盐（25%）、无机氮（25%）
	2015	75.0%	0.0%	0.0%	0.0%	25.0%	一般	活性磷酸盐（25%）、无机氮（25%）、粪大肠菌群（25%）
漳州	2011	0.0%	100.0%	0.0%	0.0%	0.0%	良好	挥发性酚（20%）
	2012	60.0%	40.0%	0.0%	0.0%	0.0%	优	
	2013	0.0%	100.0%	0.0%	0.0%	0.0%	良好	
	2014	0.0%	100.0%	0.0%	0.0%	0.0%	良好	
	2015	60.0%	40.0%	0.0%	0.0%	0.0%	优	

2011—2015 年，泉州近岸海域水质保持稳定，水质类别均为良好。一类、二类海水比例为 83.3%～83.3%，三类、四类海水比例为 0～16.7%，劣四类海水比例为 0～16.7%。主要污染因子为活性磷酸盐、化学需氧量、无机氮。

2011—2015 年，厦门近岸海域水质波动变化，水质类别为一般至差，以一般为主。一类、二类海水比例为 50.0%～75.0%，三类、四类海水比例为 0～25.0%，劣四类海水比例为 25.0%～25.0%。各年中，2012 年水质最好，2011 年水质最差。主要污染因子为无机氮、活性磷酸盐、阴离子表面活性剂。

2011—2015 年，漳州近岸海域水质波动变化，水质类别为优至良好，以良好为主。均为一类、二类海水，无三类、四类、劣四类海水。

2.10 广东

2.10.1 近岸海域环境质量

2011—2015 年，广东近岸海域水质好转，水质类别为良好至一般，以良好为主。一类、二类海水比例为 65.4%～84.6%，三类、四类海水比例为 3.8%～19.2%，劣四类海水比例为 11.5%～15.4%。各年中，2013 年水质最好，2011 年水质最差。主要污染因子为无机氮、pH、阴离子表面活性剂、石油类。见图 2-30。

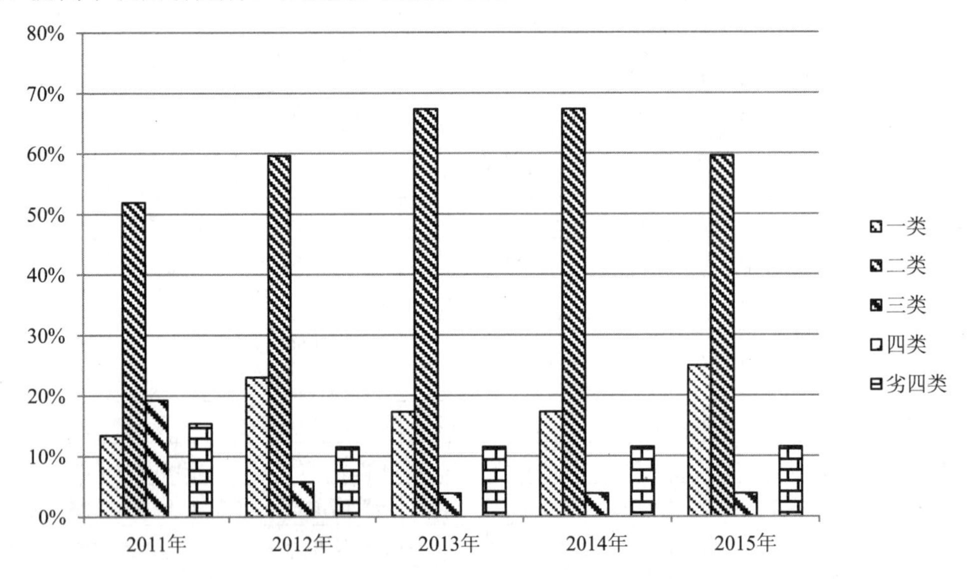

图 2-30　2011—2015 年广东近岸海域水质变化情况

广东各项超标污染因子中，pH、无机氮、活性磷酸盐点位超标率较高，各年中有年度超过 10%。溶解氧、石油类、阴离子表面活性剂点位超标率各年中有年度超过 5%。其他污染因子化学需氧量、非离子氨、镍、非离子氨、氰化物各年中有年度出现超标。

2.10.2 各地级市近岸海域环境质量

广东省各沿海市水质类别变化及主要污染因子见表 2-8。

表 2-8　广东省各沿海市水质类别变化及主要污染因子

城市	年度	一类	二类	三类	四类	劣四类	水质类别	主要污染因子
惠州	2011	100.0%	0.0%	0.0%	0.0%	0.0%	优	
	2012	100.0%	0.0%	0.0%	0.0%	0.0%	优	
	2013	100.0%	0.0%	0.0%	0.0%	0.0%	优	
	2014	100.0%	0.0%	0.0%	0.0%	0.0%	优	
	2015	100.0%	0.0%	0.0%	0.0%	0.0%	优	
揭阳	2011	100.0%	0.0%	0.0%	0.0%	0.0%	优	
	2012	100.0%	0.0%	0.0%	0.0%	0.0%	优	
	2013	0.0%	100.0%	0.0%	0.0%	0.0%	良好	
	2014	0.0%	100.0%	0.0%	0.0%	0.0%	良好	
	2015	100.0%	0.0%	0.0%	0.0%	0.0%	优	
汕头	2011	0.0%	66.7%	33.3%	0.0%	0.0%	一般	无机氮（33.3%）
	2012	0.0%	83.3%	16.7%	0.0%	0.0%	良好	无机氮（16.7%）、石油类（16.7%）
	2013	0.0%	83.3%	16.7%	0.0%	0.0%	良好	无机氮（16.7%）、石油类（16.7%）
	2014	0.0%	83.3%	16.7%	0.0%	0.0%	良好	无机氮（16.7%）、石油类（16.7%）
	2015	16.7%	66.7%	16.7%	0.0%	0.0%	良好	无机氮（16.7%）
汕尾	2011	0.0%	100.0%	0.0%	0.0%	0.0%	良好	
	2012	0.0%	100.0%	0.0%	0.0%	0.0%	良好	
	2013	0.0%	100.0%	0.0%	0.0%	0.0%	良好	
	2014	0.0%	100.0%	0.0%	0.0%	0.0%	良好	
	2015	25.0%	75.0%	0.0%	0.0%	0.0%	良好	
深圳	2011	0.0%	11.1%	0.0%	0.0%	88.9%	极差	无机氮（66.7%）、阴离子表面活性剂（55.6%）、溶解氧（44.4%）
	2012	22.2%	11.1%	0.0%	0.0%	66.7%	极差	无机氮（66.7%）、pH（33.3%）、活性磷酸盐（33.3%）
	2013	11.1%	22.2%	0.0%	0.0%	66.7%	极差	活性磷酸盐（66.7%）、无机氮（66.7%）、大肠菌群（66.7%）
	2014	11.1%	22.2%	0.0%	0.0%	66.7%	极差	活性磷酸盐（66.7%）、无机氮（66.7%）、pH（33.3%）、大肠菌群（33.3%）
	2015	11.1%	22.2%	0.0%	0.0%	66.7%	极差	无机氮（66.7%）、化学需氧量（22.2%）、活性磷酸盐（22.2%）
珠海	2011	27.3%	18.2%	54.5%	0.0%	0.0%	一般	石油类（45.5%）、pH（36.4%）
	2012	27.3%	72.7%	0.0%	0.0%	0.0%	良好	
	2013	27.3%	72.7%	0.0%	0.0%	0.0%	良好	
	2014	27.3%	72.7%	0.0%	0.0%	0.0%	良好	
	2015	27.3%	72.7%	0.0%	0.0%	0.0%	良好	

城市	年度	一类	二类	三类	四类	劣四类	水质类别	主要污染因子
江门	2011	0.0%	100.0%	0.0%	0.0%	0.0%	良好	
	2012	0.0%	100.0%	0.0%	0.0%	0.0%	良好	
	2013	0.0%	100.0%	0.0%	0.0%	0.0%	良好	
	2014	0.0%	100.0%	0.0%	0.0%	0.0%	良好	
	2015	0.0%	100.0%	0.0%	0.0%	0.0%	良好	
阳江	2011	0.0%	66.7%	33.3%	0.0%	0.0%	一般	化学需氧量（33.3%）
	2012	0.0%	66.7%	33.3%	0.0%	0.0%	一般	化学需氧量（33.3%）
	2013	0.0%	100.0%	0.0%	0.0%	0.0%	良好	
	2014	0.0%	66.7%	33.3%	0.0%	0.0%	一般	石油类（33.3%）、氰化物（33.3%）、挥发性酚（33.3%）
	2015	0.0%	100.0%	0.0%	0.0%	0.0%	良好	
茂名	2011	0.0%	100.0%	0.0%	0.0%	0.0%	良好	
	2012	0.0%	100.0%	0.0%	0.0%	0.0%	良好	
	2013	50.0%	50.0%	0.0%	0.0%	0.0%	良好	
	2014	50.0%	50.0%	0.0%	0.0%	0.0%	良好	
	2015	100.0%	0.0%	0.0%	0.0%	0.0%	优	
湛江	2011	0.0%	90.9%	9.1%	0.0%	0.0%	良好	镍（9.1%）
	2012	27.3%	63.6%	9.1%	0.0%	0.0%	良好	pH（9.1%）
	2013	9.1%	81.8%	9.1%	0.0%	0.0%	良好	pH（9.1%）、无机氮（9.1%）
	2014	9.1%	90.9%	0.0%	0.0%	0.0%	良好	
	2015	9.1%	81.8%	9.1%	0.0%	0.0%	良好	无机氮（9.1%）

2011—2015 年，惠州近岸海域水质保持稳定，水质类别均为优。均为一类、二类海水，无三类、四类、劣四类海水。

2011—2015 年，揭阳近岸海域水质波动变化，水质类别为优至良好，以优为主。均为一类、二类海水，无三类、四类、劣四类海水。

2011—2015 年，汕头近岸海域水质好转，水质类别为良好至一般，以良好为主。一类、二类海水比例为 66.7%～83.3%，三类、四类海水比例为 16.7%～33.3%，无劣四类海水。各年中，2012 年水质最好，2011 年水质最差。主要污染因子为无机氮、石油类。

2011—2015 年，汕尾近岸海域水质保持稳定，水质类别均为良好。均为一类、二类海水，无三类、四类、劣四类海水。

2011—2015 年，深圳近岸海域水质保持稳定，水质类别均为极差。一类、二类海水比例为 11.1%～33.3%，无三类、四类海水，劣四类海水比例为 66.7%～88.9%。各年中，2012 年水质最好，2011 年水质最差。主要污染因子为无机氮、阴离子表面活性剂、溶解氧、pH、活性磷酸盐、化学需氧量。

2011—2015 年，珠海近岸海域水质好转，水质类别为良好至一般，以良好为主。一类、二类海水比例为 45.5%～100.0%，三类、四类海水比例为 0～54.5%，无劣四类海水。各年中，2012 年水质最好，2011 年水质最差。主要污染因子为石油类、pH。

2011—2015 年，江门近岸海域水质保持稳定，水质类别均为良好。均为一类、二类海水，无三类、四类、劣四类海水。

2011—2015 年，阳江近岸海域水质波动好转，水质类别为良好至一般，以一般为主。一类、二类海水比例为 66.7%～100.0%，三类、四类海水比例为 0～33.3%，无劣四类海水。各年中，2013 年水质最好，2011 年水质最差。主要污染因子为化学需氧量、石油类、氰化物、挥发性酚。

2011—2015 年，湛江近岸海域水质保持稳定，水质类别均为良好。一类、二类海水比例为 90.9%～100.0%，三类、四类海水比例为 0～9.1%，无劣四类海水。各年中，2014 年水质最好，2011 年水质最差。主要污染因子为镍、pH、无机氮。

2011—2015 年，茂名近岸海域水质好转，水质类别为优至良好，以良好为主。均为一类、二类海水，无三类、四类、劣四类海水。

2.11 广西

2.11.1 广西近岸海域环境质量

2011—2015 年，广西近岸海域水质好转，水质类别为优至良好，以优为主。一类、二类海水比例为 81.8%～95.5%，三类、四类海水比例为 4.5%～18.2%，劣四类海水比例为 0～4.5%。各年中，2012 年水质最好，2011 年水质最差。主要污染因子为无机氮。见图 2-31。

广西各项超标污染因子中，无机氮点位超标率较高，各年中有年度超过 10%。其他污染因子 pH、活性磷酸盐各年中有年度出现超标。

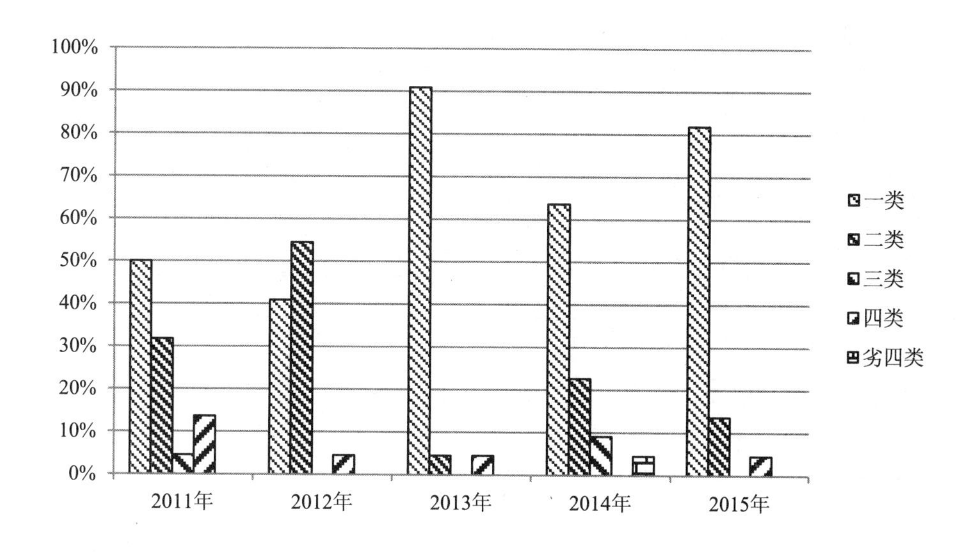

图 2-31　2011—2015 年广西近岸海域水质变化情况

2.11.2 各地级市近岸海域环境质量

广西省各沿海市水质类别变化及主要污染因子见表 2-9。

2011—2015 年，北海近岸海域水质波动好转，水质类别为优至一般，以良好为主。一类、二类海水比例为 76.9%～100.0%，三类、四类海水比例为 0～23.1%，劣四类海水比例为 0～7.7%。各年中，2012 年水质最好，2011 年水质最差。主要污染因子为无机氮、活性磷酸盐。

2011—2015 年，钦州近岸海域水质保持稳定，水质类别均为一般。一类、二类海水比例为 75.0%～75.0%，三类、四类海水比例为 25.0%～25.0%，无劣四类海水。主要污染因子为 pH、无机氮、活性磷酸盐。

2011—2015 年，防城港近岸海域水质波动变化，水质类别为优至良好，以优为主。均为一类、二类海水，无三类、四类、劣四类海水。

表 2-9 广西各沿海市水质类别变化及主要污染因子

城市	年度	一类	二类	三类	四类	劣四类	水质类别	主要污染因子
北海	2011	46.2%	30.8%	7.7%	15.4%	0.0%	一般	无机氮（23.1%）
	2012	30.8%	69.2%	0.0%	0.0%	0.0%	良好	
	2013	100.0%	0.0%	0.0%	0.0%	0.0%	优	
	2014	76.9%	7.7%	7.7%	0.0%	7.7%	良好	无机氮（15.4%）、活性磷酸盐（7.7%）
	2015	84.6%	15.4%	0.0%	0.0%	0.0%	优	
钦州	2011	75.0%	0.0%	0.0%	25.0%	0.0%	一般	pH（25%）、无机氮（25%）
	2012	50.0%	25.0%	0.0%	25.0%	0.0%	一般	pH（25%）、活性磷酸盐（25%）、无机氮（25%）
	2013	50.0%	25.0%	0.0%	25.0%	0.0%	一般	pH（25%）、无机氮（25%）
	2014	75.0%	0.0%	25.0%	0.0%	0.0%	一般	pH（25%）
	2015	75.0%	0.0%	0.0%	25.0%	0.0%	一般	活性磷酸盐（25%）、无机氮（25%）
防城港	2011	40.0%	60.0%	0.0%	0.0%	0.0%	良好	
	2012	60.0%	40.0%	0.0%	0.0%	0.0%	优	
	2013	100.0%	0.0%	0.0%	0.0%	0.0%	优	
	2014	20.0%	80.0%	0.0%	0.0%	0.0%	良好	
	2015	80.0%	20.0%	0.0%	0.0%	0.0%	优	

2.12 海南

2.12.1 近岸海域环境质量

2011—2015 年，海南近岸海域水质保持稳定，水质类别均为优。均为一类、二类海水，无三类、四类、劣四类海水。见图 2-32。

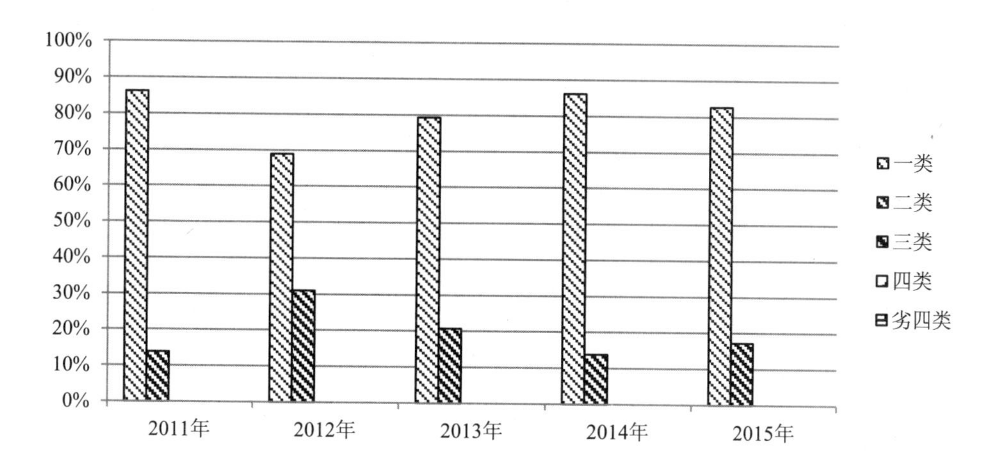

图 2-32 2011—2015 年海南近岸海域水质变化情况

2.12.2 各市县近岸海域环境质量

海南省各沿海市水质类别变化见表 2-10。

表 2-10 海南省各沿海市水质类别变化

市县	年度	一类	二类	三类	四类	劣四类	水质类别
昌江	2011	100.0%	0.0%	0.0%	0.0%	0.0%	优
	2012	0.0%	100.0%	0.0%	0.0%	0.0%	良好
	2013	100.0%	0.0%	0.0%	0.0%	0.0%	优
	2014	100.0%	0.0%	0.0%	0.0%	0.0%	优
	2015	100.0%	0.0%	0.0%	0.0%	0.0%	优
澄迈	2011	100.0%	0.0%	0.0%	0.0%	0.0%	优
	2012	0.0%	100.0%	0.0%	0.0%	0.0%	良好
	2013	100.0%	0.0%	0.0%	0.0%	0.0%	优
	2014	100.0%	0.0%	0.0%	0.0%	0.0%	优
	2015	0.0%	100.0%	0.0%	0.0%	0.0%	良好
儋州	2011	75.0%	25.0%	0.0%	0.0%	0.0%	优
	2012	50.0%	50.0%	0.0%	0.0%	0.0%	良好
	2013	100.0%	0.0%	0.0%	0.0%	0.0%	优
	2014	100.0%	0.0%	0.0%	0.0%	0.0%	优
	2015	100.0%	0.0%	0.0%	0.0%	0.0%	优
东方	2011	100.0%	0.0%	0.0%	0.0%	0.0%	优
	2012	50.0%	50.0%	0.0%	0.0%	0.0%	良好
	2013	50.0%	50.0%	0.0%	0.0%	0.0%	良好
	2014	100.0%	0.0%	0.0%	0.0%	0.0%	优

市县	年度	一类	二类	三类	四类	劣四类	水质类别
海口	2011	50.0%	50.0%	0.0%	0.0%	0.0%	良好
	2012	50.0%	50.0%	0.0%	0.0%	0.0%	良好
	2013	0.0%	100.0%	0.0%	0.0%	0.0%	良好
	2014	0.0%	100.0%	0.0%	0.0%	0.0%	良好
	2015	0.0%	100.0%	0.0%	0.0%	0.0%	良好
临高	2011	0.0%	100.0%	0.0%	0.0%	0.0%	良好
	2012	0.0%	100.0%	0.0%	0.0%	0.0%	良好
	2013	100.0%	0.0%	0.0%	0.0%	0.0%	优
	2014	100.0%	0.0%	0.0%	0.0%	0.0%	优
	2015	100.0%	0.0%	0.0%	0.0%	0.0%	优
陵水	2011	100.0%	0.0%	0.0%	0.0%	0.0%	优
	2012	50.0%	50.0%	0.0%	0.0%	0.0%	良好
	2013	100.0%	0.0%	0.0%	0.0%	0.0%	优
	2014	100.0%	0.0%	0.0%	0.0%	0.0%	优
	2015	100.0%	0.0%	0.0%	0.0%	0.0%	优
琼海	2011	100.0%	0.0%	0.0%	0.0%	0.0%	优
	2012	100.0%	0.0%	0.0%	0.0%	0.0%	优
	2013	50.0%	50.0%	0.0%	0.0%	0.0%	良好
	2014	100.0%	0.0%	0.0%	0.0%	0.0%	优
	2015	100.0%	0.0%	0.0%	0.0%	0.0%	优
三亚	2011	100.0%	0.0%	0.0%	0.0%	0.0%	优
	2012	100.0%	0.0%	0.0%	0.0%	0.0%	优
	2013	100.0%	0.0%	0.0%	0.0%	0.0%	优
	2014	100.0%	0.0%	0.0%	0.0%	0.0%	优
	2015	100.0%	0.0%	0.0%	0.0%	0.0%	优
万宁	2011	100.0%	0.0%	0.0%	0.0%	0.0%	优
	2012	100.0%	0.0%	0.0%	0.0%	0.0%	优
	2013	100.0%	0.0%	0.0%	0.0%	0.0%	优
	2014	100.0%	0.0%	0.0%	0.0%	0.0%	优
	2015	100.0%	0.0%	0.0%	0.0%	0.0%	优
文昌	2011	100.0%	0.0%	0.0%	0.0%	0.0%	优
	2012	100.0%	0.0%	0.0%	0.0%	0.0%	优
	2013	100.0%	0.0%	0.0%	0.0%	0.0%	优
	2014	100.0%	0.0%	0.0%	0.0%	0.0%	优
	2015	100.0%	0.0%	0.0%	0.0%	0.0%	优

2011—2015 年，海口近岸海域水质保持稳定，水质类别均为良好。均为一类、二类海水，无三类、四类、劣四类海水。

2011—2015 年，三亚近岸海域水质保持稳定，水质类别均为优。均为一类、二类海水，无三类、四类、劣四类海水。

2011—2015 年，昌江黎族自治县近岸海域水质波动变化，水质类别为优至良好，以优为主。均为一类、二类海水，无三类、四类、劣四类海水

2011—2015 年，澄迈县近岸海域水质波动变化，水质类别为优至良好，以优为主。均为一类、二类海水，无三类、四类、劣四类海水。

2011—2015 年，儋州近岸海域水质波动变化，水质类别为优至良好，以优为主。均为一类、二类海水，无三类、四类、劣四类海水。

2011—2015 年，东方近岸海域水质波动变化，水质类别为至良好，以优为主。均为一类、二类海水，无三类、四类、劣四类海水。

2011—2015 年，临高县近岸海域水质好转，水质类别为优至良好，以优为主。均为一类、二类海水，无三类、四类、劣四类海水。

2011—2015 年，陵水黎族自治县近岸海域水质波动变化，水质类别为优至良好，以优为主。

2011—2015 年，琼海近岸海域水质好转，水质类别为优至良好，以优为主。均为一类、二类海水，无三类、四类、劣四类海水。

2011—2015 年，万宁近岸海域水质保持稳定，水质类别均为优。均为一类、二类海水，无三类、四类、劣四类海水。

2011—2015 年，文昌近岸海域水质保持稳定，水质类别均为优。均为一类、二类海水，无三类、四类、劣四类海水。

第三章　入海河流水质状况

3.1　全国入海河流水质类别分析

3.1.1　全国入海河流水质

2011—2015 年，监测的入海河流断面数分别为 194、201、200、198 和 195 个，全国入海河流水质状况总体处于较差水平，劣Ⅴ类水质断面比例为 18.2%～27.3%，Ⅲ类及优于Ⅲ类水质高于 40%；Ⅱ、Ⅲ类水质呈下降趋势，劣Ⅴ类水质呈减少趋势（见表 3-1，图 3-1）。影响水质的主要污染因子为高锰酸盐指数、氨氮和总磷。

表 3-1　2011—2015 年入海河流水质类别　　单位：个

年份	合计	水质类别											
		Ⅰ类水质		Ⅱ类水质		Ⅲ类水质		Ⅳ类水质		Ⅴ类水质		劣Ⅴ水质	
		断面数	比例/%	断面数	比例/%	断面数	比例/%	断面数	比例/%	断面数	比例/%	断面数	比例/%
2011	194	1	0.5	23	11.9	63	32.5	39	20.1	15	7.7	53	27.3
2012	201	0	0	27	13.4	67	33.3	42	20.9	16	8.0	49	24.4
2013	200	0	0	25	12.5	68	34.0	48	24.0	22	11.0	37	18.5
2014	198	0	0	30	15.2	54	27.3	52	26.3	26	13.1	36	18.2
2015	195	0	0	22	11.3	59	30.3	44	22.6	28	14.4	42	21.5

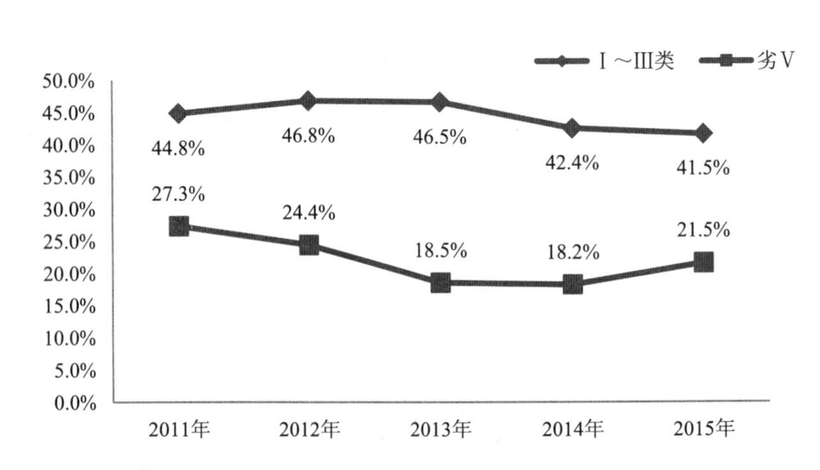

图 3-1　2011—2015 年全国入海河流水质比例变化

3.1.2　四大海区入海河流水质

3.1.2.1　渤海

2011—2015 年，四大海区入海河流中，渤海的入海河流水质最差，无Ⅰ类水质断面，劣Ⅴ类水质断面比例为 32.0%～56.0%，Ⅲ类及优于Ⅲ类水质少于 1/4；劣Ⅴ类水质断面比例先下降，从 2013 年起略有上升，Ⅲ类及优于Ⅲ类水质断面比例先上升，2013 年起下降；劣Ⅴ类水质断面总体呈先下降后翘尾（见表 3-2，图 3-2）。

表 3-2　2011—2015 年渤海入海河流水质类别　单位：个

年份	合计	水质类别											
		Ⅰ类水质		Ⅱ类水质		Ⅲ类水质		Ⅳ类水质		Ⅴ类水质		劣Ⅴ水质	
		断面数	比例/%	断面数	比例/%	断面数	比例/%	断面数	比例/%	断面数	比例/%	断面数	比例/%
2011	50	0	0	2	4.0	9	18.0	6	12.0	5	10.0	28	56.0
2012	51	0	0	3	5.9	9	17.6	7	13.7	8	15.7	24	47.1
2013	50	0	0	1	2.0	12	24.0	8	16.0	13	26.0	16	32.0
2014	48	0	0	1	2.1	7	14.6	9	18.8	14	29.2	17	35.4
2015	46	0	0	0	0.0	5	10.9	10	21.7	12	26.1	19	41.3

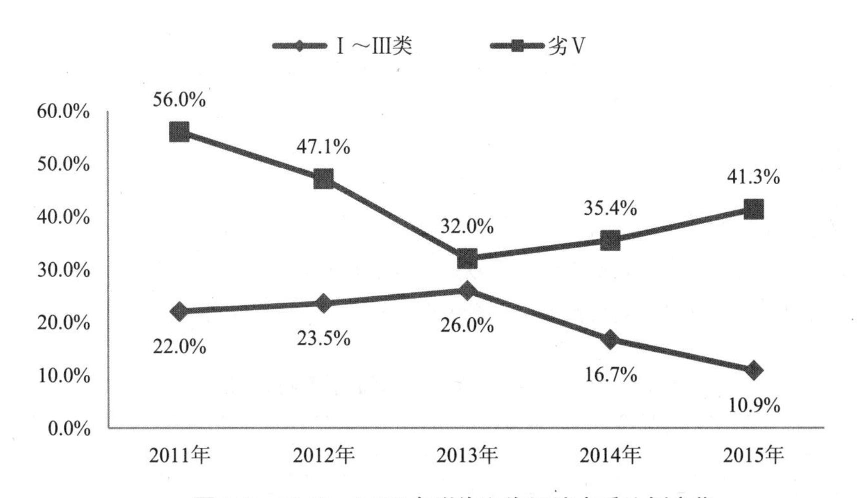

图 3-2　2011—2015 年渤海入海河流水质比例变化

3.1.2.2　黄海

黄海的入海河流水质一般，总体上无明显变化，Ⅰ～Ⅲ类水质断面比例为 34.0%～45.3%，呈下降趋势；劣Ⅴ类水质断面比例为 1/5 左右，总体呈先下降后翘尾（见表 3-3，图 3-3）。

表 3-3 2011—2015 年黄海入海河流水质类别 单位：个

年份	合计	水质类别											
		Ⅰ类水质		Ⅱ类水质		Ⅲ类水质		Ⅳ类水质		Ⅴ类水质		劣Ⅴ水质	
		断面数	比例/%	断面数	比例/%	断面数	比例/%	断面数	比例/%	断面数	比例/%	断面数	比例/%
2011	53	1	1.9	1	1.9	22	41.5	14	26.4	4	7.5	11	20.8
2012	53	0	0	4	7.5	18	34.0	17	32.1	4	7.5	10	18.9
2013	53	0	0	4	7.5	16	30.2	20	37.7	5	9.4	8	15.1
2014	53	0	0	3	5.7	18	34.0	19	35.8	5	9.4	8	15.1
2015	53	0	0	3	5.7	15	28.3	18	34.0	7	13.2	10	18.8

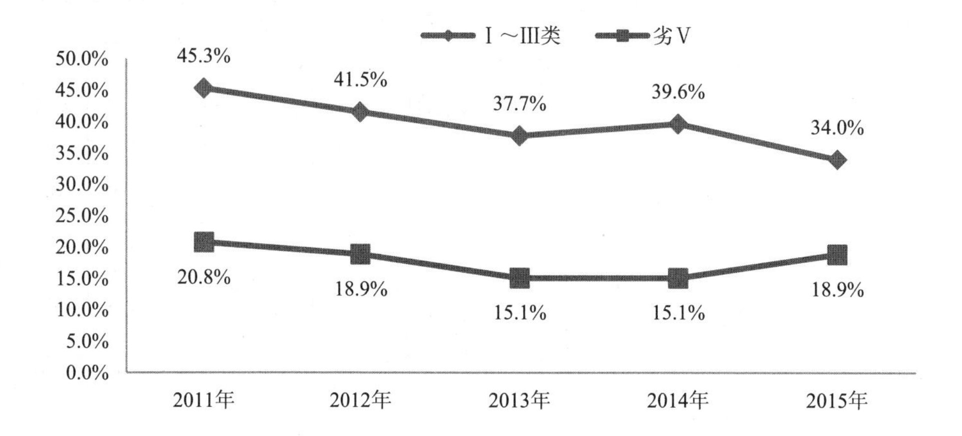

图 3-3 2011—2015 年黄海入海河流水质比例变化

3.1.2.3 东海

东海的入海河流水质一般，总体上无明显变化，无Ⅰ类水质断面，Ⅲ类及优于Ⅲ类水质断面比例占一半左右，呈上升趋势，劣Ⅴ类水质断面比例从 2011 年的 20.0%下降至 2015 年的 4.2%，呈明显下降趋势（见表 3-4、图 3-4）。

表 3-4 2011—2015 年东海入海河流水质类别 单位：个

年份	合计	水质类别											
		Ⅰ类水质		Ⅱ类水质		Ⅲ类水质		Ⅳ类水质		Ⅴ类水质		劣Ⅴ水质	
		断面数	比例/%	断面数	比例/%	断面数	比例/%	断面数	比例/%	断面数	比例/%	断面数	比例/%
2011	25	0	0	3	12.0	8	32.0	5	20.0	4	16.0	5	20.0
2012	25	0	0	3	12.0	9	36.0	5	20.0	4	16.0	4	16.0
2013	25	0	0	7	28.0	5	20.0	7	28.0	4	16.0	2	8.0
2014	25	0	0	2	8.0	10	40.0	6	24.0	5	20.0	2	8.0
2015	24	0	0	2	8.3	10	41.7	6	25.0	5	20.8	1	4.2

图 3-4　2011—2015 年东海入海河流水质比例变化

3.1.2.4　南海

南海的入海河流水质最好，无Ⅰ类水质断面，Ⅲ类及优于Ⅲ类水质断面比例占2/3左右，总体呈上升趋势，劣Ⅴ类水质断面比例呈增加趋势（见表 3-5，图 3-5）。

表 3-5　2011—2015 年南海入海河流水质类别　　单位：个

年份	合计	水质类别											
		Ⅰ类水质		Ⅱ类水质		Ⅲ类水质		Ⅳ类水质		Ⅴ类水质		劣Ⅴ水质	
		断面数	比例/%	断面数	比例/%	断面数	比例/%	断面数	比例/%	断面数	比例/%	断面数	比例/%
2011	66	0	0	17	25.8	24	36.4	14	21.2	2	3.0	9	13.6
2012	72	0	0	17	23.6	31	43.1	13	18.1	0	0.0	11	15.3
2013	72	0	0	13	18.1	35	48.6	13	18.1	0	0.0	11	15.3
2014	72	0	0	24	33.3	19	26.4	18	25.0	2	2.8	9	12.5
2015	72	0	0	17	23.6	29	40.3	10	13.9	4	5.6	12	16.7

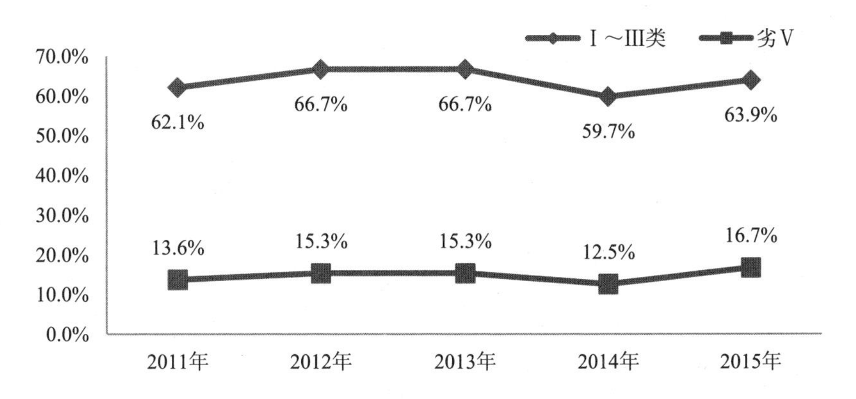

图 3-5　2011—2015 年南海入海河流水质比例变化

3.2 全国入海河流污染因子分析

3.2.1 总体情况

2011—2015 年，全国监测的入海河流入海监测断面为 194～201 个。其中超III类入海监测断面水质的主要污染物为化学需氧量、生化需氧量和总磷。见表 3-6。

2011 年，监测的 194 个入海河流入海监测断面超III类入海监测断面为 107 个，主要污染物为化学需氧量、氨氮和高锰酸盐指数。其中劣V类断面 53 个，主要污染因子为氨氮（42）、总磷（33）、化学需氧量（30）和生化需氧量（15）。

2012 年，监测的 201 个入海河流入海监测断面超III类入海监测断面为 107 个，主要污染物为化学需氧量和氨氮。其中劣V类断面 49 个，主要污染因子为氨氮（38）、总磷（27）、化学需氧量（21）和生化需氧量（20）。

2013 年，监测的 200 个入海河流入海监测断面超III类入海监测断面为 107 个，主要污染物为化学需氧量、生化需氧量和氨氮。其中劣V类断面 37 个，主要污染因子为氨氮(28)、总磷（23）、化学需氧量（19）和生化需氧量（13）。

2014 年，监测的 198 个入海河流入海监测断面超III类入海监测断面为 114 个，主要污染物为化学需氧量、生化需氧量和总磷。其中劣V类断面 36 个，主要污染因子为氨氮(28)、总磷（21）和化学需氧量（20）。

2015 年，监测的 195 个入海河流入海监测断面超III类入海监测断面为 114 个，主要污染物为化学需氧量、生化需氧量和总磷。其中劣V类断面 42 个，主要污染因子为氨氮(33)、总磷（26）和化学需氧量（20）。

表 3-6 2011—2015 年全国超III类入海河流入海监测断面定级污染因子统计表

项目	2011 年	2012 年	2013 年	2014 年	2015 年
超标断面数	107	107	107	114	114
pH	0	0	0	0	0
溶解氧	29	35	31	32	27
高锰酸盐指数	67	58	64	63	68
生化需氧量	58	70	70	71	74
氨氮	68	68	65	54	63
石油类	57	55	55	51	41
挥发酚	20	14	14	10	12
汞	10	9	5	3	3
铅	1	0	0	0	0
化学需氧量	84	82	83	87	93
总磷	61	67	64	68	72
铜	0	0	0	0	0

项目	2011 年	2012 年	2013 年	2014 年	2015 年
锌	0	0	0	0	0
氟化物	13	12	11	9	17
硒	3	0	2	0	0
砷	1	0	0	0	0
镉	1	0	0	0	0
六价铬	1	0	0	0	0
氰化物	0	0	0	0	0
阴离子表面活性剂	16	20	19	17	11
硫化物	4	1	1	0	0

3.2.2　四大海区入海河流主要污染因子

2011—2015 年各海区超III类入海河流入海监测断面定级污染因子见表 3-7。

3.2.2.1　渤海入海河流主要污染因子

2011—2015 年，监测的入海河流入海监测断面为 46～51 个。其中超III类入海监测断面水质的主要污染物为化学需氧量、生化需氧量和高锰酸盐指数。

2011 年，监测的 50 个入海河流入海监测断面超III类入海监测断面为 39 个，主要污染物为化学需氧量、生化需氧量和高锰酸盐指数。其中劣V类断面 28 个，主要污染因子为氨氮（21）、化学需氧量（17）和总磷（14）。

2012 年，监测的 51 个入海河流入海监测断面超III类入海监测断面为 39 个，主要污染物为生化需氧量、化学需氧量、石油类和总磷。其中劣V类断面 24 个，主要污染因子为氨氮（14）、化学需氧量（13）和生化需氧量（8）。

2013 年，监测的 50 个入海河流入海监测断面超III类入海监测断面为 37 个，主要污染物为化学需氧量、生化需氧量、高锰酸盐指数和石油类。其中劣V类断面 16 个，主要污染因子为化学需氧量（14）、氨氮（9）和生化需氧量（9）。

2014 年，监测的 48 个入海河流入海监测断面超III类入海监测断面为 40 个，主要污染物为化学需氧量、生化需氧量、高锰酸盐指数和石油类。其中劣V类断面 17 个，主要污染因子为化学需氧量（13）、氨氮（11）和高锰酸盐指数（10）。

2015 年，监测的 46 个入海河流入海监测断面超III类入海监测断面为 41 个，主要污染物为化学需氧量、生化需氧量和高锰酸盐指数。其中劣V类断面 19 个，主要污染因子为化学需氧量（15）、氨氮（14）和总磷（9）。

3.2.2.2　黄海入海河流主要污染因子

2011—2015 年，监测的入海河流入海监测断面为 53 个。其中超III类入海监测断面水质的主要污染物为化学需氧量、高锰酸盐指数和生化需氧量。

2011 年，监测的 53 个入海河流入海监测断面超III类入海监测断面为 29 个，主要污染物为化学需氧量、高锰酸盐指数和生化需氧量。其中劣V类断面 11 个，主要污染因子为氨氮（10）、化学需氧量（10）和总磷（8）。

2012 年，监测的 53 个入海河流入海监测断面超III类入海监测断面为 31 个，主要污染物为化学需氧量、生化需氧量、高锰酸盐指数和氨氮。其中劣V类断面 10 个，主要污染因子为氨氮（10）和总磷（8）。

2013 年，监测的 53 个入海河流入海监测断面超III类入海监测断面为 33 个，主要污染物为化学需氧量、生化需氧量和高锰酸盐指数。其中劣V类断面 8 个，主要污染因子为总磷（7）和氨氮（6）。

2014 年，监测的 53 个入海河流入海监测断面超III类入海监测断面为 32 个，主要污染物为化学需氧量、总磷和高锰酸盐指数。其中劣V类断面 8 个，主要污染因子为氨氮（7）、化学需氧量（6）和总磷（6）。

2015 年，监测的 53 个入海河流入海监测断面超III类入海监测断面为 35 个，主要污染物为化学需氧量、总磷和高锰酸盐指数。其中劣V类断面 10 个，主要污染因子为氨氮（7）和化学需氧量（7）。

3.2.3 东海入海河流主要污染因子

2011—2015 年，监测的入海河流入海监测断面为 24～25 个。其中超III类入海监测断面水质的主要污染物为总磷、化学需氧量和石油类。

2011 年，监测的 25 个入海河流入海监测断面超III类入海监测断面为 14 个，主要污染物为化学需氧量、石油类、高锰酸盐指数和总磷。其中劣V类断面 5 个，主要污染因子为氨氮（3）和总磷（3）。

2012 年，监测的 25 个入海河流入海监测断面超III类入海监测断面为 13 个，主要污染物为氨氮、总磷和石油类。其中劣V类断面 4 个，主要污染因子为总磷（4）和氨氮（3）。

2013 年，监测的 25 个入海河流入海监测断面超III类入海监测断面为 13 个，主要污染物为石油类、氨氮和总磷。其中劣V类断面 2 个，主要污染因子为氨氮（2）和总磷（2）。

2014 年，监测的 25 个入海河流入海监测断面超III类入海监测断面为 13 个，主要污染物为石油类、总磷和化学需氧量。其中劣V类断面 2 个，主要污染因子为氨氮（2）、生化需氧量（1）和总磷（1）。

2015 年，监测的 24 个入海河流入海监测断面超III类入海监测断面为 12 个，主要污染物为化学需氧量、总磷和石油类。其中劣V类断面 1 个，主要污染因子为氨氮（1）和总磷（1）。

3.2.4 南海入海河流主要污染因子

2011—2015 年，监测的入海河流入海监测断面为 72 个。其中超III类入海监测断面水质的主要污染物为总磷、氨氮和化学需氧量。

2011 年，监测的 72 个入海河流入海监测断面超III类入海监测断面为 25 个，主要污染物为氨氮、化学需氧量和溶解氧。其中劣V类断面 9 个，主要污染因子为氨氮（8）和总磷（8）。

表 3-7　2011—2015 年各海区超Ⅲ类入海河流入海监测断面定级污染因子统计表

年度	海区	超标断面数	pH	溶解氧	高锰酸盐指数	生化需氧量	氨氮	石油类	挥发酚	汞	铅	化学需氧量	总磷	铜	锌	氟化物	硒	砷	镉	六价铬	氰化物	阴离子表面活性剂	硫化物
2011	渤海	39	0	7	31	30	29	25	13	8	1	33	27	0	0	8	3	1	1	1	0	13	0
	黄海	29	0	6	18	18	17	15	6	2	0	26	15	0	0	4	0	0	0	0	0	1	4
	东海	14	0	4	8	7	7	10	1	0	0	10	8	0	0	0	0	0	0	0	0	0	0
	南海	25	0	12	10	3	15	7	0	0	0	15	11	0	0	1	0	0	0	0	0	2	0
2012	渤海	39	0	9	26	33	26	28	9	7	0	30	28	0	0	8	0	0	0	0	0	12	0
	黄海	31	0	10	18	20	18	11	5	2	0	29	14	0	0	4	0	0	0	0	0	0	1
	东海	13	0	5	4	7	9	10	0	0	0	8	9	0	0	0	0	0	0	0	0	0	0
	南海	24	0	11	10	10	15	6	0	0	0	15	16	0	0	0	0	0	0	0	0	8	0
2013	渤海	37	0	5	26	31	23	26	10	3	0	34	23	0	0	7	0	0	0	0	0	6	0
	黄海	33	0	6	22	23	17	14	3	2	0	27	18	0	0	4	0	0	0	0	0	4	1
	东海	13	0	6	6	6	10	7	0	0	0	8	10	0	0	0	0	0	0	0	0	0	0
	南海	24	0	14	10	10	15	8	1	0	0	14	13	0	0	0	2	0	0	0	0	9	0
2014	渤海	40	0	5	25	35	22	25	6	0	0	36	20	0	0	3	0	0	0	0	0	8	0
	黄海	32	0	8	22	21	13	12	4	3	0	30	23	0	0	5	0	0	0	0	0	5	0
	东海	13	0	4	5	6	6	8	0	0	0	7	8	0	0	0	0	0	0	0	0	0	0
	南海	29	0	15	11	9	13	6	0	0	0	14	17	0	0	1	0	0	0	0	0	4	0
2015	渤海	41	0	5	27	38	23	16	7	2	0	39	20	0	0	10	0	0	0	0	0	8	0
	黄海	35	0	5	25	20	20	12	5	1	0	30	26	0	0	5	0	0	0	0	0	2	0
	东海	12	0	2	5	6	4	7	0	0	0	9	8	0	0	1	0	0	0	0	0	0	0
	南海	26	0	15	11	10	16	6	0	0	0	15	18	0	0	1	0	0	0	0	0	1	0

2012 年，监测的 72 个入海河流入海监测断面超Ⅲ类入海监测断面为 24 个，主要污染物为总磷、氨氮和化学需氧量。其中劣Ⅴ类断面 11 个，主要污染因子为氨氮（11）、总磷（7）和生化需氧量（5）。

2013 年，监测的 72 个入海河流入海监测断面超Ⅲ类入海监测断面为 24 个，主要污染物为氨氮、溶解氧和化学需氧量。其中劣Ⅴ类断面 11 个，主要污染因子为氨氮（11）、总磷（9）和阴离子表面活性剂（6）。

2014 年，监测的 72 个入海河流入海监测断面超Ⅲ类入海监测断面为 29 个，主要污染物为总磷、溶解氧和化学需氧量。其中劣Ⅴ类断面 9 个，主要污染因子为总磷（9）和氨氮（8）。

2015 年，监测的 72 个入海河流入海监测断面超Ⅲ类入海监测断面为 26 个，主要污染物为总磷、氨氮、溶解氧和化学需氧量。其中劣Ⅴ类断面 12 个，主要污染因子为氨氮（11）和总磷（9）。

3.3 各省、自治区、直辖市入海河流水质状况

2011—2015 年各省入海河流入海断面水质状况见表 3-8。

2011—2015 年，广东监测的入海河流最多，为 35～41 个；其次为山东，入海河流断面数为 33～39 个。

各省、自治区、直辖市中，天津的入海河流断面水质最差，一直为Ⅴ类和劣Ⅴ类；海南的入海河流断面水质最好，Ⅲ类及优于Ⅲ类水质占 75%以上，无劣Ⅴ类水质。

辽宁入海河流断面中，Ⅰ～Ⅲ类水质比例占 1/3 以上，劣Ⅴ类水质比例为 10.5%～47.4%，处于轻度至重度污染状况，劣Ⅴ类水质比例呈下降趋势，水质略有好转。

河北入海河流断面中，劣Ⅴ类水质均在 50%以上，呈重度污染状况，无Ⅰ类水质，Ⅱ、Ⅲ类水质呈减少趋势，水质变差。

天津入海河流断面中，一直为Ⅴ类和劣Ⅴ类水质，重度污染状况。

山东入海河流断面中，无Ⅰ类水质，Ⅱ、Ⅲ类水质占 1/4 左右，劣Ⅴ类水质比例为 15.2%～36.4%，处于轻度至中度污染状况，Ⅱ、Ⅲ类水质呈减少趋势，劣Ⅴ类水质先下降后上升，水质总体变差。

江苏入海河流断面中，无Ⅰ类水质，Ⅱ、Ⅲ类水质占 1/3 左右，劣Ⅴ类水质断面比例为 16.1%～22.6%，水质状况总体呈轻度污染状况，Ⅱ、Ⅲ类水质有所下降。

上海入海河流断面仅有一个，为长江朝阳农场断面，2011—2015 年，水质由Ⅳ类改善为Ⅲ类。

浙江入海河流断面中，无Ⅰ类水质，Ⅱ、Ⅲ类水质为 23.1%～46.2%，劣Ⅴ类水质比例为 7.7%～30.8%，Ⅱ、Ⅲ类水质增加，劣Ⅴ类水质减少，水质从中度污染好转为轻度污染。

福建入海河流断面中，无Ⅰ类水质，Ⅱ、Ⅲ类水质占一半以上，仅在 2011 年和 2012 年出现劣Ⅴ类水质，比例为 9.1%，总体呈轻度染污状况，水质无明显变化。

广东入海河流断面中，无Ⅰ类水质，Ⅱ、Ⅲ类水质比例占一半以上，劣Ⅴ类水质占 1/4 左右，总体呈中度污染状况，水质无明显变化。

广西入海河流断面中，无Ⅰ类水质，Ⅱ、Ⅲ类水质比例为 45.5%～81.8%，总体呈轻

度污染状况，2012—2015 年有劣Ⅴ类水质。

海南入海河流断面中，无Ⅰ类水质，Ⅱ、Ⅲ类水质比例为 75%～90%，无劣Ⅴ类水质，总体水质状况良好，无明显变化。

表 3-8　2011—2015 年各省入海河流入海断面水质状况

省份	年份	合计	水质类别											
			Ⅰ类水质		Ⅱ类水质		Ⅲ类水质		Ⅳ类水质		Ⅴ类水质		劣Ⅴ类水质	
			断面数	比例/%	断面数	比例/%	断面数	比例/%	断面数	比例/%	断面数	比例/%	断面数	比例/%
辽宁	2011	19	1	5.3	2	10.5	3	15.8	4	21.1	0	0.0	9	47.4
	2012	19	0	0	4	21.1	3	15.8	5	26.3	1	5.3	6	31.6
	2013	19	0	0	3	15.8	4	21.1	9	47.4	0	0.0	3	15.8
	2014	19	0	0	3	15.8	3	15.8	9	47.4	2	10.5	2	10.5
	2015	19	0	0	2	10.5	4	21.1	7	36.8	1	5.3	5	26.3
河北	2011	14	0	0	1	7.1	4	28.6	1	7.1	1	7.1	7	50.0
	2012	14	0	0	2	14.3	4	28.6	0	0.0	1	7.1	7	50.0
	2013	15	0	0	1	6.7	5	33.3	0	0.0	1	6.7	8	53.3
	2014	15	0	0	1	6.7	3	20.0	2	13.3	1	6.7	8	53.3
	2015	14	0	0	0	0.0	2	14.3	4	28.6	1	7.1	7	50.0
天津	2011	6	0	0	0	0	0	0	0	0	1	16.7	5	83.3
	2012	7	0	0	0	0	0	0	0	0	1	14.3	6	85.7
	2013	5	0	0	0	0	0	0	0	0	1	20	4	80.0
	2014	5	0	0	0	0	0	0	0	0	0	0	5	100.0
	2015	5	0	0	0	0	0	0	0	0	1	20	4	80.0
山东	2011	33	0	0	0	0	10	30.3	6	18.2	5	15.2	12	36.4
	2012	33	0	0	1	3.0	7	21.2	8	24.2	9	27.3	8	24.2
	2013	33	0	0	1	3.0	8	24.2	5	15.2	14	42.4	5	15.2
	2014	31	0	0	0	0	6	19.4	5	16.1	14	45.2	6	19.4
	2015	29	0	0	1	3.4	4	13.8	3	10.3	13	44.8	8	27.6
江苏	2011	31	0	0	0	0	14	45.2	9	29.0	2	6.5	6	19.4
	2012	31	0	0	0	0	13	41.9	11	35.5	0	0.0	7	22.6
	2013	31	0	0	0	0	11	35.5	14	45.2	2	6.5	4	12.9
	2014	31	0	0	0	0	13	41.9	12	38.7	2	6.5	4	12.9
	2015	31	0	0	0	0	9	29.0	14	45.2	3	9.7	5	16.1
上海	2011	1	0	0	0	0	0	0	1	100.0	0	0	0	0
	2012	1	0	0	0	0	0	0	1	100.0	0	0	0	0
	2013	1	0	0	0	0	1	100.0	0	0.0	0	0	0	0
	2014	1	0	0	0	0	1	100.0	0	0.0	0	0	0	0
	2015	1	0	0	0	0	1	100.0	0	0	0	0	0	0

省份	年份	合计	水质类别											
			I类水质		II类水质		III类水质		IV类水质		V类水质		劣V类水质	
			断面数	比例/%	断面数	比例/%	断面数	比例/%	断面数	比例/%	断面数	比例/%	断面数	比例/%
浙江	2011	13	0	0	2	15.4	1	7.7	4	30.8	2	15.4	4	30.8
	2012	13	0	0	2	15.4	1	7.7	4	30.8	3	23.1	3	23.1
	2013	13	0	0	3	23.1	1	7.7	4	30.8	3	23.1	2	15.4
	2014	13	0	0	0	0	4	30.8	5	38.5	2	15.4	2	15.4
	2015	13	0	0	1	7.7	5	38.5	4	30.8	2	15.4	1	7.7
福建	2011	11	0	0	1	9.1	7	63.6	0	0	2	18.2	1	9.1
	2012	11	0	0	1	9.1	8	72.7	0	0	1	9.1	1	9.1
	2013	11	0	0	4	36.4	3	27.3	3	27.3	1	9.1	0	0
	2014	11	0	0	2	18.2	5	45.5	1	9.1	3	27.3	0	0
	2015	11	0	0	1	9.1	5	45.5	2	18.2	3	27.3	0	0
广东	2011	35	0	0	8	22.9	13	37.1	5	14.3	0	0	9	25.7
	2012	41	0	0	7	17.1	18	43.9	5	12.2	0	0	11	26.8
	2013	41	0	0	8	19.5	16	39.0	7	17.1	0	0	10	24.4
	2014	41	0	0	14	34.1	9	22.0	9	22.0	2	4.9	7	17.1
	2015	41	0	0	11	26.8	12	29.3	4	9.8	4	9.8	10	24.4
广西	2011	11	0	0	1	9.1	4	36.4	4	36.4	2	18.2	0	0
	2012	11	0	0	1	9.1	4	36.4	6	54.5	0	0	0	0
	2013	11	0	0	1	9.1	8	72.7	1	9.1	0	0	1	9.1
	2014	11	0	0	1	9.1	4	36.4	4	36.4	0	0	2	18.2
	2015	11	0	0	1	9.1	6	54.5	2	18.2	0	0	2	18.2
海南	2011	20	0	0	8	40.0	7	35.0	5	25.0	0	0	0	0
	2012	20	0	0	9	45.0	9	45.0	2	10.0	0	0	0	0
	2013	20	0	0	4	20.0	11	55.0	5	25.0	0	0	0	0
	2014	20	0	0	9	45.0	6	30.0	5	25.0	0	0	0	0
	2015	20	0	0	5	25.0	11	55.0	4	20.0	0	0	0	0

3.4 各沿海省、自治区、直辖市入海河流主要污染因子

3.4.1 辽宁

2011—2015 年，监测的辽宁入海河流入海监测断面为 19 个。其中超III类入海监测断面水质的主要污染物为石油类、生化需氧量和化学需氧量。见表 3-9。

2011 年，监测的 19 个入海河流入海监测断面超III类入海监测断面为 13 个，主要污染物为石油类、氨氮和总磷。其中劣V类断面 9 个，主要污染因子为氨氮（6）和阴离子表

面活性剂（3）。

2012 年，监测的 19 个入海河流入海监测断面超III类入海监测断面为 12 个，主要污染物为石油类、氨氮和总磷。其中劣V类断面 6 个，主要污染因子为氨氮（4）和阴离子表面活性剂（3）。

2013 年，监测的 19 个入海河流入海监测断面超III类入海监测断面为 12 个，主要污染物为石油类。其中劣V类断面 3 个，主要污染因子为氨氮（3）、化学需氧量（2）和总磷（2）。

2014 年，监测的 19 个入海河流入海监测断面超III类入海监测断面为 13 个，主要污染物为生化需氧量、化学需氧量和石油类。其中劣V类断面 2 个，主要污染因子为氨氮（2）、总磷（2）和生化需氧量（1）。

2015 年，监测的 19 个入海河流入海监测断面超III类入海监测断面为 13 个，主要污染物为生化需氧量、化学需氧量和石油类。其中劣V类断面 5 个，主要污染因子为总磷（4）、氨氮（3）和化学需氧量（2）。

3.4.2 河北

2011—2015 年，监测的河北入海河流入海监测断面为 14～15 个。其中超III类入海监测断面水质的主要污染物为化学需氧量、高锰酸盐指数和生化需氧量。

2011 年，监测的 14 个入海河流入海监测断面超III类入海监测断面为 9 个，主要污染物为化学需氧量、高锰酸盐指数、生化需氧量和氨氮。其中劣V类断面 7 个，主要污染因子为化学需氧量（7）、氨氮（5）和高锰酸盐指数（4）。

2012 年，监测的 14 个入海河流入海监测断面超III类入海监测断面为 8 个，主要污染物为化学需氧量、高锰酸盐指数、生化需氧量和总磷。其中劣V类断面 7 个，主要污染因子为生化需氧量（7）、化学需氧量（7）和高锰酸盐指数（6）。

2013 年，监测的 15 个入海河流入海监测断面超III类入海监测断面为 8 个，

主要污染物为化学需氧量、高锰酸盐指数和生化需氧量。其中劣V类断面 9 个，主要污染因子为化学需氧量（8）、高锰酸盐指数（7）和生化需氧量（7）。

2014 年，监测的 15 个入海河流入海监测断面超III类入海监测断面为 11 个，主要污染物为化学需氧量和氨氮。其中劣V类断面 8 个，主要污染因子为化学需氧量（8）、高锰酸盐指数（6）（5）。

2015 年，监测的 14 个入海河流入海监测断面超III类入海监测断面为 12 个，主要污染物为化学需氧量、高锰酸盐指数和生化需氧量。其中劣V类断面 7 个，主要污染因子为化学需氧量（7）、氨氮（5）和总磷（3）。

3.4.3 天津

2011—2015 年，监测的天津入海河流入海监测断面为 5～7 个，均为V类或劣V类，主要污染物为化学需氧量、氨氮和总磷。

2011 年，监测的 6 个入海河流入海监测断面中，V类断面 1 个，劣V类断面 5 个，主要污染因子为化学需氧量（5）、氨氮（3）和总磷（3）。

表 3-9 2011—2015 年沿海各省份超III类入海河流入海监测断面定级污染因子统计表

年度	省份	超标断面数	pH	溶解氧	高锰酸盐指数	生化需氧量	氨氮	石油类	挥发酚	汞	铅	化学需氧量	总磷	铜	锌	氟化物	硒	砷	镉	六价铬	氰化物	阴离子表面活性剂	硫化物
2011	辽宁	13	0	2	7	5	9	10	0	0	0	8	9	0	0	0	0	0	0	0	0	4	0
	河北	9	0	0	7	7	7	5	2	0	1	8	6	0	0	0	0	1	0	0	0	2	0
	天津	6	0	1	5	5	3	4	4	2	0	6	4	0	0	4	0	0	0	1	0	2	0
	山东	23	0	6	17	20	16	12	9	7	0	22	14	0	0	6	3	0	1	0	0	5	0
	江苏	17	0	4	13	11	11	9	4	1	0	15	9	0	0	2	0	0	0	0	0	1	0
	上海	1	0	0	0	0	0	0	0	0	0	0	1	0	0	0	0	0	0	0	0	0	0
	浙江	10	0	3	6	6	6	10	1	0	0	7	5	0	0	0	0	0	0	0	0	0	0
	福建	3	0	1	2	1	1	0	0	0	0	3	2	0	0	0	0	0	0	0	0	0	0
	广东	14	0	9	8	3	10	6	0	0	0	9	9	0	0	1	0	0	0	0	0	2	0
	广西	6	0	1	0	0	4	1	0	0	0	2	2	0	0	0	0	0	0	0	0	0	0
	海南	5	0	2	2	0	1	0	0	0	0	4	0	0	0	0	0	0	0	0	0	0	0
	全国	107	0	29	67	58	68	57	20	10	1	84	61	0	0	13	3	1	1	1	0	16	0
2012	辽宁	12	0	4	2	7	8	10	0	2	0	5	8	0	0	0	0	0	0	0	0	4	0
	河北	8	0	1	7	7	6	4	1	1	0	8	7	0	0	1	0	0	0	0	0	2	0
	天津	7	0	2	5	5	5	4	3	0	0	6	5	0	0	6	0	0	0	0	0	3	0
	山东	25	0	6	18	22	14	15	7	6	0	23	14	0	0	2	0	0	0	0	0	3	0
	江苏	18	0	6	12	12	11	6	3	0	0	17	8	0	0	3	0	0	0	0	0	0	0
	上海	1	0	0	0	0	0	0	0	0	0	0	1	0	0	0	0	0	0	0	0	0	0
	浙江	10	0	3	2	6	7	9	0	0	0	6	6	0	0	0	0	0	0	0	0	0	0
	福建	2	0	2	2	1	2	1	0	0	0	2	2	0	0	0	0	0	0	0	0	0	0

年度	省份	超标断面数	pH	溶解氧	高锰酸盐指数	生化需氧量	氨氮	石油类	挥发酚	汞	铅	化学需氧量	总磷	铜	锌	氟化物	硒	砷	镉	六价铬	氰化物	阴离子表面活性剂	硫化物
2012	广东	16	0	11	8	10	11	6	0	0	0	13	12	0	0	0	0	0	0	0	0	8	0
	广西	6	0	0	0	0	3	0	0	0	0	1	4	0	0	0	0	0	0	0	0	0	0
	海南	2	0	0	2	0	1	0	0	0	0	1	0	0	0	0	0	0	0	0	0	0	0
	全国	107	0	35	58	70	68	55	14	9	0	82	67	0	0	12	0	0	0	0	0	20	0
2013	辽宁	12	0	1	3	6	6	11	2	0	0	6	6	0	0	0	0	0	0	0	0	0	0
	河北	9	0	0	8	8	7	6	1	0	0	9	6	0	0	0	0	0	0	0	0	2	0
	天津	5	0	0	5	5	4	0	3	2	0	5	2	0	0	5	0	0	0	0	0	2	0
	山东	24	0	7	15	22	13	16	6	1	0	24	16	0	0	3	0	0	0	0	0	4	0
	江苏	20	0	3	17	13	10	7	1	2	0	17	11	0	0	3	0	0	0	0	0	2	0
	上海	0	0	0	0	0	0	0	0	0	0	0	0	0	0	0	0	0	0	0	0	0	0
	浙江	9	0	5	4	5	7	7	0	0	0	5	7	0	0	0	0	0	0	0	0	0	0
	福建	4	0	1	2	1	3	0	0	0	0	3	3	0	0	0	0	0	0	0	0	0	0
	广东	17	0	10	8	9	12	8	1	0	0	11	11	0	0	0	2	0	0	0	0	9	0
	广西	2	0	2	0	0	2	0	0	0	0	0	2	0	0	0	0	0	0	0	0	0	0
	海南	5	0	2	2	1	1	0	0	0	0	3	0	0	0	0	0	0	0	0	0	0	0
	全国	107	0	31	64	70	65	55	14	5	0	83	64	0	0	11	2	0	0	0	0	19	0
2014	辽宁	13	0	1	2	10	4	8	1	0	0	9	7	0	0	0	0	0	0	0	0	0	0
	河北	11	0	0	9	8	8	1	3	0	0	10	7	0	0	0	0	0	0	0	0	3	0
	天津	5	0	0	5	5	3	4	0	0	0	5	3	0	0	1	0	0	0	0	0	3	0
	山东	25	0	8	16	21	13	17	4	0	0	25	12	0	0	4	0	0	0	0	0	4	0
	江苏	18	0	4	15	12	7	7	2	3	0	17	14	0	0	3	0	0	0	0	0	3	0
	上海	0	0	0	0	0	0	0	0	0	0	0	0	0	0	0	0	0	0	0	0	0	0

年度	省份	超标断面数	pH	溶解氧	高锰酸盐指数	生化需氧量	氨氮	石油类	挥发酚	汞	铅	化学需氧量	总磷	铜	锌	氟化物	硒	砷	镉	六价铬	氰化物	阴离子表面活性剂	硫化物
2014	浙江	9	0	2	3	4	4	8	0	0	0	5	5	0	0	0	0	0	0	0	0	0	0
	福建	4	0	2	2	2	2	0	0	0	0	2	3	0	0	0	0	0	0	0	0	0	0
	广东	18	0	10	7	9	10	6	0	0	0	8	11	0	0	1	0	0	0	0	0	4	0
	广西	6	0	2	1	0	2	0	0	0	0	2	6	0	0	0	0	0	0	0	0	0	0
	海南	5	0	3	3	0	1	0	0	0	0	4	0	0	0	0	0	0	0	0	0	0	0
	全国	114	0	32	63	71	54	51	10	3	0	87	68	0	0	9	0	0	0	0	0	17	0
2015	辽宁	13	0	1	4	11	5	7	2	0	0	10	6	0	0	0	0	0	0	0	0	2	0
	河北	12	0	0	10	10	7	0	3	0	0	12	5	0	0	1	0	0	0	0	0	3	0
	天津	5	0	0	5	5	4	0	0	0	0	5	5	0	0	5	0	0	0	0	0	2	0
	山东	24	0	6	15	19	14	15	4	2	0	24	12	0	0	6	0	0	0	0	0	3	0
	江苏	22	0	3	18	13	13	6	3	1	0	18	18	0	0	3	0	0	0	0	0	0	0
	上海	0	0	0	0	0	0	0	0	0	0	0	0	0	0	0	0	0	0	0	0	0	0
	浙江	7	0	1	3	4	3	7	0	0	0	5	5	0	0	1	0	0	0	0	0	0	0
	福建	5	0	1	2	2	1	0	0	0	0	4	3	0	0	0	0	0	0	0	0	0	0
	广东	18	0	12	9	10	13	6	0	0	0	10	14	0	0	1	0	0	0	0	0	1	0
	广西	4	0	3	0	0	2	0	0	0	0	1	4	0	0	0	0	0	0	0	0	0	0
	海南	4	0	0	2	0	1	0	0	0	0	4	0	0	0	0	0	0	0	0	0	0	0
	全国	114	0	27	68	74	63	41	12	3	0	93	72	0	0	17	0	0	0	0	0	11	0

2012 年，监测的 7 个入海河流入海监测断面中，Ⅴ类断面 1 个，劣Ⅴ类断面 6 个，主要污染因子为氨氮（4）、化学需氧量（4）和总磷（3）。

2013 年，监测的 5 个入海河流入海监测断面中，Ⅴ类断面 1 个，劣Ⅴ类断面 4 个，主要污染因子为化学需氧量（4）、氨氮（3）和总磷（2）。

2014 年，监测的 5 个入海河流入海监测断面均为劣Ⅴ类，主要污染物为化学需氧量（5）和氨氮（4）。

2015 年，监测的 5 个入海河流入海监测断面中，Ⅴ类断面 1 个，劣Ⅴ类断面 4 个，主要污染因子为氨氮（4）、化学需氧量（4）和总磷（2）。

3.4.4　山东

2011—2015 年，监测的山东入海河流入海监测断面为 29～33 个。其中超Ⅲ类入海监测断面水质的主要污染物为化学需氧量、生化需氧量和高锰酸盐指数。

2011 年，监测的 33 个入海河流入海监测断面超Ⅲ类入海监测断面为 23 个，主要污染物为化学需氧量、生化需氧量和高锰酸盐指数。其中劣Ⅴ类断面 12 个，主要污染因子为氨氮（11）、总磷（10）和化学需氧量（8）。

2012 年，监测的 33 个入海河流入海监测断面超Ⅲ类入海监测断面为 25 个，主要污染物为化学需氧量、生化需氧量和高锰酸盐指数。其中劣Ⅴ类断面 8 个，主要污染因子为氨氮（7）、总磷（5）和化学需氧量（4）。

2013 年，监测的 33 个入海河流入海监测断面超Ⅲ类入海监测断面为 24 个，主要污染物为化学需氧量、生化需氧量、石油类和总磷。其中劣Ⅴ类断面 5 个，主要污染因子为生化需氧量（4）、总磷（4）和氨氮（3）。

2014 年，监测的 31 个入海河流入海监测断面超Ⅲ类入海监测断面为 25 个，主要污染物为化学需氧量、生化需氧量和石油类。其中劣Ⅴ类断面 6 个，主要污染因子为氨氮（3）、生化需氧量（3）、化学需氧量（3）和总磷（3）。

2015 年，监测的 29 个入海河流入海监测断面超Ⅲ类入海监测断面为 24 个，主要污染物为化学需氧量、生化需氧量、高锰酸盐指数和石油类。其中劣Ⅴ类断面 8 个，主要污染因子为氨氮（5）、化学需氧量（4）和总磷（4）。

3.4.5　江苏

2011—2015 年，监测的江苏入海河流入海监测断面为 31 个。其中超Ⅲ类入海监测断面水质的主要污染物为化学需氧量、高锰酸盐指数和生化需氧量。

2011 年，监测的 31 个入海河流入海监测断面超Ⅲ类入海监测断面为 17 个，主要污染物为化学需氧量、高锰酸盐指数、氨氮和生化需氧量。其中劣Ⅴ类断面 6 个，主要污染因子为氨氮（6）、化学需氧量（5）和总磷（5）。

2012 年，监测的 31 个入海河流入海监测断面超Ⅲ类入海监测断面为 18 个，主要污染物为化学需氧量、高锰酸盐指数和生化需氧量。其中劣Ⅴ类断面 7 个，主要污染因子为氨氮（7）和总磷（5）。

2013 年，监测的 31 个入海河流入海监测断面超Ⅲ类入海监测断面为 20 个，主要污染物为化学需氧量、高锰酸盐指数和生化需氧量。其中劣Ⅴ类断面 4 个，主要污染因子为氨氮（3）、总磷（3）和化学需氧量（2）。

2014 年，监测的 31 个入海河流入海监测断面超Ⅲ类入海监测断面为 18 个，主要污染物为化学需氧量、高锰酸盐指数和总磷。其中劣Ⅴ类断面 4 个，主要污染因子为氨氮（3）、化学需氧量（3）和总磷（3）。

2015 年，监测的 31 个入海河流入海监测断面超Ⅲ类入海监测断面为 22 个，主要污染物为总磷、化学需氧量和高锰酸盐指数。其中劣Ⅴ类断面 5 个，主要污染因子为氨氮（4）、总磷（3）和化学需氧量（2）。

3.4.6 上海

2011—2015 年，监测的上海入海河流为 1 个，2011 年和 2012 年为Ⅳ类，主要污染物为总磷，2013—2015 年为Ⅲ类。

3.4.7 浙江

2011—2015 年，监测的浙江入海河流入海监测断面为 13 个。其中超Ⅲ类入海监测断面水质的主要污染物为石油类、化学需氧量和总磷。

2011 年，监测的 13 个入海河流入海监测断面超Ⅲ类入海监测断面为 10 个，主要污染物为石油类和化学需氧量。其中劣Ⅴ类断面 4 个，主要污染因子为总磷（3）、氨氮（2）和化学需氧量（1）。

2012 年，监测的 13 个入海河流入海监测断面超Ⅲ类入海监测断面为 10 个，主要污染物为石油类和氨氮。其中劣Ⅴ类断面 3 个，主要污染因子为氨氮（3）和总磷（3）。

2013 年，监测的 13 个入海河流入海监测断面超Ⅲ类入海监测断面为 9 个，主要污染物为总磷、氨氮和石油类。其中劣Ⅴ类断面 2 个，主要污染因子为氨氮（2）和总磷（2）。

2014 年，监测的 13 个入海河流入海监测断面超Ⅲ类入海监测断面为 9 个，主要污染物为石油类、化学需氧量和总磷。其中劣Ⅴ类断面 2 个，主要污染因子为氨氮（2）、生化需氧量（1）和总磷（1）。

2015 年，监测的 13 个入海河流入海监测断面超Ⅲ类入海监测断面为 7 个，主要污染物为石油类、化学需氧量和总磷。其中劣Ⅴ类断面 1 个，主要污染因子为氨氮（1）和总磷（1）。

3.4.8 福建

2011—2015 年，监测的福建入海河流入海监测断面为 11 个。其中超Ⅲ类入海监测断面水质的主要污染物为化学需氧量、总磷和高锰酸盐指数。

2011 年，监测的 11 个入海河流入海监测断面超Ⅲ类入海监测断面为 3 个，主要污染物为化学需氧量、高锰酸盐指数和总磷。其中劣Ⅴ类断面 1 个，主要污染因子为氨氮。

2012 年，监测的 11 个入海河流入海监测断面超Ⅲ类入海监测断面为 2 个，主要污染物为化学需氧量、高锰酸盐指数和总磷。其中劣Ⅴ类断面 1 个，主要污染因子为总磷。

2013 年，监测的 11 个入海河流入海监测断面超Ⅲ类入海监测断面为 4 个，主要污染物为氨氮、总磷和化学需氧量。无劣Ⅴ类断面。

2014 年，监测的 11 个入海河流入海监测断面超Ⅲ类入海监测断面为 4 个，主要污染物为氨氮、化学需氧量和总磷。无劣Ⅴ类断面。

2015 年，监测的 11 个入海河流入海监测断面超Ⅲ类入海监测断面为 5 个，主要污染物为化学需氧量和总磷。无劣Ⅴ类断面。

3.4.9　广东

2011—2015 年，监测的广东入海河流入海监测断面为 35～41 个。其中超Ⅲ类入海监测断面水质的主要污染物为总磷、氨氮和溶解氧。

2011 年，监测的 35 个入海河流入海监测断面超Ⅲ类入海监测断面为 14 个，主要污染物为氨氮、溶解氧、总磷和化学需氧量。其中劣Ⅴ类断面 9 个，主要污染因子为氨氮（8）、总磷（8）和溶解氧（3）。

2012 年，监测的 41 个入海河流入海监测断面超Ⅲ类入海监测断面为 16 个，主要污染物为化学需氧量、总磷、溶解氧和氨氮。其中劣Ⅴ类断面 11 个，主要污染因子为氨氮（11）、总磷（7）和生化需氧量（5）。

2013 年，监测的 41 个入海河流入海监测断面超Ⅲ类入海监测断面为 17 个，主要污染物为氨氮、化学需氧量和总磷。其中劣Ⅴ类断面 10 个，主要污染因子为氨氮（10）、总磷（9）和阴离子表面活性剂（6）。

2014 年，监测的 41 个入海河流入海监测断面超Ⅲ类入海监测断面为 18 个，主要污染物为总磷、溶解氧和氨氮。其中劣Ⅴ类断面 7 个，主要污染因子为总磷（7）和氨氮（6）。

2015 年，监测的 41 个入海河流入海监测断面超Ⅲ类入海监测断面为 18 个，主要污染物为总磷、氨氮和溶解氧。其中劣Ⅴ类断面 10 个，主要污染因子为氨氮（9）和总磷（7）。

3.4.10　广西

2011—2015 年，监测的广西入海河流入海监测断面为 11 个。其中超Ⅲ类入海监测断面水质的主要污染物为总磷、氨氮和溶解氧。

2011 年，监测的 11 个入海河流入海监测断面超Ⅲ类入海监测断面为 6 个，主要污染物为氨氮、化学需氧量和总磷。无劣Ⅴ类断面。

2012 年，监测的 11 个入海河流入海监测断面超Ⅲ类入海监测断面为 6 个，主要污染物为总磷、氨氮和化学需氧量。无劣Ⅴ类断面。

2013 年，监测的 11 个入海河流入海监测断面超Ⅲ类入海监测断面为 2 个，主要污染物为氨氮、溶解氧和总磷。其中劣Ⅴ类断面 1 个，主要污染因子为氨氮。

2014 年，监测的 11 个入海河流入海监测断面超Ⅲ类入海监测断面为 6 个，主要污染物为总磷、溶解氧、氨氮和化学需氧量。其中劣Ⅴ类断面 2 个，主要污染因子为氨氮（2）和总磷（2）。

2015 年，监测的 11 个入海河流入海监测断面超Ⅲ类入海监测断面为 4 个，主要污染物为总磷、溶解和氧氨氮。其中劣Ⅴ类断面 2 个，主要污染因子为氨氮（2）和总磷（2）。

3.4.11 海南

2011—2015 年，监测的海南入海河流入海监测断面为 20 个。其中超Ⅲ类入海监测断面水质的主要污染物为化学需氧量、高锰酸盐指数和溶解氧。

2011 年，监测的 20 个入海河流入海监测断面超Ⅲ类入海监测断面为 5 个，主要污染物为化学需氧量、溶解氧和高锰酸盐指数。无劣Ⅴ类断面。

2012 年，监测的 20 个入海河流入海监测断面超Ⅲ类入海监测断面为 2 个，主要污染物为高锰酸盐指数、氨氮和化学需氧量。无劣Ⅴ类断面。

2013 年，监测的 20 个入海河流入海监测断面超Ⅲ类入海监测断面为 5 个，主要污染物为化学需氧量、溶解氧和高锰酸盐指数。无劣Ⅴ类断面。

2014 年，监测的 20 个入海河流入海监测断面超Ⅲ类入海监测断面为 5 个，主要污染物为化学需氧量、溶解氧和高锰酸盐指数。无劣Ⅴ类断面。

2015 年，监测的 20 个入海河流入海监测断面超Ⅲ类入海监测断面为 4 个，主要污染物为化学需氧量、高锰酸盐指数和氨氮。无劣Ⅴ类断面。

3.5 各城市入海河流水质情况

3.5.1 辽宁沿海六城市

丹东市 2 条入海河流中，鸭绿江入海断面水质良好，始终符合Ⅱ类标准；大洋河入海断面除 2011 年为劣Ⅴ类水质，其余水质均为Ⅳ类，主要污染指标为化学需氧量和石油类。

大连市 5 条入海河流中，英那河、碧流河和复州河 3 条河流入海断面水质良好，始终符合或优于Ⅲ类标准；登沙河入海断面水质 2015 年变差，由Ⅳ类变差为Ⅴ类，主要污染指标由氨氮、生化需氧量；庄河 2011—2014 年水质始终为Ⅳ类水质，主要污染指标为石油类，2015 年改善为Ⅲ类。

营口市 5 条入海河流中，大辽河入海断面水质一直为Ⅳ类，主要污染指标为溶解氧、石油类和生化需氧量；大旱河入海断面水质污染严重，2011—2015 年始终为劣Ⅴ类水质，主要污染指标为阴离子表面活性剂、总磷和化学需氧量等；沙河和熊岳河入海断面水质由 2011 年和 2012 年的劣Ⅴ类改善为 2013 年和 2014 年的Ⅳ类，2015 年又恶化为劣Ⅴ类，主要污染指标为阴离子表面活性剂、氨氮和石油类；大清河入海断面水质由 2011 年和 2012 年的劣Ⅴ类改善为Ⅳ类或Ⅴ类，主要污染指标为氨氮、总磷和石油类等。

盘锦市仅辽河为入海河流，入海断面水质一直为Ⅳ类，主要污染指标为石油类、生化需氧量和高锰酸盐指数、氨氮。

锦州市 2 条入海河流中，小凌河入海断面水质逐步改善，从 2011 年劣Ⅴ类改善为 2012 年的Ⅴ类，并在 2013 年之后为Ⅳ类，前期主要污染指标为氨氮、总磷等，后期为化学需氧量和生化需氧量；大凌河入海断面水质 2011 年为Ⅳ类，2012 年和 2013 年好转为Ⅲ类，之后又为Ⅳ类，主要污染指标高锰酸盐指数、生化需氧量、化学需氧量，2015 年出现石油类和挥发酚超标。

葫芦岛市4条入海河流中，六股河入海断面水质良好，为Ⅱ类或Ⅲ类；兴城河入海断面水质2011年为劣Ⅴ类，主要污染指标为氨氮、总磷和生化需氧量，2012年改善为Ⅲ类，之后2015年略为下降为Ⅳ类，主要污染指标为化学需氧量和生化需氧量；连山河和五里河入海断面水质污染严重，基本为劣Ⅴ类水质，主要污染指标为氨氮、化学需氧量、高锰酸盐指数、生化需氧量、总磷、石油类等。

3.5.2 河北沿海三城市

秦皇岛市6条入海河流中，新开河入海断面水质较好，一直为Ⅲ类；戴河、石河、汤河和洋河4条河流入海断面水质有所变差，由2011年的Ⅱ或Ⅲ类变差为Ⅳ，主要污染因子为化学需氧量和高锰酸性指数；饮马河水质始终较差，为劣Ⅴ类，主要污染因子总磷、化学需氧量和高锰酸盐指数。

唐山市2条入海河流中，滦河入海断面水质变好，在2011年为Ⅳ类，石油类超标，2012年之后好转为Ⅱ，之后为Ⅲ类；陡河水质一直较差，为Ⅴ类，主要污染因子为需氧量和总磷。

沧州市7条入海河流入海河流断面水质状况始终较差，一直为劣Ⅴ类水质，主要污染因子为化学需氧量、氨氮、高锰酸盐指数和生化需要量等。

3.5.3 天津

天津市6条入海河流入海断面水质差，主要处于劣Ⅴ类水平，主要污染因子为化学需氧量、氨氮、高锰酸性指数和总磷，部分出现氟化物和阴离子表面活性剂超标。

3.5.4 山东沿海七城市

滨州市4条入海河流中，徒骇河、马颊河、德惠新河3条河流入海断面水质多为Ⅴ类，主要污染因子为生化需氧量、石油类和化学需氧量；潮河水质状况始终较差，基本为劣Ⅴ类水质，主要污染因子为氨氮、生化需氧量和高锰酸盐指数。

东营市5条入海河流中，黄河入海断面水质一直较好，除2013年和2014年因化学需氧超标为Ⅳ类，基本为Ⅲ类；其余小清河、挑河、神仙沟、广利河4条河入海断面水质均劣于Ⅴ类，主要污染因子为化学需氧量、总磷和氨氮。

潍坊市白浪河、虞河、张僧河水质一直较差为Ⅴ类或劣Ⅴ类，主要污染因子为高锰酸盐指数、氨氮、总磷，部分年份和断面出现硒和汞超标。

烟台市12条入海河流中水质较好，黄水河、平畅河、辛安河3条河流入海断面水质符合Ⅲ类标准；东村河、龙山河、沁水河3条河入海断面为Ⅳ类，主要污染因子为溶解氧、化学需氧量和高锰酸性指数；大沽夹河和界河入海断面水质变差，下降一个等级，主要污染因子为化学需氧量和生化需氧量，界河还出现阴离子表面活性剂和石油类超标；沙河和王河的入海断面水质，在2012年生化需氧量超标为Ⅳ类，其余年份为Ⅲ类；五龙河、泳汶河入海断面水质较差，始终为Ⅴ类，主要污染因子为生化需氧量、高锰酸盐指数和化学需氧量。

威海市3条入海河流中，入海断面水质良好，黄垒河、母猪河、乳山河水质始终符合

Ⅲ类标准。

青岛市 5 条入海河流水质较差，大沽河、海泊河、李村河、墨水河、风河 5 条河流入海断面基本劣于Ⅴ类，主要污染物为总磷、化学需氧量、氨氮和生化需氧量。

日照市仅有付疃河一条入海河流，水质从 2011 年和 2012 年的Ⅴ类变差为劣Ⅴ类，主要污染因子为总磷、氨氮和化学需氧量。

3.5.5 江苏沿海三城市

连云港市 15 条入海河流中，车轴河、古泊善后河、蔷薇河和新沭河断面水质良好，一直为Ⅲ类；范河、兴庄河和青口河（除 2012 年出现过劣Ⅴ类）入海断面水质一直为Ⅳ类，主要污染因子为高锰酸盐指数、化学需氧量和生化需氧量；大浦河、排淡河、新沂河污染严重，入海断面水质一直为劣Ⅴ类，主要污染因子为高锰酸盐指数、化学需氧量、氨氮、总磷，部分断面挥发酚超标；龙王河、沙旺河和朱稽河入海断面水质改善，从 2011 年和 2012 年的劣Ⅴ类改善为Ⅳ类，主要污染因子高锰酸盐指数、化学需氧量、总磷；烧香河入海断面水质差除 2012 年为Ⅳ类外，均为Ⅴ类，化学需氧量、生化需氧量、高锰酸盐指数和石油类；五灌河入海断面水质变差，由 2011 年和 2012 年的Ⅳ类变差为劣Ⅴ类，主要污染因子为化学需氧量、石油类和氨氮。

盐城市 10 条入海河流水质中，苏北灌溉总渠、射阳河、中山河、黄沙港和新洋港入海断面水质较好，为Ⅲ类；川东港河（2011 年为劣Ⅴ类）、东台河、灌河、王港河入海断面水质一直为Ⅳ类，主要污染因子为高锰酸盐指数、总磷、石油类等，王港河入海断面出现汞超标；斗龙港河入海断面水质变差，由 2011 年和 2012 年的Ⅲ类变差为Ⅳ类，主要污染因子为汞和总磷。

南通市 6 条入海河流中，栟茶运河入河断面水质一直为Ⅳ类，主要污染因子为高锰酸盐指数、总氮、氨氮等；北凌河、掘苴河入海断面水质一直为Ⅲ类，除 2015 年水质恶化为劣Ⅴ类，主要污染因子为高锰酸盐指数、总磷和氨氮；如泰运河和通启运河 2 个断面水质为Ⅲ类或Ⅳ类水质，主要污染因子为化学需氧量和高锰酸盐指数。

3.5.6 上海

上海市仅有长江一条入海河流，水质变好，由 2011 年和 2012 年Ⅳ类改善为Ⅲ类，主要污染因子为总磷。

3.5.7 浙江沿海六城市

嘉兴市 4 条入海河流中，长山河入海断面水质一直为Ⅳ类，主要污染因子为石油类；海盐塘入海断面 2012 年和 2013 年为Ⅴ类，其余年份为Ⅳ类，主要污染因子为总磷、氨氮、石油类等；上塘河入海断面水质一直为劣Ⅴ类，2015 年为Ⅴ类，主要污染因子总磷、生化需氧量和氨氮；盐官下河入海断面水质一直为Ⅴ类，主要污染因子为石油类、生化需氧量、氨氮等。

杭州市仅有钱塘江一条入海河流，入海断面水质除 2013 年为Ⅲ类外均为Ⅱ类。

绍兴市仅有曹娥江一条入海河流，入海断面水质一直为Ⅳ类，主要污染因子为石油类。

宁波市甬江入海断面水质一直为Ⅳ类，主要污染因子为石油类、生化需氧量、化学需氧量等；四灶浦闸入海断面水质由 2011 年和 2012 年的劣Ⅴ类，改善为Ⅳ类，主要污染因子为石油类、总磷、化学需氧量、生化需氧量等。

台州市椒江入海断面由 2011 年的劣Ⅴ类、2012 年的Ⅴ类，改善为Ⅲ类，主要污染因子为化学需氧量、石油类；金清河网入海断面水质差，一直为劣Ⅴ类主要污染物为氨氮、石油类、总磷、高锰酸盐指数等。

温州市 3 条入海河流中，飞云江、瓯江入海断面水质多为Ⅱ类；鳌江入海断面水质一直为Ⅴ类，主要污染因子为化学需氧量、氨氮、溶解氧等，2015 年改善为Ⅲ类。

3.5.8　福建沿海六城市

宁德市霍童溪入海断面水质一直均为Ⅱ类。交溪水质一直为Ⅲ类，2015 年化学需氧量超标为Ⅳ类。

福州市闽江和敖江入海断面水质均为Ⅲ类或Ⅱ类；龙江入海断面水质除 2011 年为劣Ⅴ类之后一直为Ⅴ类；水质由 2011 年的劣Ⅴ类变为 2015 年的Ⅴ类。主要污染因子为高锰酸盐指数、生化需氧量、氨氮、总磷等。

莆田市木兰溪入海断面水质不稳定，2013 年和 2014 年为Ⅳ类，2012 年为劣Ⅴ类，其他 2 年为Ⅴ类，主要污染因子为化学需氧量、生化需氧量、高锰酸盐指数、总磷等；萩芦溪入海断面由于化学需氧量超标，除 2012 年为Ⅲ类，2013 年为Ⅳ类，其余年份为Ⅴ类。

泉州市仅有晋江一条入海河流，入海断面水质一直为Ⅲ类。

厦门市仅有九龙江一条入海河流，入海断面水质变差，2011 年和 2012 年为Ⅲ类，之后为Ⅳ类或Ⅴ类，超标因子为总磷和氨氮。

漳州市东溪和漳江入海断面水质一直为Ⅲ类。

3.5.9　广东沿海十三城市

潮州市仅有黄冈河一条入海河流，入海断面水质一直为Ⅱ类或Ⅲ类。

汕头市 5 条入海河流中，韩江东溪、韩江外砂河入海断面水质一直为Ⅱ类；韩江梅溪河、榕江入海断面水质多为Ⅳ类，主要污染因子为石油类和化学需氧量；练江的入海断面水质一直为劣Ⅴ类，主要污染因子为氨氮、生化需氧量、阴离子表面活性剂等。

汕尾市 4 条入海河流水质中，黄江河、螺河、赤石河、乌坎河 5 个入海断面水质均为Ⅱ类或Ⅲ类。

惠州市 6 条入海河流中，淡澳河、吉隆河、霞涌河的入海断面水质多为Ⅴ类和劣Ⅴ类，主要污染因子为化学需氧量、高锰酸盐指数、总磷、氨氮等；柏岗河、岩前河（2015 年Ⅴ类）入海河流水质为Ⅳ类，主要污染因子为化学需氧量、高锰酸盐指数、生化需氧量等。南边灶河入海断面水质先变好后又变坏，由劣Ⅴ类到Ⅳ类，2013 年为Ⅲ类，之后又为Ⅳ类，后劣Ⅴ类，主要污染因子为化学需氧量、高锰酸盐指数、总磷、氨氮等。

深圳市仅深圳河一条入海河流水质为劣Ⅴ类，主要污染因子为氨氮、总磷、生化需氧量、高锰酸盐指数等。

东莞市仅东江南支流一条入海河流，入海断面水质变差，由 2011 年和 2012 年的Ⅲ类变差为 2013 年和 2014 年的Ⅳ类，之后为Ⅴ类，主要污染因子为氨氮、总磷等。

广州市洪奇沥水道和蕉门水道水质一直为Ⅱ类；珠江广州河段水质为Ⅳ类，主要污染因子为石油类。

江门市潭江入海河流水质为Ⅱ类或Ⅲ类。

中山市珠江横门水道水质为Ⅱ类或Ⅲ类。兰溪河、泮沙排、洪渠中心河入海断面水质多为劣Ⅴ类，主要污染因子为氨氮、阴离子表面活性剂、总磷、石油类、化学需氧量等。

珠海市珠江鸡啼门水道和磨刀门水道水质分别为Ⅲ类和Ⅱ类。

阳江市 3 条入海河流中，丰头河、漠阳江、寿长河 5 个入海河流断面水质为Ⅱ类或Ⅲ类。

茂名市关屋河、森高河和寨头河入海断面水质为Ⅴ类或劣Ⅴ类，主要污染因子为化学需氧量、高锰酸盐指数、总磷、氨氮等。

湛江市 3 条入海河流中，鉴江、九洲江、袂花江 4 个入海河流断面水质均为Ⅲ类。

3.5.10 广西沿海三城市

北海市 5 条入海河流中，大风江入海断面除 2014 年总磷超标为Ⅳ类，其余年份均为Ⅱ类；南流江的 2 个同入海断面断面 2012 年和 2014 年因为总磷超标为Ⅳ类，其余为Ⅲ类；白沙河入海断面除 2013 年为Ⅲ类，其余年份为Ⅳ类，主要污染因子为总磷和化学需氧量；西门江水质有所变差，2011 年为Ⅴ类，2012 年和 2013 年为Ⅳ类，之后为劣Ⅴ类，主要污染因子为化学需氧量、氨氮、总磷。

钦州市茅岭江入海断面水质为Ⅱ类或Ⅲ类；钦江一个入海断面水质 2011 年氨氮超标为Ⅳ类，其余年份均为Ⅲ类；钦江另一个入海断面水质有所变差，2011 年为Ⅴ类，2012 年为Ⅳ类，之后为劣Ⅴ类，主要污染因子为化学需氧量、氨氮、总磷。

防城港市防城江入海断面水质一直为Ⅲ类；北仑河入海断面水质除 2011 年因石油类超标为Ⅳ类外，其余年份均为Ⅲ类。

3.5.11 海南沿海市县

海口市海甸溪 2012 年和 2015 年入海断面水质为Ⅲ类，其余年份因溶解氧超标为Ⅳ类；南渡江入海断面水质均达到或优于Ⅲ类；演州河入海断面除 2013 年因生化需氧量超标为Ⅳ类，其余年份为Ⅲ类。

三亚市宁远河、藤桥河入海断面水质分别为Ⅱ类或Ⅲ类。

海南省各县河流中，九曲江、昌化江、陵水河、龙首河、龙尾河、太阳河、望楼河、万泉河、文澜江、珠碧河入海断面水质为Ⅱ类或Ⅲ类；东山河入海断面水质变差，由 2011 年和 2012 年的Ⅲ类变差为Ⅳ类，主要污染因子为化学需氧量；北门江入海断面水质除 2011 年化学需氧量超标为Ⅳ类，其余年份为Ⅲ类；罗带河入海断面除 2012 年和 2013 年为Ⅲ类，其余年份因化学需氧量超标为Ⅳ类；文昌河和文教河入海断面水质为Ⅳ类，主要污染因子为化学需氧量、高锰酸盐指数和氨氮。

3.6 各省份入海河流入海断面水质变化情况

2011—2015 年，按照开展监测第一年和最后一年的水质类别比较，全国 38 个监测断面水质类别好转，占全部监测点位的 20.7%；127 个监测断面水质类别基本保持稳定，占全部监测点位的 56.0%；43 个监测点位水质类别变差，占全部监测点位的 23.3%。各省入海河流入海断面水质类别变化统计见表 3-10，水质变化情况见附表 2。

表 3-10 2011—2015 年入海河流水质变化统计

省份	断面总数	明显好转	好转	无变化	变差	明显变差
辽宁	19	4	1	11	2	1
河北	15	0	1	10	3	1
天津	6	0	0	6	0	0
山东	33	0	5	23	4	1
江苏	31	2	3	19	4	3
上海	1	0	1	0	0	0
浙江	13	3	2	7	1	0
福建	11	0	1	8	2	0
广东	41	0	8	26	6	1
广西	11	0	4	5	2	0
海南	20	0	3	12	5	0
全国	201	9	29	127	29	7

第四章　入海河流污染物入海量

4.1　全国入海河流污染物入海量

全国入海河流主要污染物入海量，高锰酸盐指数、总氮总体呈上升趋势，2015 年较 2011 年分别上升了 11.5%和 30.0%；氨氮明显下降，2015 年较 2011 年下降了 33.5%；石油类和总磷先上升后下降，2015 年较 2011 年分别下降了 13.7%和 29.5%，见表 4-1 和图 4-1。

表 4-1 全国入海河流主要污染物入海量　　单位：t

年份	高锰酸盐指数	氨氮	石油类	总氮	总磷
2011	3 759 491	640 094	45 420	3 077 739	263 115
2012	4 400 674	621 845	61 192	3 692 382	316 027
2013	3 643 221	518 238	41 572	3 096 904	164 468
2014	4 469 285	461 111	41 240	3 680 436	195 956
2015	4 192 550	425 926	39 206	4 000 302	185 426

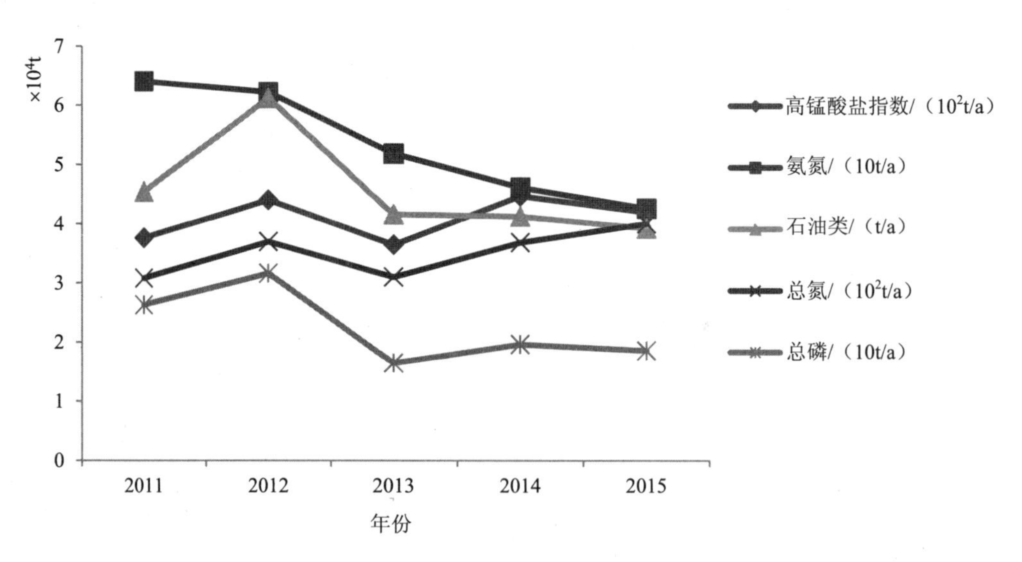

图 4-1　2011—2015 年全国入海河流主要污染物入海量

4.2 四大海区入海河流污染物入海量

4.2.1 总体情况

2011—2015 年，监测的南海的入海河流断面最多，2011 年为 66 个，其余 72 个；其次为黄海，入海河流断面数为 53 个；渤海入海河流断面数分别为 50、51、50、48 和 46 个；东海最少，入海河流断面数除 2015 年为 24 个，其余 25 个。主要污染物中，东海的入海量为最大，南海其次，最少为渤海和黄海，与东海的入海量差一个数量级。见表 4-2、图 4-2～图 4-6。

表 4-2 四大海区入海河流主要污染物入海量 单位：t

年份	海区	高锰酸盐指数	氨氮	石油类	总氮	总磷
2011	渤海	54 519	11 521	389	28 142	1 288
	黄海	240 902	31 593	2 156	97 856	5 628
	东海	2 469 957	443 584	28 320	2 338 652	222 693
	南海	994 113	153 397	14 555	613 089	33 506
2012	渤海	70 747	15 083	1 652	49 348	2 828
	黄海	232 224	23 100	2 580	86 048	4 694
	东海	3 060 960	377 461	42 003	2 728 495	269 389
	南海	1 036 743	206 200	14 957	828 492	39 117
2013	渤海	156 002	20 973	1 389	165 805	5 087
	黄海	263 638	25 050	2 848	129 467	5 378
	东海	1 968 493	248 925	26 741	1 917 862	110 201
	南海	1 255 087	223 291	10 594	883 770	43 802
2014	渤海	43 834	12 148	500	42 470	1464
	黄海	194 638	21 625	2 447	83 153	4868
	东海	3 016 883	214 636	29 411	2 680 209	146 078
	南海	1 213 928	212 702	8 883	874 604	43 546
2015	渤海	37 326	8 283	442	37 615	1 454
	黄海	167 716	23 954	1 641	69 418	5 418
	东海	2 796 398	204 117	28 624	3 129 592	135 074
	南海	1 191 109	189 572	8 499	763 677	43 480

4.2.2 各海区主要污染物入海情况

高锰酸盐指数入海量，东海呈波动状态，2015 年较 2011 年上升了 13.2%；南海呈上升趋势，2015 年较 2011 年上升 19.8%；黄海呈下降趋势，2015 年较 2011 年下降了 30.4%；

渤海先上升后下降，2015 年较 2011 年下降了 31.5%。

氨氮入海量，东海总体呈下降趋势，2015 年较 2011 年下降了 54.0%；南海呈上升趋势，2015 年较 2011 年上升了 23.6%；黄海和渤海呈波动状态，2015 年较 2011 年分别下降了 24.2%和 28.1%。

石油类入海量，东海除 2012 年较高，其余各年总体无明显变化；南海呈下降趋势，2015 年较 2011 年下降了 41.6%；黄海和渤海先上升后下降，2015 年较 2011 年分别下降了 23.9%和上升了 13.7%。

总氮入海量，东海和南海呈上升趋势，2015 年较 2011 年分别上升了 33.7%和 24.6%；黄海呈下降趋势，2015 年较 2011 年下降了 29.1%；渤海先上升后下降。

总磷入海量，东海呈波动下降趋势，2015 年较 2011 年下降了 39.3%；南海呈上升趋势，2015 年较 2011 年上升了 29.8%；黄海无明显变化，渤海先上升后下降。

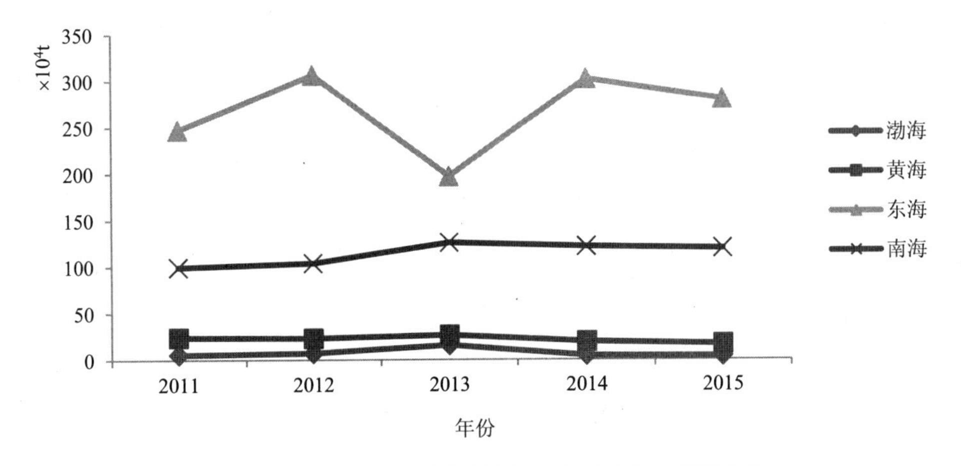

图 4-2　2011—2015 年四大海区入海河流高锰酸盐指数入海量

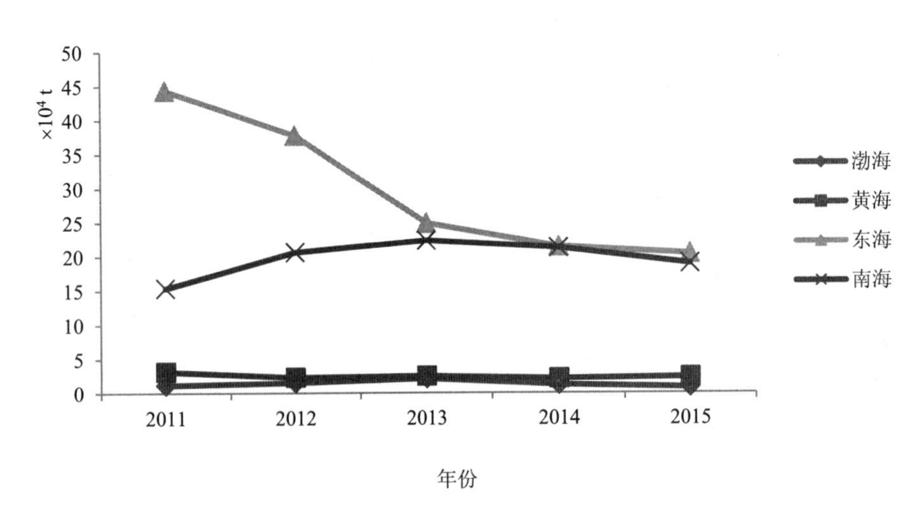

图 4-3　2011—2015 年四大海区入海河流氨氮入海量

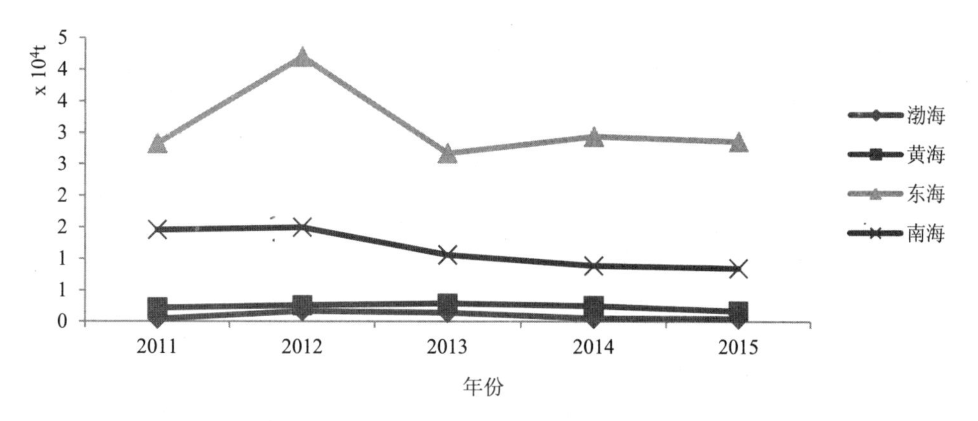

图 4-4　2011—2015 年四大海区入海河流石油类入海量

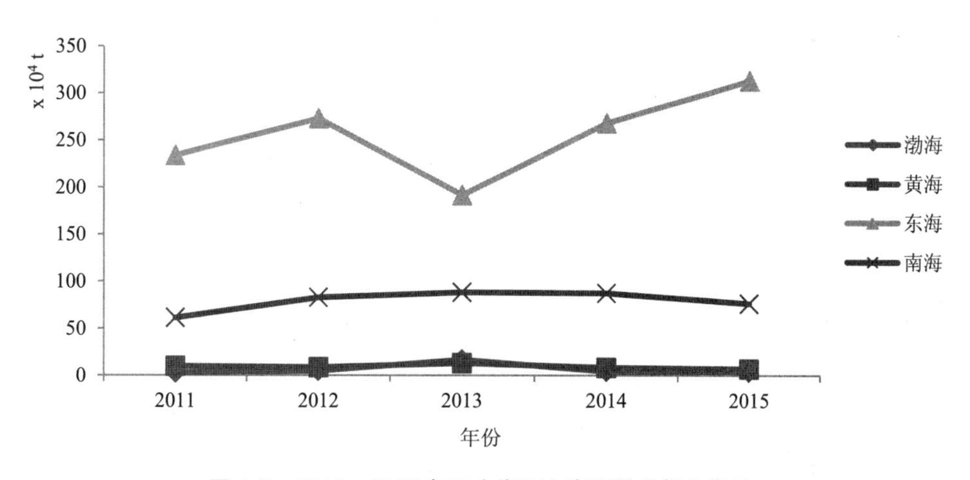

图 4-5　2011—2015 年四大海区入海河流总氮入海量

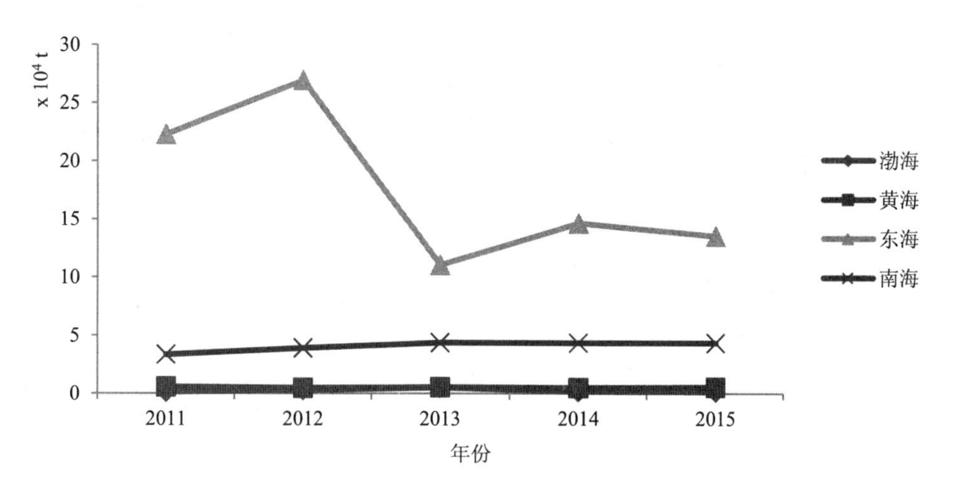

图 4-6　2011—2015 年四大海区入海河流总磷入海量

4.3 各省、自治区、直辖市入海河流污染物入海量

4.3.1 总体情况

各省份主要污染物入海量中，高锰酸盐指数入海量，河北、江苏、福建入海的河流总体呈下降趋势；天津、广西、广东、海南入海的河流呈上升趋势；上海、浙江入海的河流呈波动上升趋势；山东入海的河流呈下降趋势，但在 2013 年又有所反弹；辽宁入海的河流先上升后下降。见表 4-3。

表 4-3 各省份入海河流主要污染物入海量 单位：t

省份	年份	高锰酸盐指数	氨氮	石油类	总氮	总磷
辽宁	2011	138 266	15 392	828	62 278	2 139
	2012	155 599	15 724	2 463	84 934	3 014
	2013	202 317	18 112	2 401	195 301	4 502
	2014	87 375	8 923	957	68 818	1 902
	2015	62 974	8 862	518	51 300	1 980
河北	2011	1 780	1 186	16	1 856	66
	2012	1 702	338	4	736	38
	2013	1 715	304	4	995	26
	2014	1 534	429	3	868	38
	2015	852	305	2	641	34
天津	2011	12 792	2 731	35	5 926	451
	2012	16 770	3 433	84	8 399	959
	2013	16 417	5 907	34	13 268	840
	2014	17 045	7 336	71	14 028	630
	2015	14 501	4 843	44	12 182	750
山东	2011	8 668	2 866	219	8 245	420
	2012	6 388	1 532	112	5 633	288
	2013	76 006	7 311	160	55 947	1 782
	2014	8 383	1 858	160	9 742	353
	2015	7 343	1 860	198	8 031	335
江苏	2011	133 915	20 939	1 448	47 694	3 839
	2012	122 512	17 156	1 568	35 694	3 222
	2013	123 186	14 388	1 637	29 761	3 314
	2014	124 136	15 228	1 756	32 167	3 407
	2015	119 372	16 368	1 322	34 881	3 773

省份	年份	高锰酸盐指数	氨氮	石油类	总氮	总磷
上海	2011	1 952 959	387 725	23 424	1 990 018	208 442
	2012	2 494 290	304 848	35 794	2 242 860	250 038
	2013	1 500 233	185 047	23 165	1 577 443	93 441
	2014	2 505 454	144 071	24 760	2 281 053	126 590
	2015	2 295 812	144 799	25 493	2 724 820	114 791
浙江	2011	200 361	25 003	4 297	187 531	6 377
	2012	264 583	42 528	5 672	324 694	10 386
	2013	182 849	30 699	3 069	174 735	7 618
	2014	226 688	38 985	4 281	241 429	10 205
	2015	220 098	31 288	2 717	239 121	10 147
福建	2011	316 638	30 856	599	161 103	7 874
	2012	302 087	30 085	537	160 941	8 965
	2013	285 411	33 179	507	165 685	9 142
	2014	284 741	31 580	369	157 728	9 284
	2015	280 489	28 030	414	165 651	10 136
广东	2011	918 414	142 293	14 274	561 254	30 284
	2012	947 395	192 600	14 724	776 229	35 547
	2013	1 171 313	213 500	10 322	830 403	40 581
	2014	1 119 753	202 086	8 459	825 961	39 708
	2015	1 106 403	179 320	8 225	713 981	39 929
广西	2011	38 672	8 333	267	35 925	2 233
	2012	55 664	11 549	78	39 016	2 732
	2013	42 030	7 227	171	33 436	1 970
	2014	45 164	7 511	202	31 086	2 463
	2015	44 780	7 830	101	31 013	2 389
海南	2011	37 027	2 770	14	15 910	989
	2012	33 684	2 051	155	13 247	838
	2013	41 744	2 564	101	19 931	1 252
	2014	49 012	3 105	221	17 558	1 375
	2015	39 927	2 422	173	18 682	1 162

氨氮入海量，河北、江苏、上海、福建、广西、海南入海的河流总体呈下降趋势；辽宁、天津、广东入海的河流呈上升趋势；山东入海的河流在 2013 年反弹以外，呈下降趋势；浙江入海的河流呈波动上升趋势。

石油类入海量，河北、江苏、福建、广东、广西入海的河流总体呈下降趋势；天津、上海、海南入海的河流呈上升趋势；浙江入海的河流呈波动下降趋势；山东入海的河流呈下降趋势，在 2013 年又有所反弹；辽宁入海的河流先上升后下降。

总氮入海量，河北、江苏、浙江入海的河流总体呈下降趋势；天津、广东、海南入海的河流呈上升趋势；辽宁入海的河流先上升后下降；上海、福建入海的河流呈波动上升趋势；山东、广西入海的河流呈下降趋势，但在2013年又有所反弹。

总磷入海量，河北、江苏入海的河流总体呈下降趋势；天津、浙江、广东、福建、广西、海南入海的河流呈上升趋势；辽宁入海的河流先上升后下降；山东入海的河流呈下降趋势，但在2013年又有所反弹由入海的河流；上海呈波动状下降趋势。

4.3.2 辽宁

辽宁入海河流主要污染物入海量与入海水量呈显著正相关，2013年由于入海水量较高，各项入海污染物总量增高。高锰酸盐指数和总氮为主要入海污染物，鸭绿江、大辽河、辽河入海量最大。高锰酸盐指数、氨氮、总氮、总磷、石油类均是先上升后下降。

19条河流中，鸭绿江、大辽河、辽河、大凌河4条主要河流污染物入海量较大，占入海总量的90%以上。尽管鸭绿江各项指标浓度均符合Ⅱ类水质标准，但其水量比其他河流大数倍甚至数百倍以上，故其高锰酸盐指数、总氮、氨氮等入海量均列第1位。

4.3.3 河北

河北入海河流主要污染物入海量呈现下降的趋势，2015年较2011年均有了大幅削减，高锰酸盐指数、氨氮、石油类、总氮、总磷的入海量分别减少了 52.2%、74.3%、90.6%、65.5%和 48.0%。沧州市境内河流的主要污染物入海量最大，沧州市各项污染物的入海量占全省的50%以上。

4.3.4 天津

天津参与入海污染物总量核算的河流为海河、独河减河和永定新河。高锰酸盐指数、氨氮、石油类、总氮和总磷入海总量整体较波动，总体呈上升趋势，2015年较2011年分别上升了13.4%、77.4%、24.6%、105.6%和66.2%。

4.3.5 山东

山东入海河流主要污染物入海量总体呈下降趋势，2013年由于黄河入海量参与核算，水量较大，各项污染物总量较其他年份大幅度增加。高锰酸盐指数、氨氮、石油类、总氮、总磷的入海量2015年较2011年分别减少了15.3%、35.1%、9.2%、2.6%和20.2%。

4.3.6 江苏

江苏入海河流主要污染物入海量总体呈下降趋势。高锰酸盐指数、氨氮、石油类、总氮、总磷的入海量2015年较2011年分别减少了10.9%、21.8%、8.7%、26.9%和1.7%，射阳河、灌河和新洋港污染物入海总最大，占全省40%以上。

4.3.7 上海

上海入海河流长江主要污染物入海量，2013年由于入海水量减少，污染物入海量较其他年份明显减少。高锰酸盐指数、石油类、总氮总体呈上升趋势，2015年较2011年分别上升了 17.6%、8.8%和 36.9%；氨氮和总磷入海量呈下降趋势，2015 年较 2011 年分别下降了 62.7%和 44.9%。

4.3.8　浙江

浙江入海河流主要污染物入海量，2013 年由于入海水量减少，各项污染物入海量较其他年份明显减少，主要污染物高锰酸盐指数、氨氮、总氮和总磷总体呈上升趋势，2015 年较 2011 年分别上升了 9.9%、25.1%、27.5%和 59.1%，石油类下降，2015 年较 2011 年下降了 36.8%，钱塘江、瓯江和曹娥江污染物入海总量最大，占全省 70%左右。

4.3.9　福建

福建入海河流主要污染物入海量，高锰酸盐指数、氨氮和石油类呈下降趋势，2015 年较 2011 年下降 11.4%、9.2%和 30.8%，总氮和总磷呈上升趋势，2015 年较 2011 年分别上升了 2.8%和 28.7%，闽江、九龙江和交溪污染物入海量最大，占全省 70%以上。

4.3.10　广东

广东入海河流主要污染物入海量，高锰酸盐指数、氨氮、总氮和总磷呈上升趋势，2015 年较 2011 年上升了 20.5%、26.0%、27.2%和 31.8%，石油类呈下降趋势，2015 年较 2011 年下降了 42.4%，东南江支流、珠江水系污染物入海量最大，占全省 80%以上。

4.3.11　广西

广西入海河流主要污染物入海量，高锰酸盐指数和总磷呈上升趋势，2015 年较 2011 年上升了 15.8%和 7.0%，石油类、氨氮和总氮呈下降趋势，2015 年较 2011 年下降了 6.0%、62.0%和 13.7%，南流江和钦江污染物入海量最大，占全省 50%以上。

4.3.12　海南

海南 20 条河流中有 9 条河参与污染物入海量核算，主要污染物入海量，高锰酸盐指数、石油类、总氮和总磷呈上升趋势，2015 年较 2011 年上升了 7.8%、11.4%、17.4%和 17.5%，氨氮呈下降趋势，2015 年较 2011 年下降了 12.6%，南渡江、海甸溪和万泉河污染物入海量最大，占全省 80%以上。

4.4　主要入海河流污染物入海量

长江朝阳农场监测断面各项污染物入海量最大，占全国的入海河流入海量的一半以上。入海河流入海量前十位的河流断面为长江朝阳农场、珠江磨刀门水道、东江南支流沙田泗盛、闽江闽安、珠江莲花山、珠江横门水道、钱糖江闸口、鸭绿江厦子沟、珠江鸡啼门水道和潭江苍山渡口，见表 4-4。

表 4-4 主要入海河流污染物入海量

断面名称	年份	高锰酸盐指数/（万 t/a）	氨氮/（万 t/a）	石油类/（万 t/a）	总氮/（万 t/a）	总磷/（万 t/a）
长江 朝阳农场	2011	195.30	38.77	2.34	199.00	20.84
	2012	249.43	30.48	3.58	224.29	25.00
	2013	150.02	18.50	2.32	157.74	9.34
	2014	250.55	14.41	2.48	228.11	12.66
	2015	229.58	14.48	2.55	272.48	11.48
珠江 磨刀门水道	2011	22.15	0.56	0.31	3.48	0.71
	2012	21.46	3.65	0.37	6.75	0.62
	2013	27.97	3.39	0.36	6.57	0.49
	2014	30.43	2.45	0.28	4.17	0.67
	2015	32.00	2.38	0.29	3.93	0.64
东江南支流 沙田泗盛	2011	6.57	1.26	0.06	5.17	0.22
	2012	5.50	0.87	0.02	4.70	0.18
	2013	16.56	5.09	0.08	15.69	0.75
	2014	30.83	9.94	0.20	33.37	1.43
	2015	28.26	9.47	0.17	27.51	1.56
闽江 闽安	2011	21.29	1.41	0.00	9.06	0.39
	2012	19.75	1.32	0.00	9.85	0.44
	2013	18.67	1.15	0.00	9.83	0.46
	2014	19.40	1.05	0.00	9.65	0.48
	2015	18.65	0.90	0.00	9.68	0.47
珠江 莲花山	2011	19.74	5.78	0.74	15.99	0.68
	2012	22.08	6.35	0.64	24.75	0.99
	2013	16.59	5.51	0.18	20.97	0.86
	2014	8.59	2.56	0.06	11.52	0.41
	2015	6.29	1.13	0.05	7.31	0.21
珠江 横门水道	2011	13.65	3.42	0.14	16.02	0.50
	2012	12.30	2.98	0.16	17.94	0.58
	2013	9.43	1.66	0.14	15.11	0.42
	2014	7.92	0.98	0.08	11.67	0.38
	2015	7.53	1.18	0.06	11.19	0.50
钱塘江 闸口	2011	11.33	1.23	0.10	10.51	0.30
	2012	12.79	1.71	0.06	15.00	0.50
	2013	9.14	1.35	0.14	8.94	0.38
	2014	9.42	1.86	0.14	11.58	0.47
	2015	10.31	1.74	0.14	10.87	0.42

断面名称	年份	高锰酸盐指数/（万 t/a）	氨氮/（万 t/a）	石油类/（万 t/a）	总氮/（万 t/a）	总磷/（万 t/a）
鸭绿江 厦子沟	2011	12.58	0.90	0.10	8.93	0.14
	2012	9.46	0.74	0.03	4.03	0.11
	2013	9.23	0.39	0.07	3.98	0.10
	2014	5.52	0.48	0.05	4.08	0.07
	2015	2.89	0.52	0.00	2.31	0.09
珠江 鸡啼门水道	2011	5.98	0.26	0.07	1.19	0.21
	2012	5.47	1.11	0.09	2.17	0.23
	2013	7.01	0.85	0.08	1.52	0.24
	2014	7.90	0.69	0.06	0.99	0.15
	2015	9.46	0.51	0.06	0.85	0.14
潭江 苍山渡口	2011	6.47	0.88	0.06	5.23	0.12
	2012	5.53	0.72	0.05	5.10	0.12
	2013	6.39	0.99	0.05	5.15	0.18
	2014	5.42	0.70	0.04	4.52	0.17
	2015	5.52	0.61	0.04	4.89	0.17

第五章 直排海污染源调查与监测结果

5.1 全国直排海污染源总体情况

5.1.1 直排海污染源数量及达标评价

2011—2015 年，全国沿海地区 11 个省、直辖市、自治区（不计港、澳、台地区）均对直排海污染源开展了日常监测，监测的直排海污染源数量逐年减少，2011 年最多，为 432 个，2015 年最少，为 401 个。

2011—2015 年，日排污水量大于 100 m^3 的直排海工业污染源数量逐年减少，2011 年最多，为 214 个，2015 年最少，为 154 个；日排污水量大于 100 m^3 的直排海生活污染源数量变化不大；日排污水量大于 100 m^3 的直排海综合污染源数量逐年增加，2011 年最少，为 163 个，2014 年、2015 年增至 191 个，见表 5-2。

2011—2015 年，全国日排污水量大于 100 m^3 的直排海污染源全年各次监测均达标所占比例（以下简称：全年均达标比例或达标率）为 66.5%～72.6%；直排海工业、生活、综合污染源全年均达标比例分别为 78.0%～85.6%、46.4%～66.7%、56.4%～60.8%。

5.1.2 主要污染物入海量

2011—2015 年，开展污水及主要污染物入海量监测的直排海污染源数量情况如下：开展污水量、COD、石油类、氨氮、总氮、总磷监测的直排海污染源数量分别为 401～427 个、401～427 个、252～415 个、401～425 个、284～415 个、305～415 个，开展总汞、六价铬、总铅、总镉等重金属监测的直排海污染源数量分别为 366～425 个、354～425 个、379～425 个、377～425 个。

2011—2015 年，全国直排海污染源污水排放量为 47.37 亿～63.84 亿 t，2011 年排放量最小，2013 年最大；COD、石油类、氨氮、总氮、总磷排放量分别为 21 万～22.1 万 t、824～1 636 t、1.48 万～2.02 万 t、56 539～67 783 t、2 841～3 149 t。总的来看，2011—2015 年，全国直排海污染源污水、COD、石油类排放量均先增加后减少，氨氮有所下降，总氮总体增加较多，总磷先降低后增加。见表 5-1、图 5-1～图 5-6。

表 5-1 直排海污染源达标比例及主要污染物入海量

类型	年份	排口个数	达标率/%	污水量/（亿 t/a）	COD/（万 t/a）	石油类/（t/a）	氨氮/（万 t/a）	总氮/（t/a）	总磷/（t/a）	总汞/（kg/a）	六价铬/（kg/a）	总铅/（kg/a）	总镉/（kg/a）
合计	2011	432	67.1	47.37	21	907	2.02	57 187	3 047	322	451	3 017	879
	2012	425	71.3	55.99	21.8	1 026	1.71	56 539	2 921	228	2 753	4 587	826
	2013	423	72.6	63.84	22.1	1 636	1.69	62 834	2 841	213	1 908	7 681	392
	2014	415	66.5	63.11	21.1	1 199	1.48	63 825	3 126	281	1 611	5 801	864
	2015	401	66.6	62.45	21	824	1.54	67 783	3 149	190	1 089	18 087	623
直排海工业污染源	2011	214	78.0	12.88	2.4	127	0.09	1 824	56	3	141	38	19
	2012	195	85.6	17.68	2.8	106	0.13	3 482	80	2	247	730	11
	2013	183	86.3	22.92	2.7	136	0.12	4 575	105	8	178	1 339	30
	2014	168	79.8	21.29	2.9	112	0.1	3 294	141	7	69	750	206
	2015	154	81.8	20.46	2.6	98	0.08	3 573	103	2	96	1 370	50
直排海生活污染源	2011	55	56.4	6.19	2.9	172	0.37	9 805	544	19	113	1 276	46
	2012	55	54.5	6.9	4	225	0.38	10 891	645	16	268	1 216	153
	2013	51	66.7	8.14	4.4	559	0.35	9 513	694	21	211	2 902	112
	2014	56	62.5	7.08	2.5	162	0.29	7 764	514	36	244	2 097	161
	2015	56	46.4	6.22	2.4	150	0.28	7 238	439	25	11	530	51
直排海综合污染源	2011	163	56.4	28.3	15.7	608	1.56	45 559	2 447	300	197	1 703	814
	2012	175	60.6	31.41	15	695	1.2	42 166	2 196	210	2 238	2 641	662
	2013	189	60.8	32.78	15	941	1.22	48 746	2 042	184	1 519	3 440	250
	2014	191	56.0	34.74	15.7	925	1.09	52 767	2 471	238	1 298	2 954	497
	2015	191	60.2	35.77	16	576	1.18	56 973	2 607	163	982	16 187	522

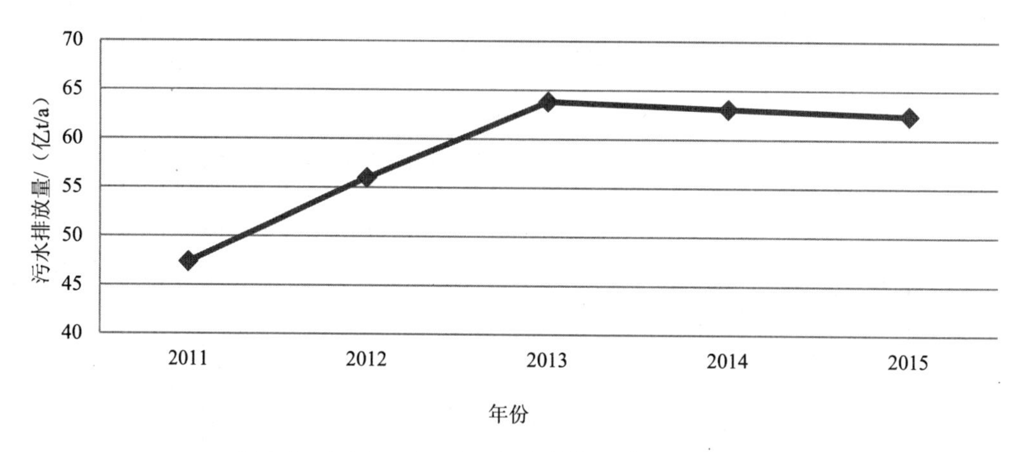

图 5-1 2011—2015 年全国直排海污染源污水排放量

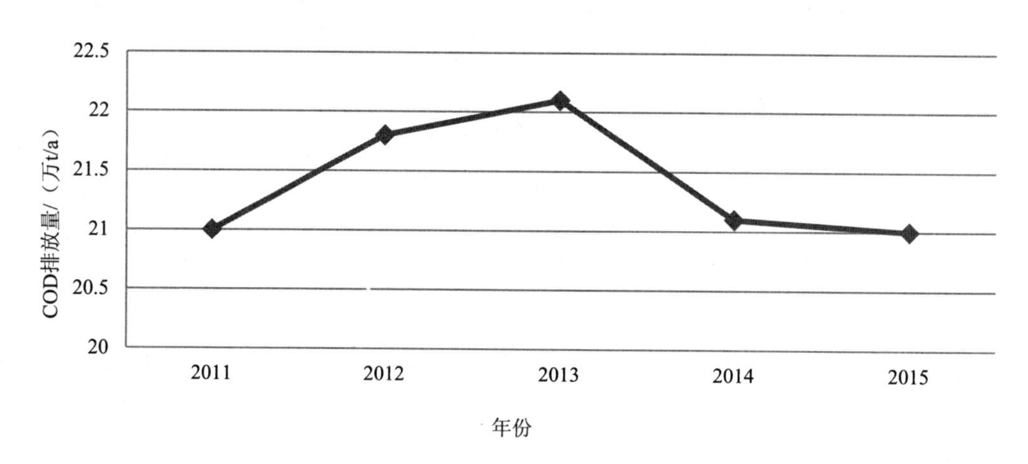

图 5-2 2011—2015 年全国直排海污染源 COD 排放量

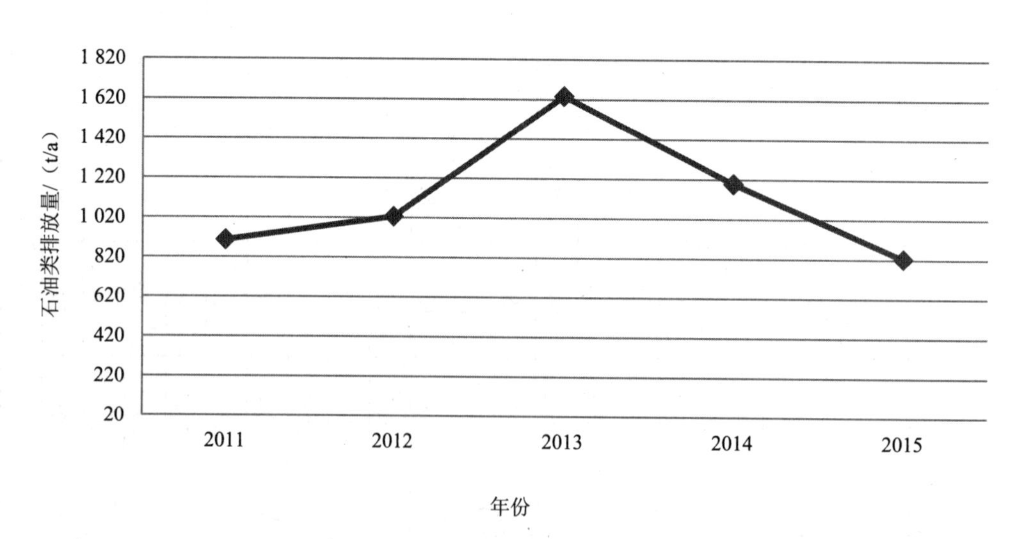

图 5-3 2011—2015 年全国直排海污染源石油类排放量

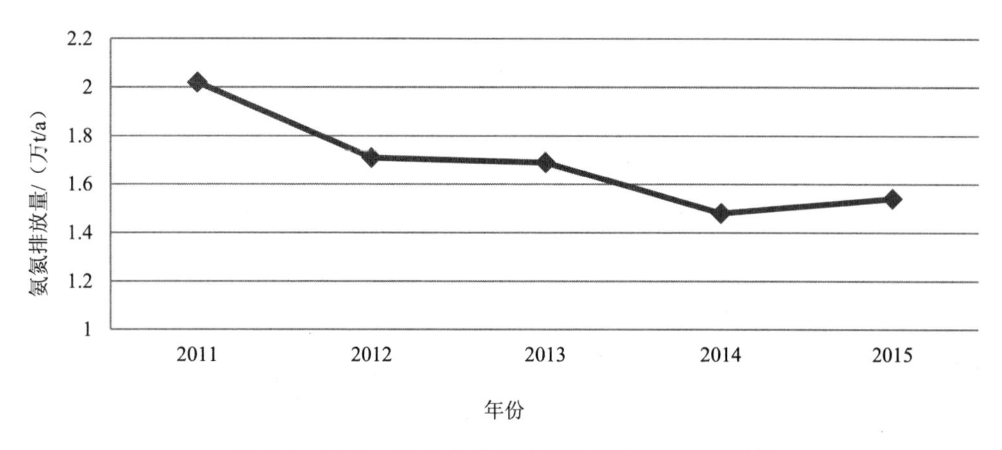

图 5-4　2011—2015 年全国直排海污染源氨氮排放量

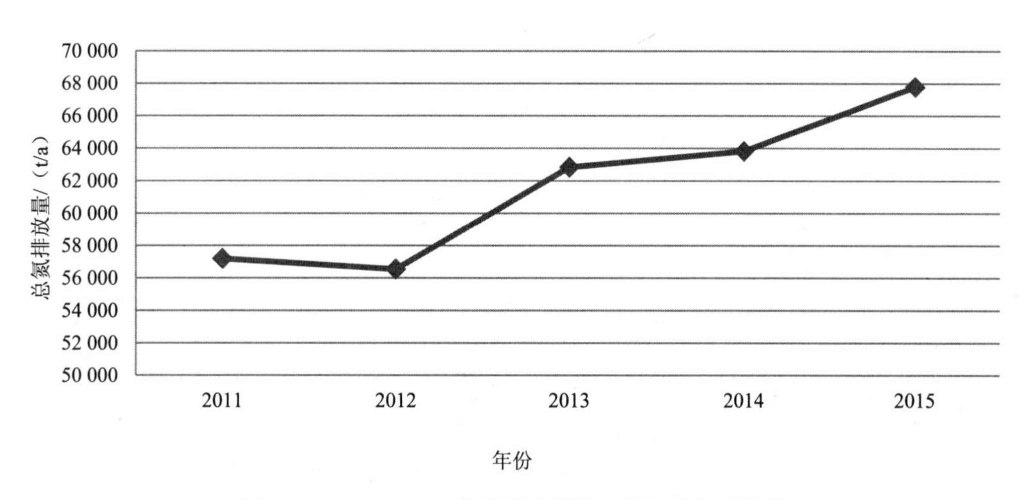

图 5-5　2011—2015 年全国直排海污染源总氮排放量

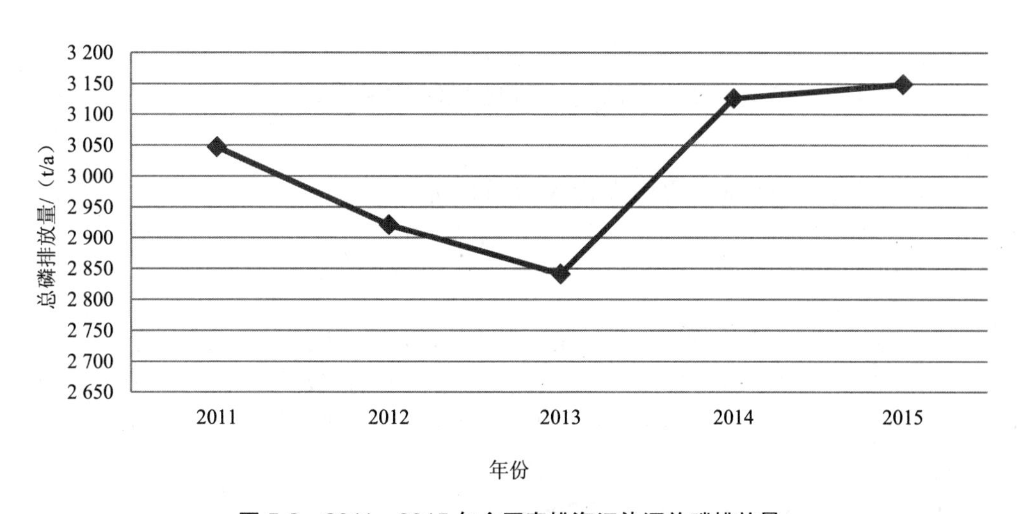

图 5-6　2011—2015 年全国直排海污染源总磷排放量

2011—2015 年，全国直排海污染源总汞、六价铬、总铅、总镉排放量分别为 190～322 kg、451～2 753 kg、3 017～18 087 kg、623～879 kg。见图 5-7、图 5-8。

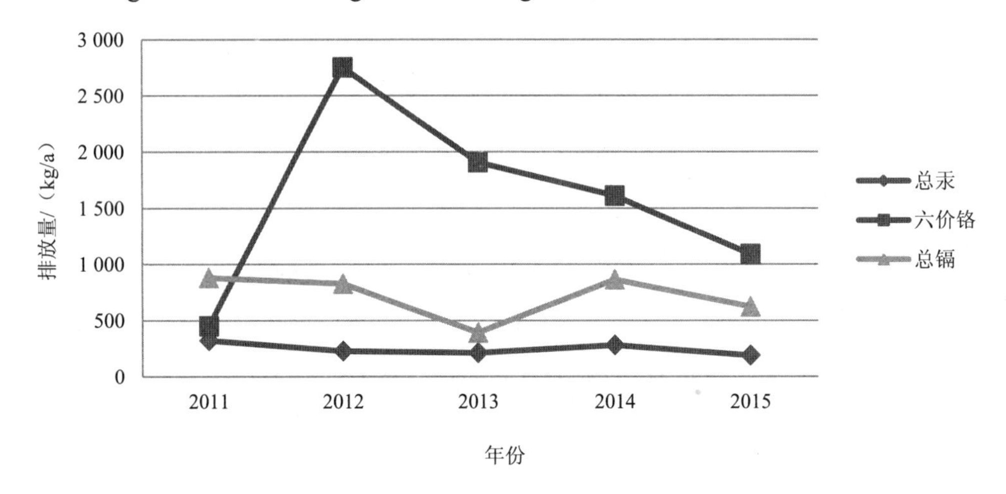

图 5-7 2011—2015 年全国直排海污染源总汞、六价铬、总镉排放量

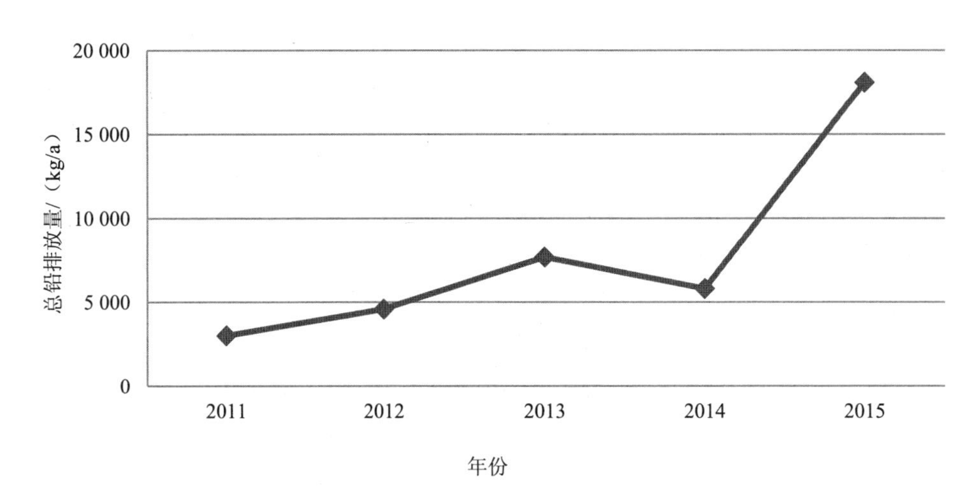

图 5-8 2011—2015 年全国直排海污染源总铅排放量

5.1.3 各类直排海污染源主要污染物入海量评价

5.1.3.1 直排海工业污染源

2011—2015 年，全国直排海工业污染源污水排放量为 12.88 亿～22.92 亿 t，2011 年排放量最小，2013 年最大；COD、石油类、氨氮、总氮、总磷排放量分别为 2.4 万～2.9 万 t、98～136 t、0.09 万～0.13 万 t、1 824～4 575 t、56～141bt。见图 5-9～图 5-14。

2011—2015 年，全国直排海工业污染源总汞、六价铬、总铅、总镉排放量分别为 2～8 kg、69～247 kg、38～1 370 kg、11～206 kg。

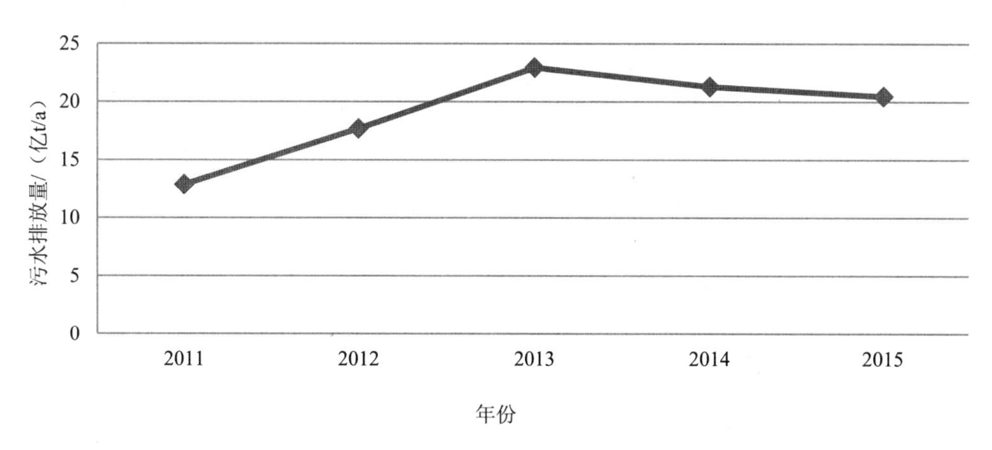

图 5-9　2011—2015 年全国直排海工业污染源污水排放量

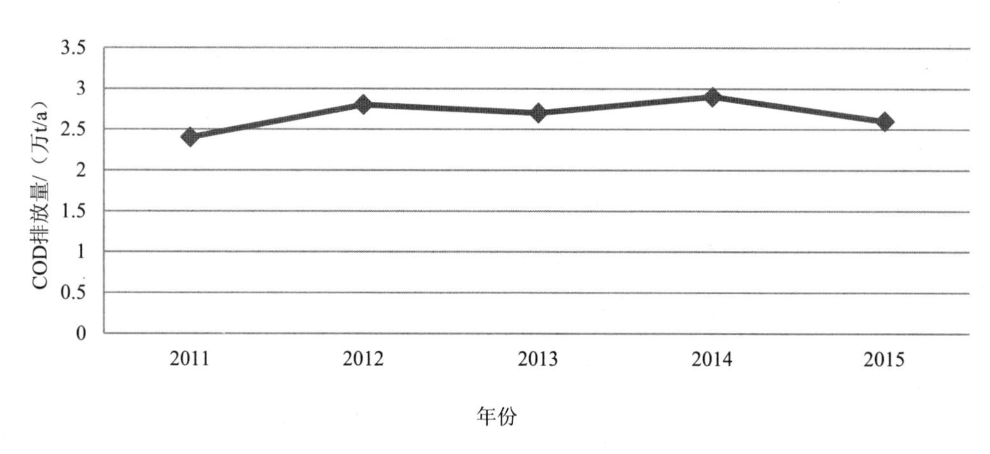

图 5-10　2011—2015 年全国直排海工业污染源 COD 排放量

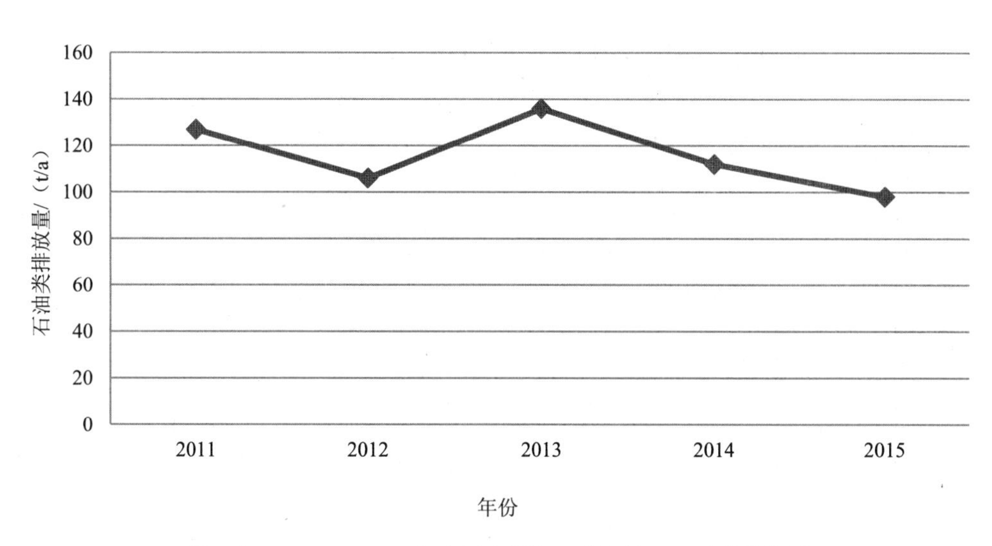

图 5-11　2011—2015 年全国直排海工业污染源石油类排放量

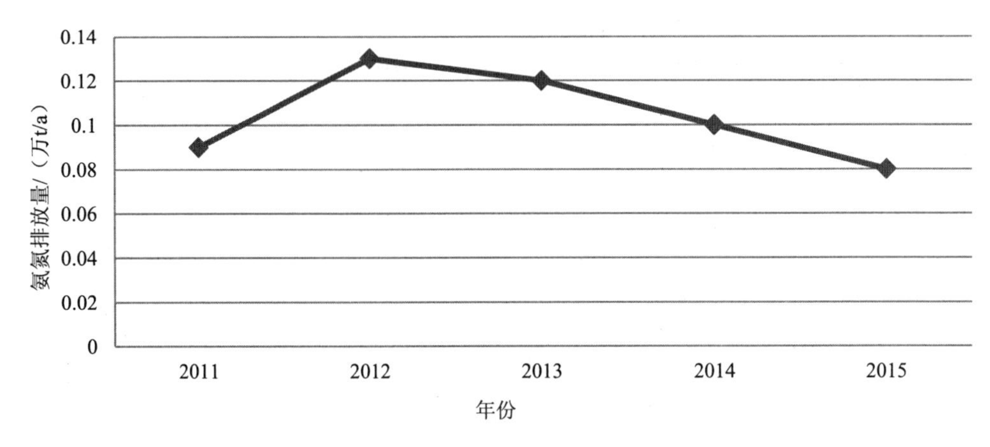

图 5-12 2011—2015 年全国直排海工业污染源氨氮排放量

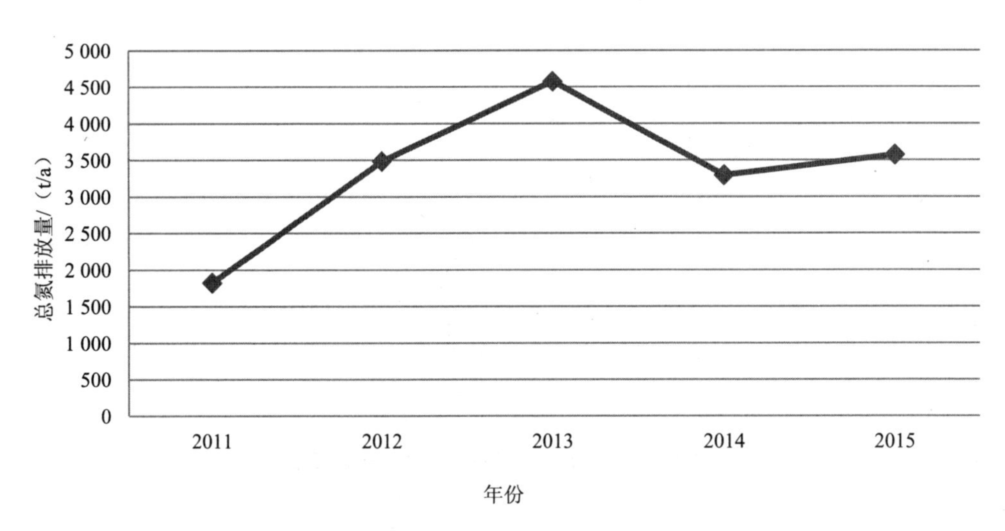

图 5-13 2011—2015 年全国直排海工业污染源总氮排放量

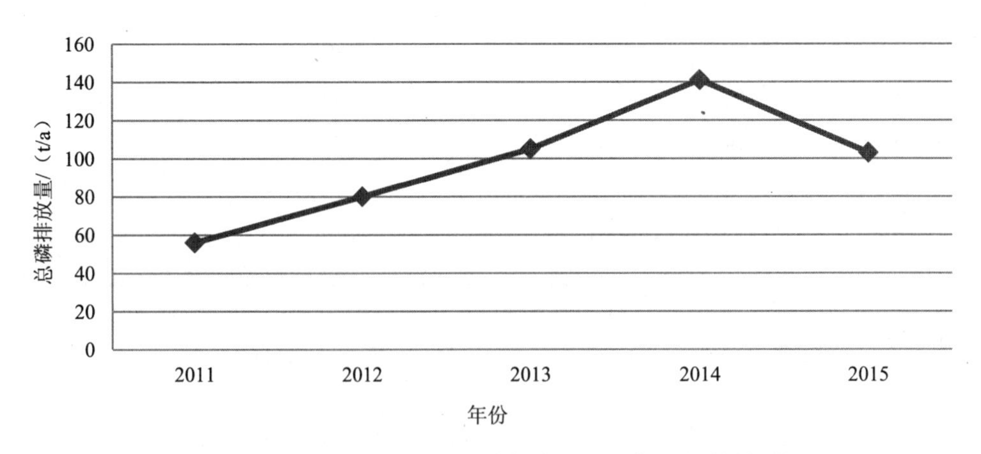

图 5-14 2011—2015 年全国直排海工业污染源总磷排放量

5.1.3.2　直排海生活污染源

2011—2015 年，全国直排海生活污染源污水排放量为 6.19 亿～8.14 亿 t，2011 年排放量最小，2013 年最大；COD、石油类、氨氮、总氮、总磷排放量分别为 2.4 万～4.4 万 t、150～599 t、0.28～0.38 万 t、7 238～10 891 t、439～694 t。见图 5-15～图 5-20。

2011—2015 年，全国直排海生活污染源总汞、六价铬、总铅、总镉排放量分别为 16～36 kg、11～268 kg、530～2 902 kg、46～161 kg。

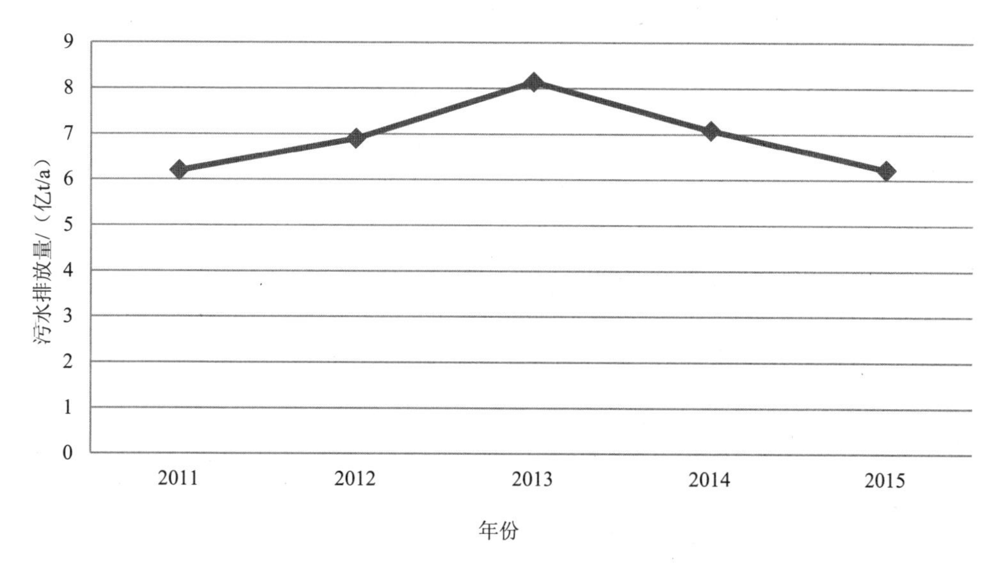

图 5-15　2011—2015 年全国直排海生活污染源污水排放量

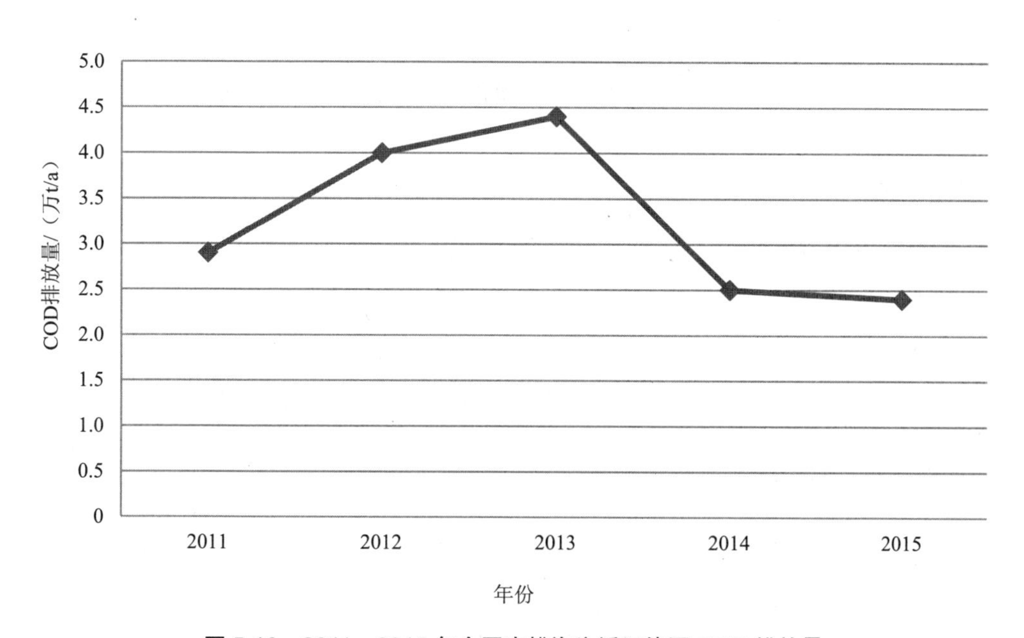

图 5-16　2011—2015 年全国直排海生活污染源 COD 排放量

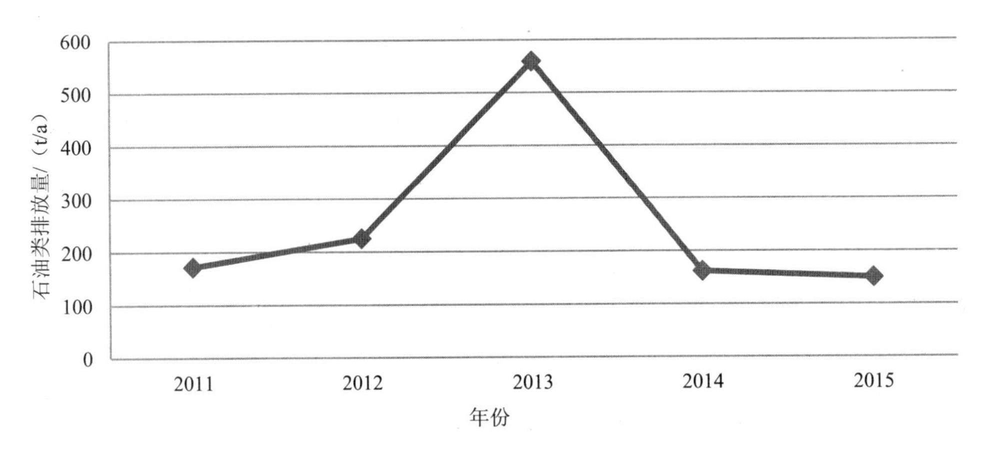

图 5-17　2011—2015 年全国直排海生活污染源石油类排放量

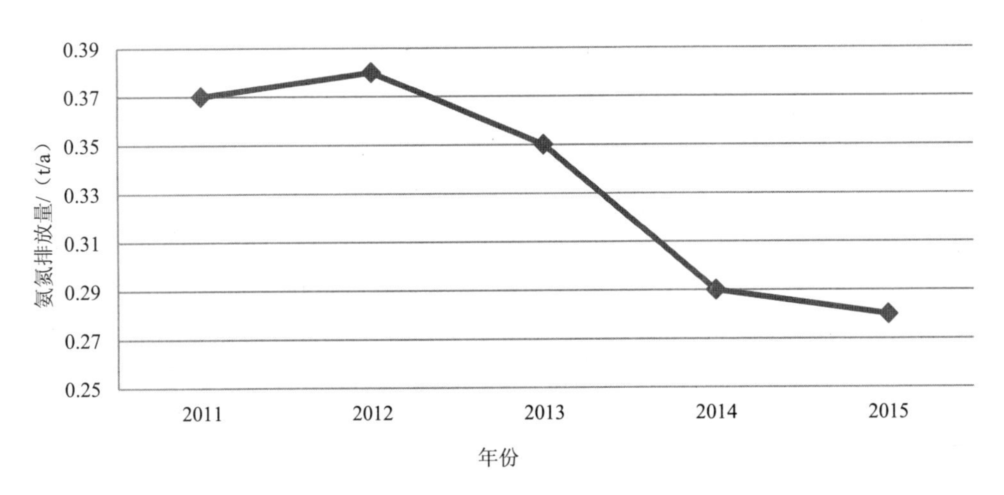

图 5-18　2011—2015 年全国直排海生活污染源氨氮排放量

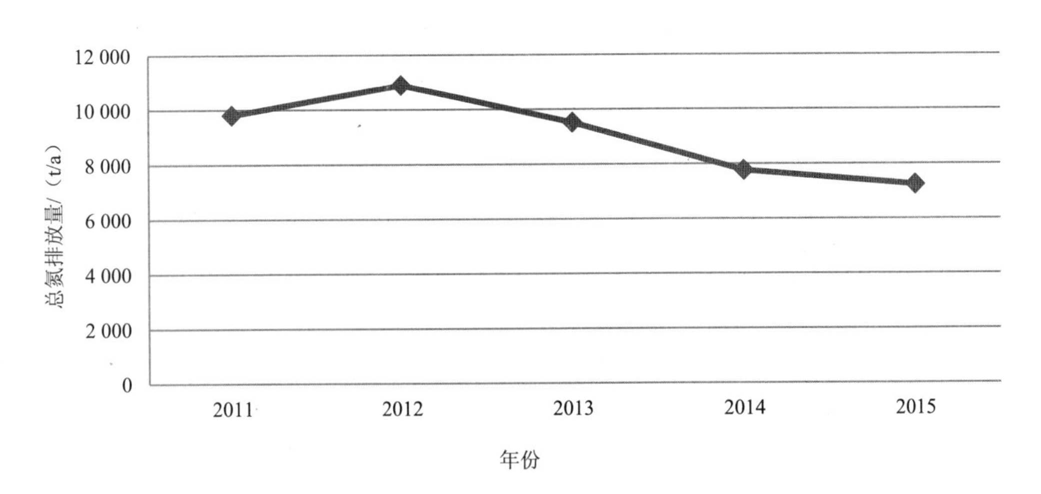

图 5-19　2011—2015 年全国直排海生活污染源总氮排放量

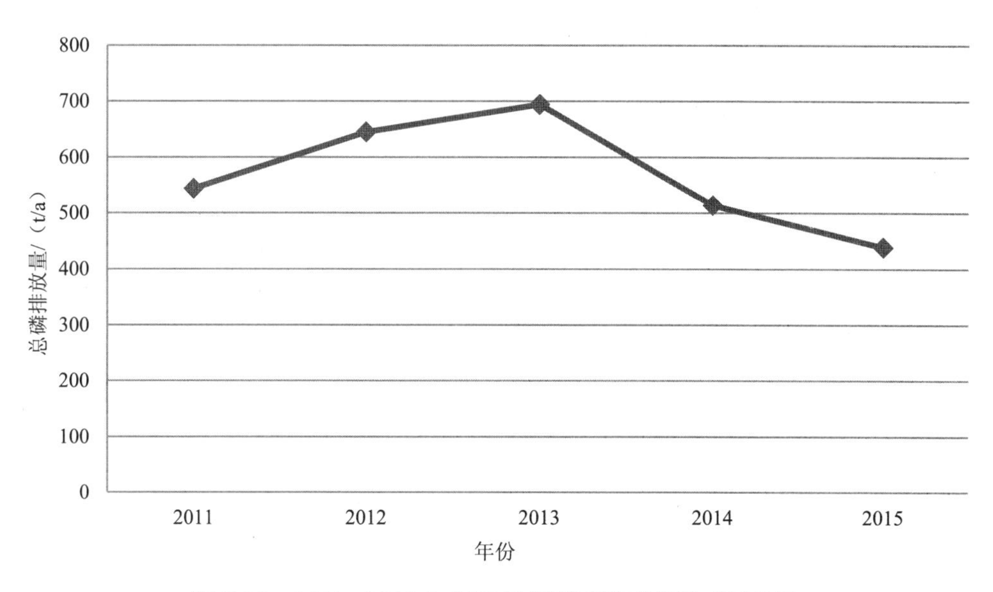

图 5-20　2011—2015 年全国直排海生活污染源总磷排放量

5.1.3.3　直排海综合污染源

2011—2015 年，全国直排海综合污染源污水排放量为 28.3 亿～35.77 亿 t，逐年增加；COD、石油类、氨氮、总氮、总磷排放量分别为 15 万～15.7 万 t、576～941 t、1.09 万～1.56 万 t、42 166～56 973 t、2 042～2 607 t。见图 5-21～图 5-26。

2011—2015 年，全国直排海综合污染源总汞、六价铬、总铅、总镉排放量分别为 163～300 kg、197～2 238 kg、1 703～16 187 kg、250～814 kg。

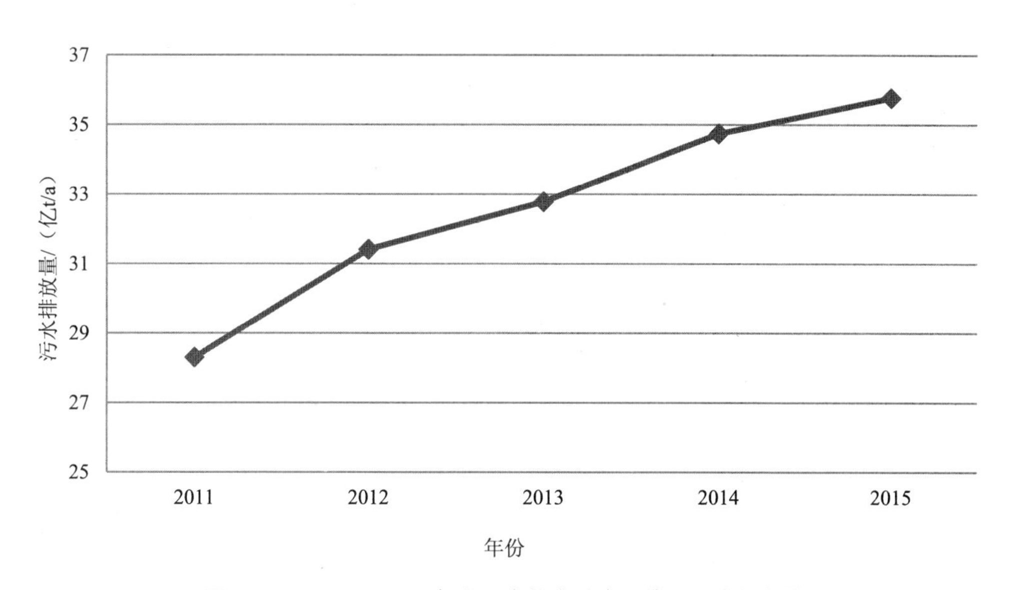

图 5-21　2011—2015 年全国直排海综合污染源污水排放量

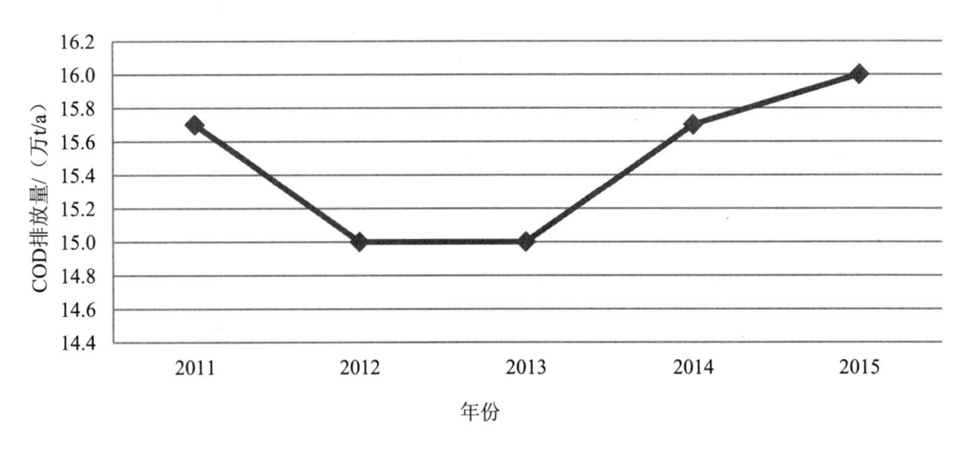

图 5-22 2011—2015 年全国直排海综合污染源 COD 排放量

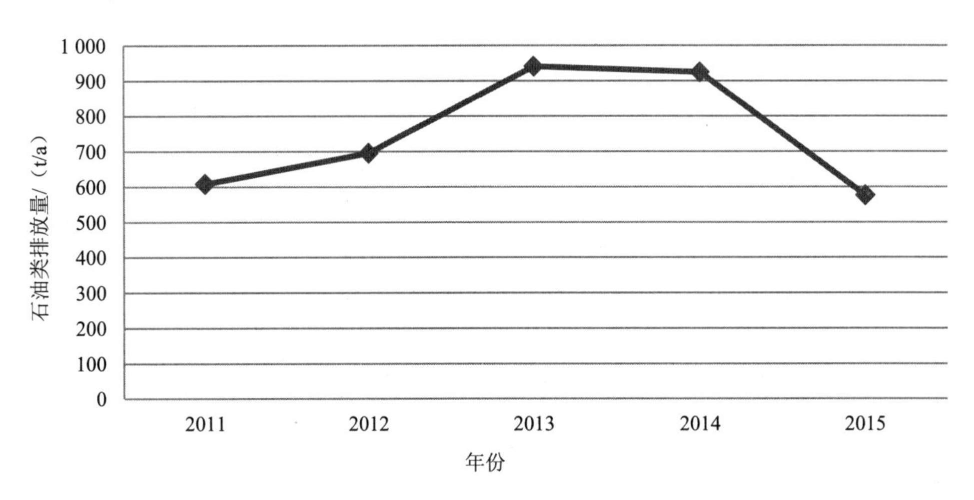

图 5-23 2011—2015 年全国直排海综合污染源石油类排放量

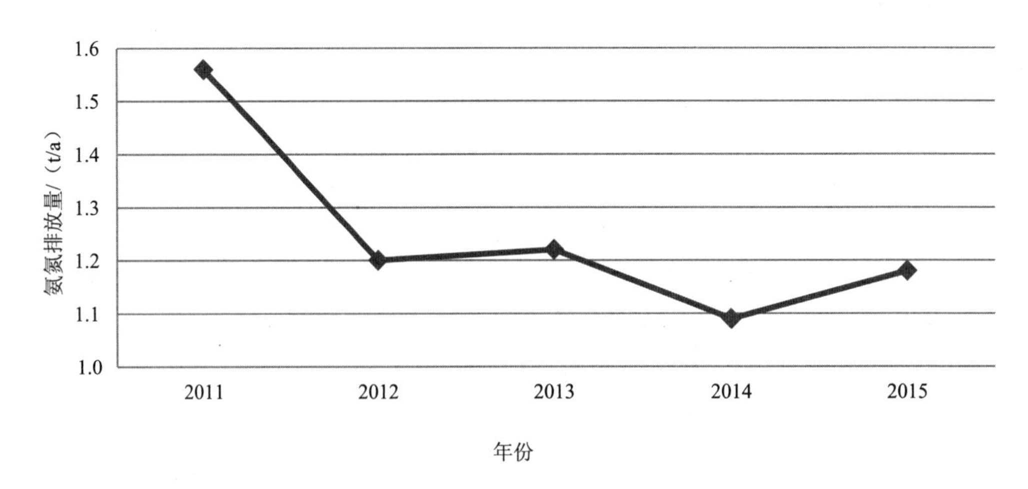

图 5-24 2011—2015 年全国直排海综合污染源氨氮排放量

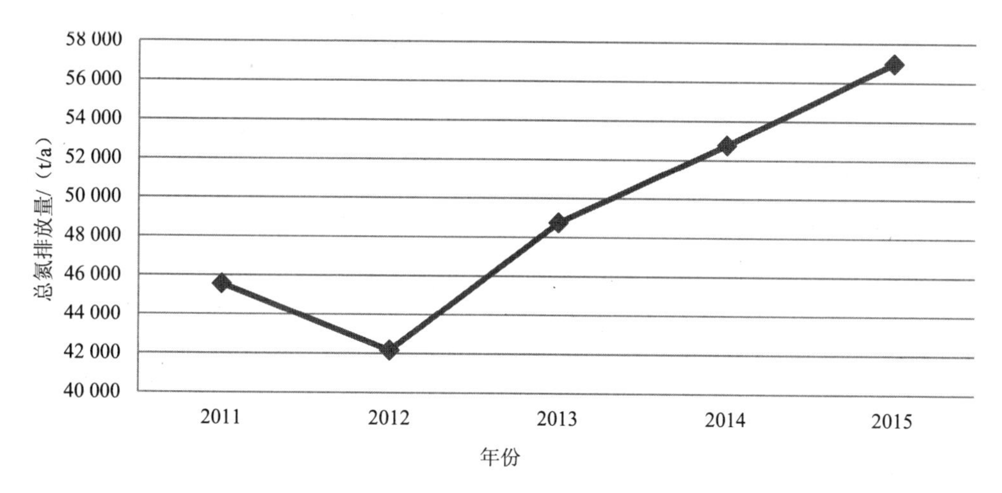

图 5-25　2011—2015 年全国直排海综合污染源总氮排放量

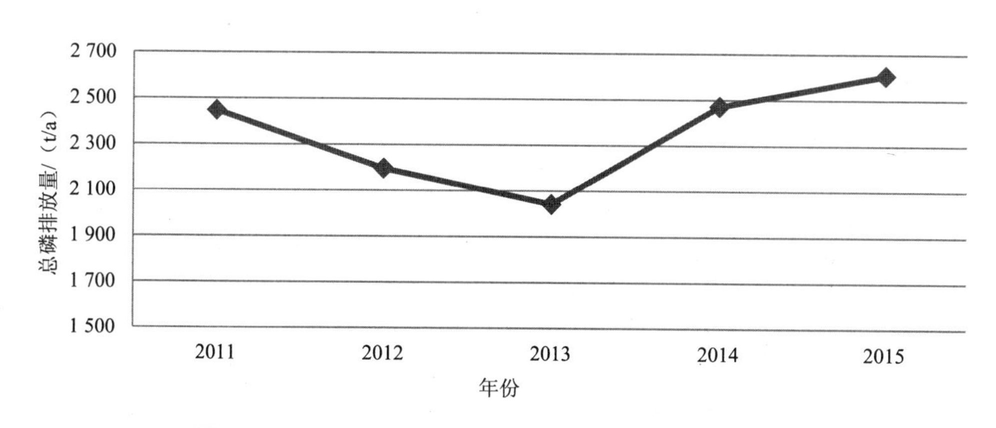

图 5-26　2011—2015 年全国直排海综合污染源总磷排放量

5.2　各海区直排海污染源调查与监测结果

各海区各类型直排海污染源监测结果见表 5-2。

5.2.1　直排海污染源数量及达标评价

2011—2015 年，渤海直排海污染源数量为 46～55 个，2011 年最少，2012 年最多；黄海直排海污染源数量为 66～80 个，2011 年最多，2015 年最少；东海直排海污染源数量为 150～199 个，2011 年最多，2015 年最少；南海直排海污染源数量为 105～134 个，2012 年最少，2014 年、2015 年均为 134 个。

2011—2015 年，四大海区中，东海直排海污染源数量比例最大，为 39%～45%，南海次之，所占比例为 25%～33%，渤海最少，所占比例为 11%～13%。见图 5-27。

2011—2015 年，四大海区直排海污染源全年均达标比例如下：渤海 21%～25%，黄海 15%～22%，东海 54%～95%，南海 28%～34%。

表 5-2 各海区各类型直排海污染源监测结果

海区	类型	年份	排口数	达标率/%	污水量/亿 m^3	COD/万 t	石油类/（t/a）	氨氮/（t/a）	总氮/（t/a）	总磷/（t/a）	总汞/（kg/a）	六价铬/（kg/a）	总铅/（kg/a）	总镉/（kg/a）
渤海	工业	2011	24	87.5	2 462	1 321	30	89	47	2	0.30	8.97	22.41	0.47
		2012	28	89.3	3 051	1 175	22	94	121	9	0.09	15.80	4.20	0.61
		2013	27	92.6	4 969	1 796	22	151	489	6	0.84	0.26	16.15	1.37
		2014	25	88.0	5 048	1 759	13	118	29	1	0.54	0.00	563.36	0.66
		2015	23	100.0	5 063	1 686	2	78	53	2	1.35	29.90	1 124.62	0.59
	生活	2011	5	0.0	449	469	0	98	104	11	0.92	24.69	0.00	0.24
		2012	5	0.0	449	431	0	102	123	12	0.09	8.27	0.41	0.04
	综合	2011	17	58.8	13 736	7 797	29	948	1 924	121	3.32	0.00	0.04	0.04
		2012	22	59.1	14 641	4 900	13	866	1 973	70	4.48	11.00	75.37	1.87
		2013	26	46.2	15 663	10 300	14	1 406	2 745	174	9.92	13.82	668.76	0.50
		2014	27	44.4	24 888	16 898	17	1 998	4 632	246	19.43	53.94	447.13	0.62
		2015	28	35.7	16 854	18 823	17	3 911	7 142	349	6.89	386.31	963.34	1.67
	合计	2011	46	67.4	1.66	1.0	59	1 135	2 075	134	4.5	33.7	22.5	0.7
		2012	55	69.1	1.81	0.7	36	1 062	2 217	91	4.7	35.1	80.0	2.5
		2013	53	69.8	2.06	1.2	36	1 557	3 233	180	10.8	14.1	684.9	1.9
		2014	52	65.4	2.99	1.9	29	2 117	4 661	247	20.0	53.9	1 010.5	1.3
		2015	51	64.7	2.19	2.1	19	3 989	7 194	351	8.2	416.2	2 088.0	2.3
黄海	工业	2011	35	62.9	26 221	4 717	31	141	844	26	0.22	14.35	4.33	13.65
		2012	23	82.6	25 925	5 814	26	203	708	21	0.05	10.26	0.67	0.00
		2013	21	81.0	23 195	3 423	31	145	578	24	0.73	2.15	78.26	20.09
		2014	19	100.0	26 183	4 983	18	156	500	25	0.02	2.13	0.00	0.00
		2015	17	88.2	22 090	4 968	14	161	600	22	0.40	4.60	1.65	0.00
	生活	2011	13	30.8	7 840	13 465	8	1 393	2 303	174	0.18	0.00	0.00	0.00
		2012	12	8.3	12 877	23 532	30	1 717	3 534	294	0.39	0.00	2.43	0.00

海区	类型	年份	排口数	达标率/%	污水量/亿 m^3	COD/万 t	石油类/（t/a）	氨氮/（t/a）	总氮/（t/a）	总磷/（t/a）	总汞/（kg/a）	六价铬/（kg/a）	总铅/（kg/a）	总镉/（kg/a）
黄海	生活	2013	11	9.1	18 855	28 822	162	1 973	2 904	285	1.12	0.00	6.62	0.75
		2014	9	11.1	10 820	10 166	39	1 129	1 583	161	0.36	0.00	0.00	0.00
		2015	9	0.0	9 924	13 399	35	1 521	2 507	197	0.10	8.59	0.00	0.00
	综合	2011	32	75.0	56 885	24 717	19	2 505	5 875	441	22.42	2.14	127.58	5.98
		2012	40	80.0	66 328	24 776	47	1 665	6 297	360	20.07	165.28	70.00	26.79
		2013	39	87.2	68 355	22 807	42	1 725	6 151	353	24.03	120.47	70.20	15.13
		2014	40	77.5	68 810	23 587	28	1 562	7 642	290	33.84	146.37	104.18	238.41
		2015	40	87.5	72 661	23 341	34	1 529	8 315	306	31.94	129.04	1.29	8.28
	合计	2011	80	62.5	9.09	4.3	58	4 040	9 022	640	22.8	16.5	131.9	19.6
		2012	75	69.3	10.51	5.4	103	3 586	10 538	675	20.5	175.5	73.1	26.8
		2013	71	73.2	11.04	5.5	236	3 842	9 633	662	25.9	122.6	155.1	36.0
		2014	68	75.0	10.58	3.9	85	2 846	9 725	475	34.2	148.5	104.2	238.4
		2015	66	75.8	10.47	4.2	83	3 210	11 422	525	32.4	142.2	2.9	8.3
东海	工业	2011	118	80.5	93 328	14 138	45	495	535	21	0.49	116.85	4.55	3.85
		2012	108	88.0	139 317	16 446	54	759	2 019	33	1.08	219.85	677.85	8.62
		2013	91	91.2	167 032	16 488	71	600	1 651	29	2.39	173.35	705.21	5.99
		2014	78	76.9	168 218	16 989	74	475	2 151	92	3.55	67.15	126.08	202.17
		2015	69	78.3	168 389	15 049	78	379	2 563	69	0.00	50.55	232.93	46.80
	生活	2011	10	90.0	2 254	843	5	92	427	24	0.08	0.06	72.17	2.76
		2012	10	80.0	6 012	4 213	30	737	2 063	90	0.00	0.00	3.76	0.00
		2013	12	100.0	7 254	4 509	31	565	1 513	106	0.07	0.00	26.18	0.00
		2014	12	100.0	7 359	4 396	27	641	1 739	128	11.74	0.00	0.00	34.66
		2015	12	58.3	7 010	3 770	26	518	1 084	79	14.66	0.00	6.65	50.40
	综合	2011	71	63.4	174 588	108 178	487	10 172	33 220	1 229	263.43	24.71	3 354.71	305.69
		2012	72	68.1	194 993	102 517	530	7 582	28 678	1 084	168.80	2 046.30	1 244.32	540.67
		2013	73	68.5	200 203	97 720	760	6 674	33 871	912	133.62	1 351.33	1 676.48	161.74
		2014	71	63.4	208 179	94 333	753	4 310	33 484	1 132	173.67	1 057.33	1 463.83	215.85
		2015	69	69.6	220 682	96 600	401	3 758	34 914	1 239	91.43	414.14	14 655.64	439.78

海区	类型	年份	排口数	达标率/%	污水量/亿 m^3	COD/万 t	石油类/（t/a）	氨氮/（t/a）	总氮/（t/a）	总磷/（t/a）	总汞/（kg/a）	六价铬/（kg/a）	总铅/（kg/a）	总镉/（kg/a）
东海	合计	2011	199	74.9	27.02	12.3	538	10 759	34 181	1 274	264.0	141.6	3 431.4	312.3
		2012	190	80.0	34.03	12.3	615	9 079	32 761	1 207	169.9	2 266.1	1 925.9	549.3
		2013	176	82.4	37.45	11.9	862	7 840	37 034	1 047	136.1	1 524.7	2 407.9	167.7
		2014	161	72.7	38.38	11.6	854	5 426	37 374	1 352	189.0	1 124.5	1 589.9	452.7
		2015	150	72.7	39.61	11.5	506	4 656	38 562	1 387	106.1	464.7	14 895.2	537.0
南海	工业	2011	37	78.4	6 745	3 786	21	177	398	7	1.96	0.86	6.52	0.92
		2012	36	77.8	8 525	4 428	3	227	633	17	1.02	1.21	46.84	1.46
		2013	44	75.0	34 021	5 401	12	334	1 857	46	4.02	2.06	539.20	2.33
		2014	46	71.7	13 477	4 768	8	227	614	23	2.70	0.00	60.27	3.10
		2015	45	75.6	9 083	4 690	5	173	356	10	0.11	11.22	10.61	2.55
	生活	2011	27	66.7	51 354	14 643	159	2 130	6 971	336	18.02	88.25	1 204.09	42.73
		2012	28	75.0	49 699	12 122	165	1 269	5 171	250	15.94	259.74	1 209.95	153.45
		2013	28	75.0	55 275	10 390	365	955	5 097	303	19.61	211.45	2 869.64	111.15
		2014	35	62.9	52 599	10 635	95	1 089	4 442	226	23.62	244.43	2 096.68	126.83
		2015	35	54.3	45 285	6 471	89	646	3 646	163	10.53	2.55	523.25	0.17
	综合	2011	43	30.2	37 744	16 334	73	1 939	4 541	656	10.93	170.48	531.77	502.58
		2012	41	29.3	38 133	17 636	105	1 840	5 218	682	16.56	14.99	1 251.01	92.56
		2013	51	37.3	43 616	19 064	124	2 442	5 979	602	16.75	32.96	1 024.52	72.94
		2014	53	35.8	45 586	22 152	128	3 044	7 009	804	11.00	40.77	938.85	41.80
		2015	54	40.7	47 459	22 470	123	2 505	6 602	713	33.12	52.21	566.23	72.74
	合计	2011	107	56.1	9.58	3.5	253	4 246	11 909	999	30.9	259.6	1 742.4	546.2
		2012	105	58.1	9.64	3.4	273	3 336	11 023	949	33.5	275.9	2 507.8	247.5
		2013	123	59.3	13.29	3.5	502	3 732	12 933	952	40.4	246.5	4 433.4	186.4
		2014	134	55.2	11.17	3.8	230	4 360	12 065	1 052	37.3	285.2	3 095.8	171.7
		2015	134	56.0	10.18	3.4	216	3 325	10 605	886	43.8	66.0	1 100.1	75.5

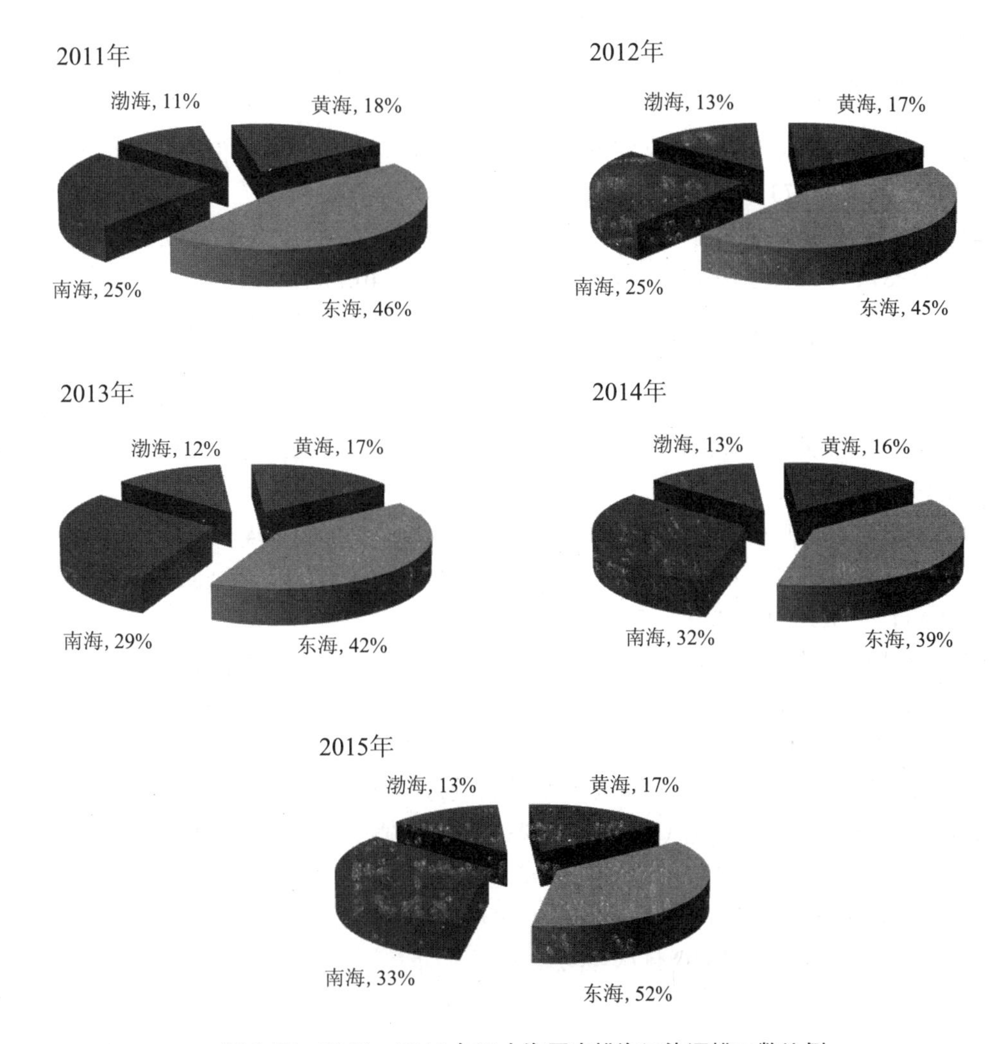

图 5-27　2011—2015 年四大海区直排海污染源排口数比例

5.2.1.1　直排海工业污染源

2011—2015 年，四大海区开展监测的直排海工业污染源数量如下：渤海 23～28 个，黄海 17～35 个，东海 78～118 个，南海 36～46 个。

2011—2015 年，四大海区直排海工业污染源全年均达标比例如下：渤海 87.5%～100.0%，黄海 62.9%～100.0%，东海 76.9%～91.2%，南海 71.7%～78.4%。

5.2.1.2　直排海生活污染源

2011—2015 年，四大海区开展监测的直排生活海污染源数量如下：渤海仅 2011 年、2012 年开展了直排海生活污染源监测，数量均为 5 个，黄海 9～13 个，东海 10～12 个，南海 27～35 个。

2011—2015 年，四大海区直排海生活污染源全年均达标比例如下：2011 年、2012 年渤海均为 0，黄海 0～30.8%，东海 58.3%～100.0%，南海 54.3%～75.0%。

5.2.1.3 直排海综合污染源

2011—2015 年，四大海区开展监测的直排海污染源数量如下：渤海 17～28 个，黄海 32～40 个，东海 69～73 个，南海 41～54 个。

2011—2015 年，四大海区直排海污染源全年均达标比例如下：渤海 35.7%～59.1%，黄海 75.0%～87.5%，东海 63.4%～69.6%，南海 29.3%～40.7%。

5.2.2 主要污染物入海量

2011—2015 年，渤海直排海污染源污水排放量为 1.66 亿～2.99 亿 t，2011 年最少，2014 年最多；COD、石油类、氨氮、总氮、总磷排放量分别为 0.7 万～2.1 万 t、19～59 t、1 062～3 989 t、2 075～7 194 t、91～351 t。见图 5-28～图 5-33。

2011—2015 年，黄海直排海污染源污水排放量为 9.09 亿～11.04 亿 t，2011 年最少，2013 年最多；COD、石油类、氨氮、总氮、总磷排放量分别为 3.9 万～5.5 万 t、58～236 t、2 846～4 040 t、9 022～11 422 t、475～675 t。

2011—2015 年，东海直排海污染源污水排放量为 27.02 亿～39.61 亿 t，逐年增加，2011 年最少，2015 年最多；COD、石油类、氨氮、总氮、总磷排放量分别为 11.5 万～12.3 万 t、538～862 t、4 656～10 759 t、32 761～38 562 t、1 047～1 387 t。

2011—2015 年，南海直排海污染源污水排放量为 9.58 亿～13.29 亿 t，2011 年最少，2013 年最多；COD、石油类、氨氮、总氮、总磷排放量分别为 3.4 万～3.8 万 t、216～502 t、3 325～4 360 t、10 605～12 933 t、886～1 052 t。

总的来看，2011—2015 年，东海污水、COD、石油类、氨氮、总氮、总磷排放量均居四大海区之首；渤海污水、COD 排放量均最少。

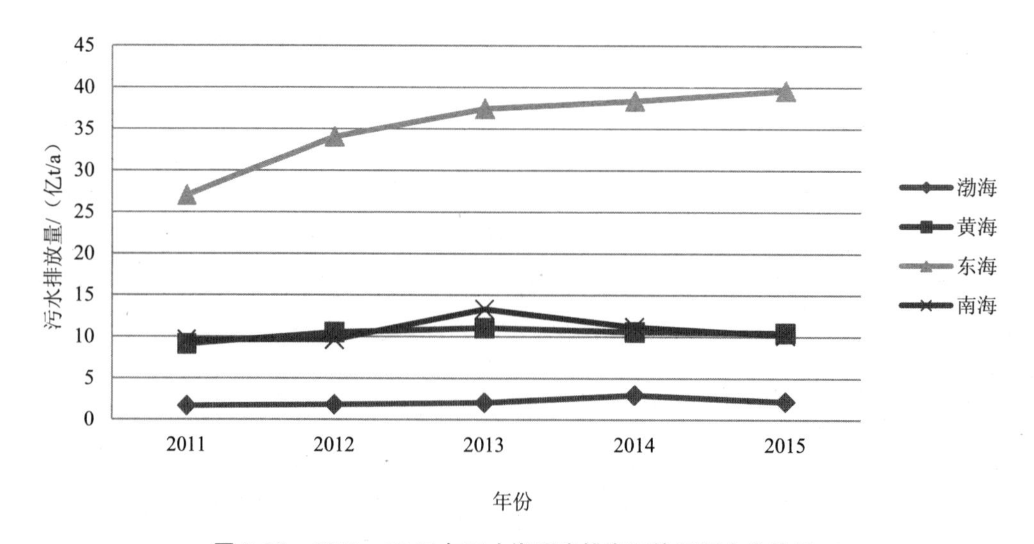

图 5-28 2011—2015 年四大海区直排海污染源污水排放量

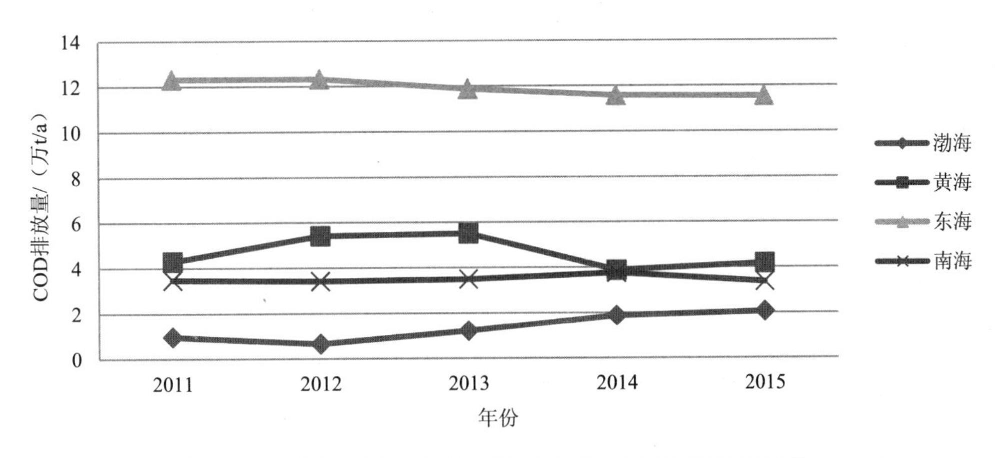

图 5-29 2011—2015 年四大海区直排海污染源 COD 排放量

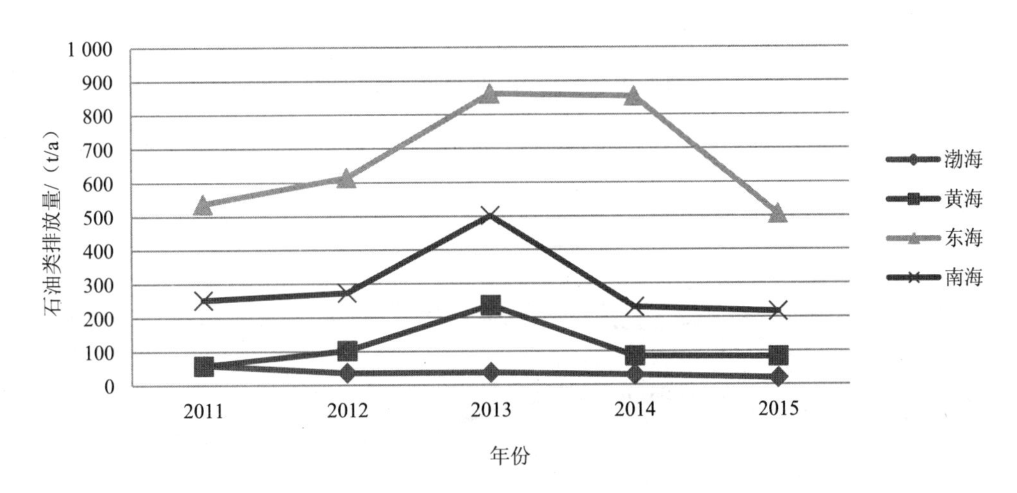

图 5-30 2011—2015 年四大海区直排海污染源石油类排放量

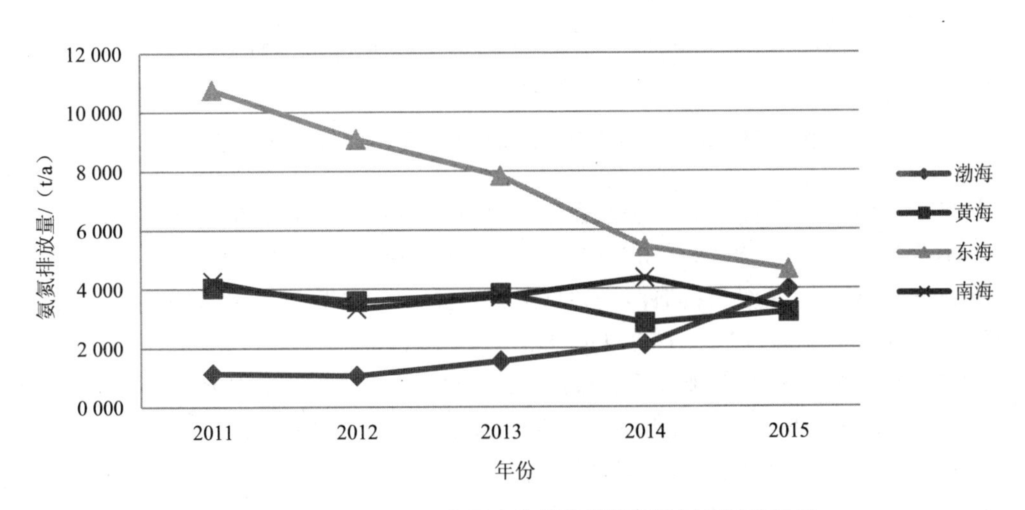

图 5-31 2011—2015 年四大海区直排海污染源氨氮排放量

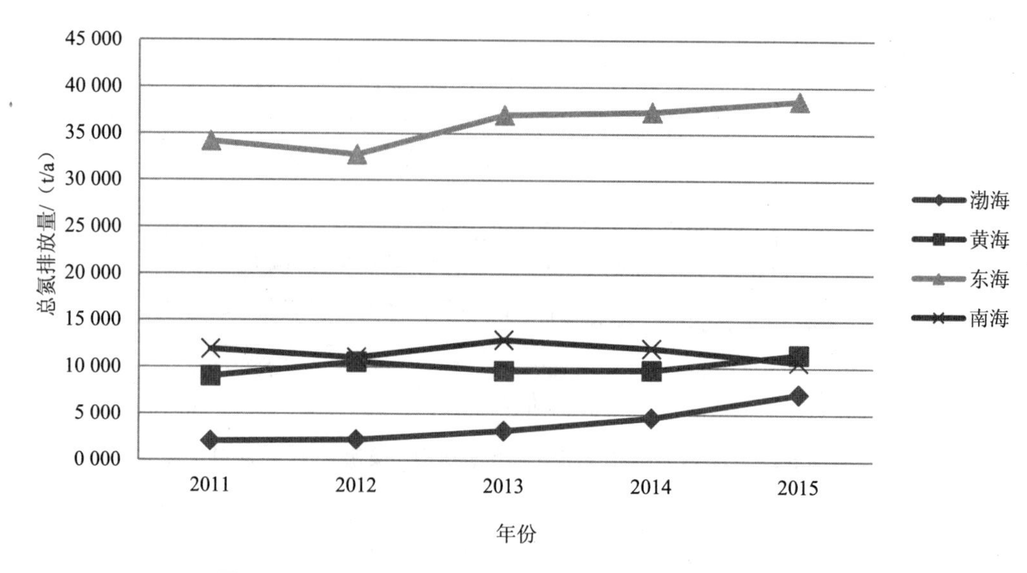

图 5-32 2011—2015 年四大海区直排海污染源总氮排放量

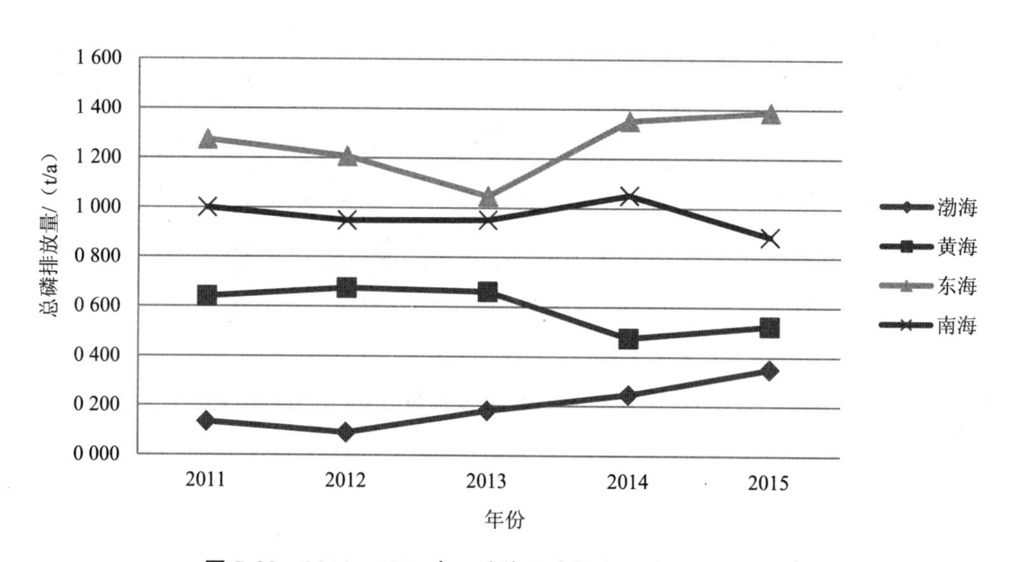

图 5-33 2011—2015 年四大海区直排海污染源总磷排放量

2011—2015 年，渤海直排海污染源总汞、六价铬、总铅、总镉排放量分别为 4.5～20 kg、14.1～416.2 kg、22.5～2 088 kg、0.7～2.5 kg。见图 5-34～图 5-37。

2011—2015 年，黄海直排海污染源总汞、六价铬、总铅、总镉排放量分别为 20.5～34.2 kg、16.5～175.5 kg、2.9～155.1 kg、8.3～238.4 kg。

2011—2015 年，东海直排海污染源总汞、六价铬、总铅、总镉排放量分别为 106.1～264.0 kg、141.6～2 266.1 kg、1 589.9～14 895.2 kg、167.7～549.3 kg。

2011—2015 年，南海直排海污染源总汞、六价铬、总铅、总镉排放量分别为 30.9～43.8 kg、66.0～285.2 kg、1 100.1～4 433.4 kg、75.5～546.2 kg。

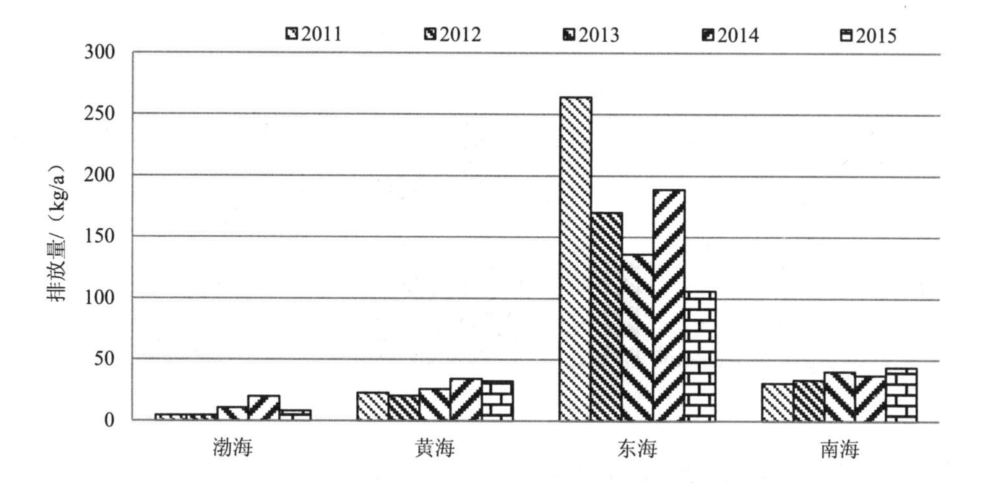

图 5-34 2011—2015 年四大海区直排海污染源总汞排放量

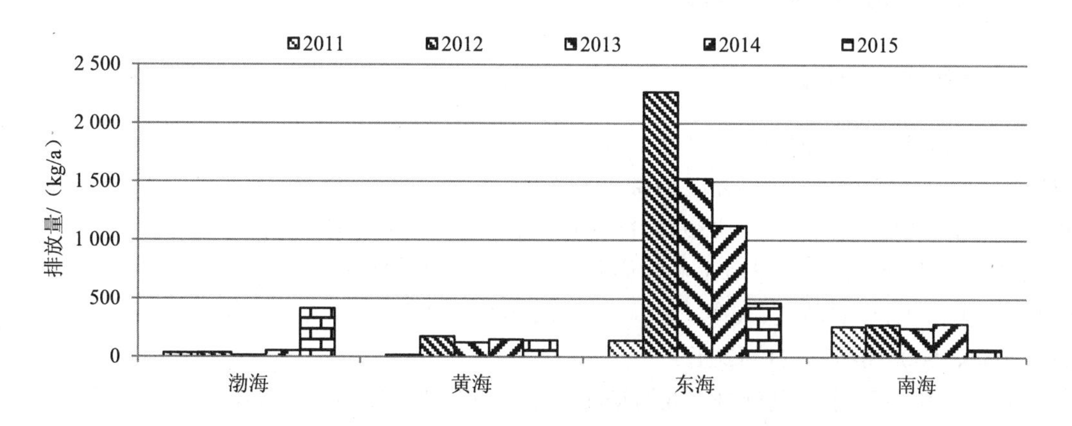

图 5-35 2011—2015 年四大海区直排海污染源六价铬排放量

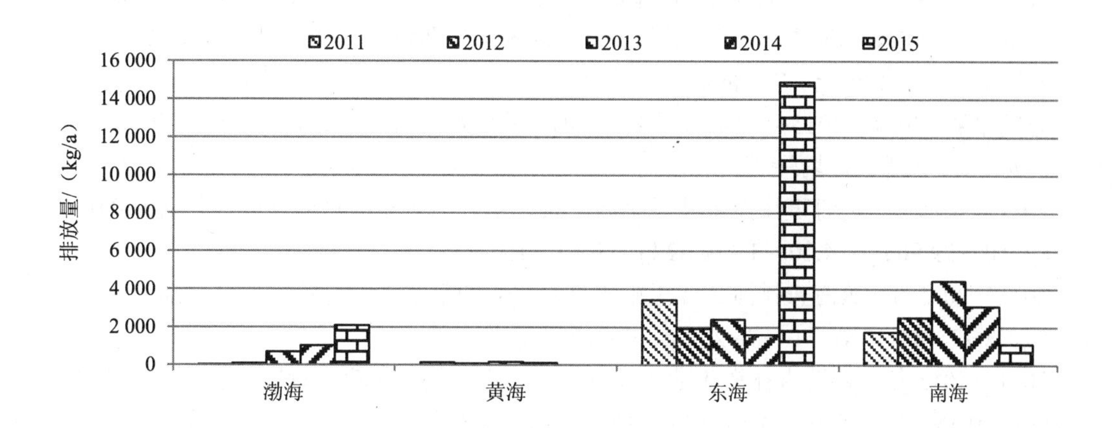

图 5-36 2011—2015 年四大海区直排海污染源总铅排放量

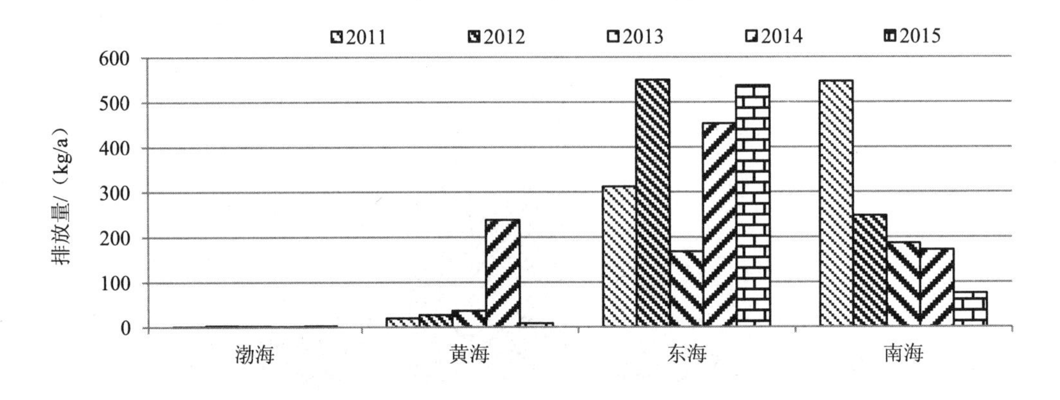

图 5-37 2011—2015 年四大海区直排海污染源总镉排放量

5.2.3 各类直排海污染源主要污染物入海量评价

5.2.3.1 直排海工业污染源

2011—2015 年，渤海直排海工业污染源污水排放量为 0.25 亿～0.51 亿 t，逐年增加，2011 年最少，2015 年最多；COD、石油类、氨氮、总氮、总磷排放量分别为 0.12 万～0.18 万 t、2～30 t、78～151 t、29～489 t、1～9 t。见图 5-38～图 5-43。

2011—2015 年，黄海直排海工业污染源污水排放量为 2.21 亿～2.62 亿 t，2015 年最少，2014 年最多；COD、石油类、氨氮、总氮、总磷排放量分别为 0.34 万～0.58 万 t、14～31 t、141～203 t、500～844 t、21～26 t。

2011—2015 年，东海直排海工业污染源污水排放量为 9.33 亿～16.84 亿 t，逐年增加，2011 年最少，2015 年最多；COD、石油类、氨氮、总氮、总磷排放量分别为 1.41 万～1.70 万 t、45～78 t、379～759 t、535～2 563 t、21～92 t。

2011—2015 年，南海直排海工业污染源污水排放量为 0.67 亿～3.40 亿 t，2011 年最少，2013 年最多；COD、石油类、氨氮、总氮、总磷排放量分别为 0.38 万～0.54 万 t、3～21 t、173～334 t、356～1 857 t、7～46 t。

总的来看，2011—2015 年，东海污水、COD、石油类、氨氮排放量均居四大海区之首；渤海污水、COD 排放量均最少。

2011—2015 年，渤海直排海工业污染源总汞、六价铬、总铅、总镉排放量分别为 0.09～1.35 kg、0～29.90 kg、4.20～1 124.62 kg、0.47～1.37 kg。

2011—2015 年，黄海直排海工业污染源总汞、六价铬、总铅、总镉排放量分别为 0.02～0.73 kg、2.13～14.35 kg、0～78.26 kg、0～20.09kg。

2011—2015 年，东海直排海工业污染源总汞、六价铬、总铅、总镉排放量分别为 0～3.55 kg、50.55～219.85 kg、4.55～705.21 kg、3.85～202.17 kg。

2011—2015 年，南海直排海工业污染源总汞、六价铬、总铅、总镉排放量分别为 0.11～4.02 kg、0～11.22 kg、6.52～539.20 kg、0.92～3.10 kg。

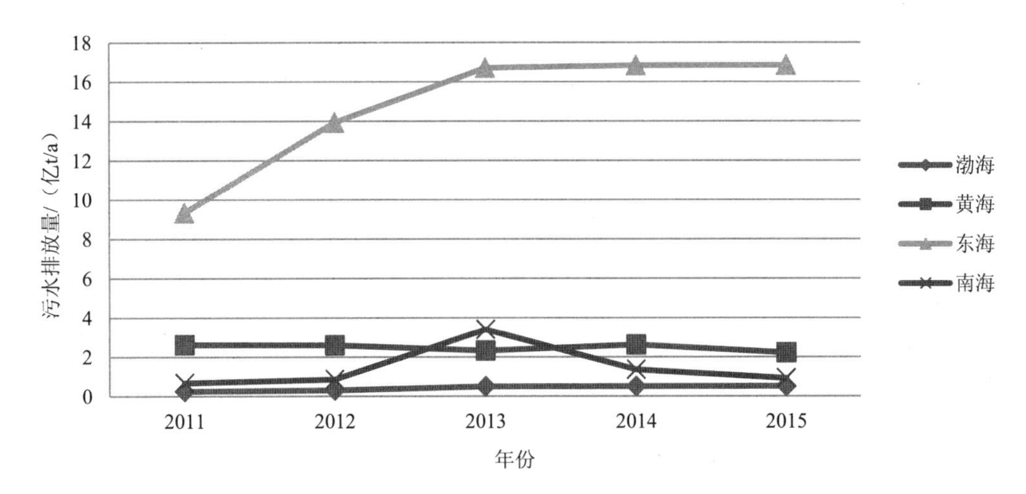

图 5-38　2011—2015 年四大海区直排海工业污染源污水排放量

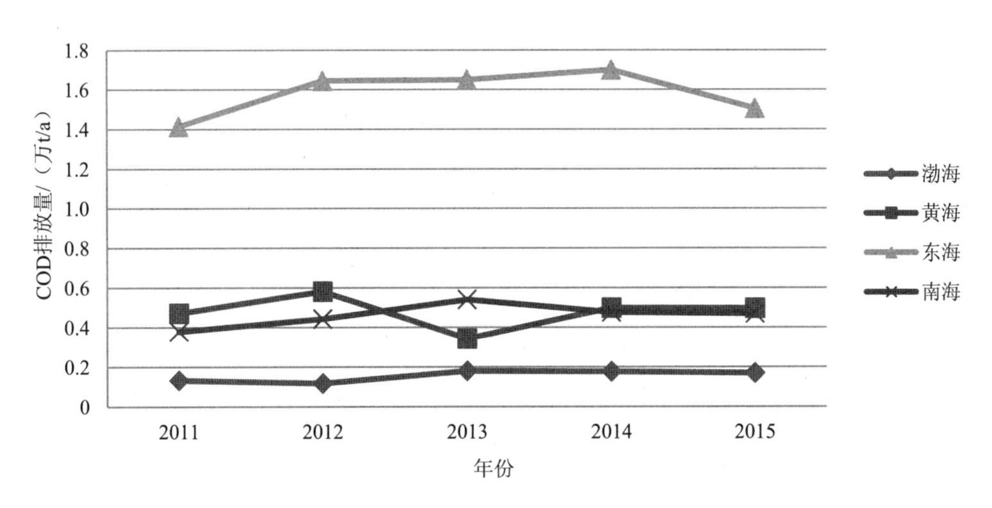

图 5-39　2011—2015 年四大海区直排海工业污染源 COD 排放量

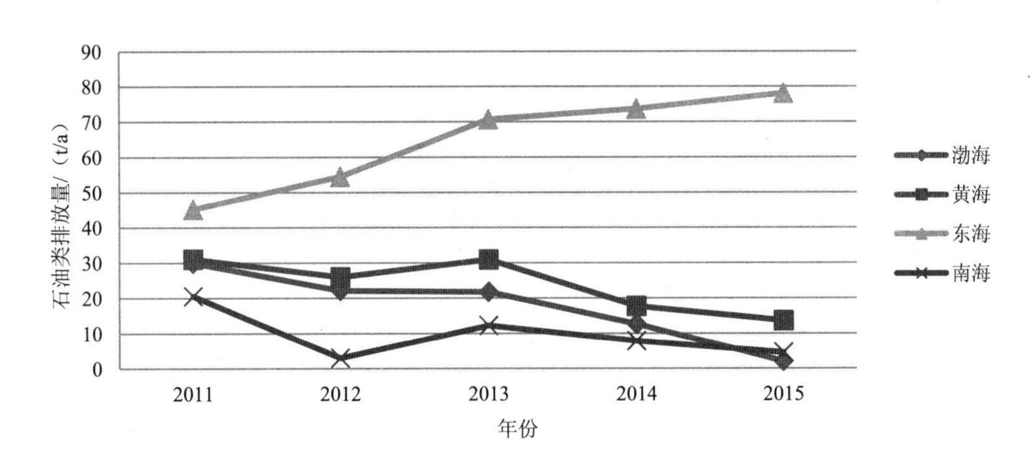

图 5-40　2011—2015 年四大海区直排海工业污染源石油类排放量

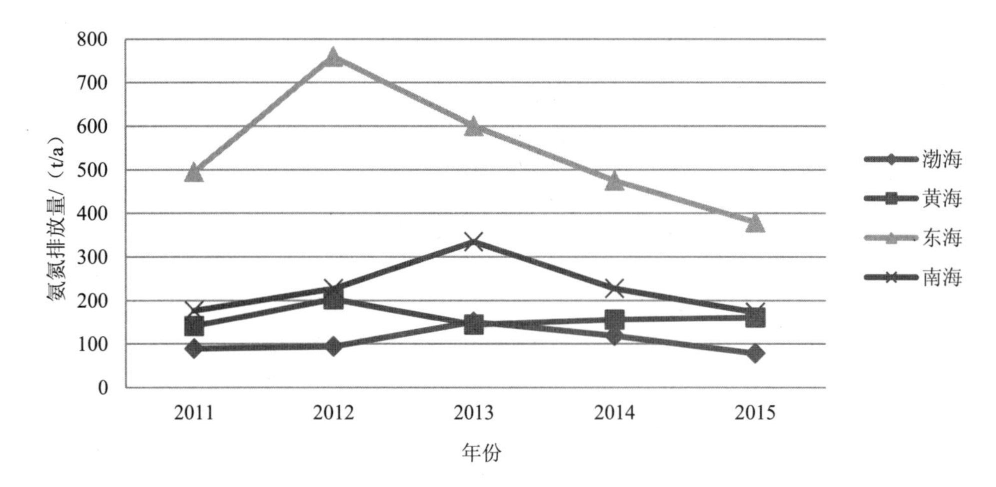

图 5-41 2011—2015 年四大海区直排海工业污染源氨氮排放量

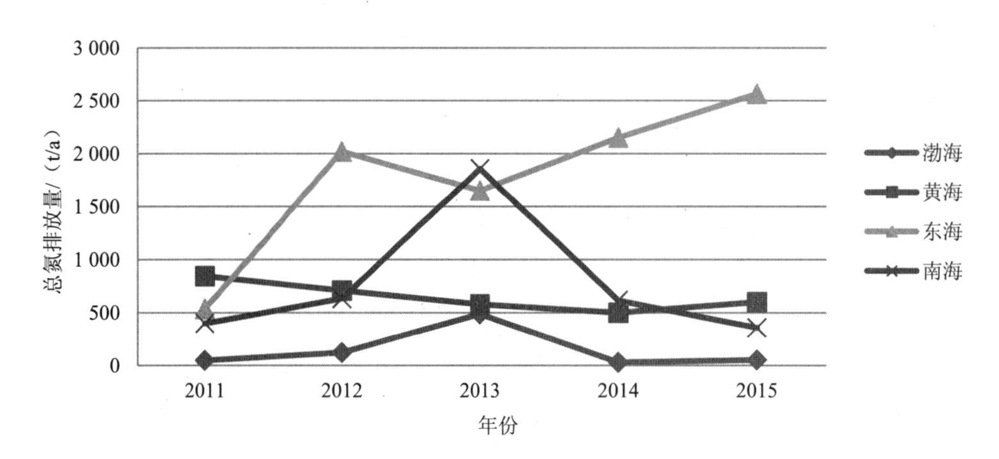

图 5-42 2011—2015 年四大海区直排海工业污染源总氮排放量

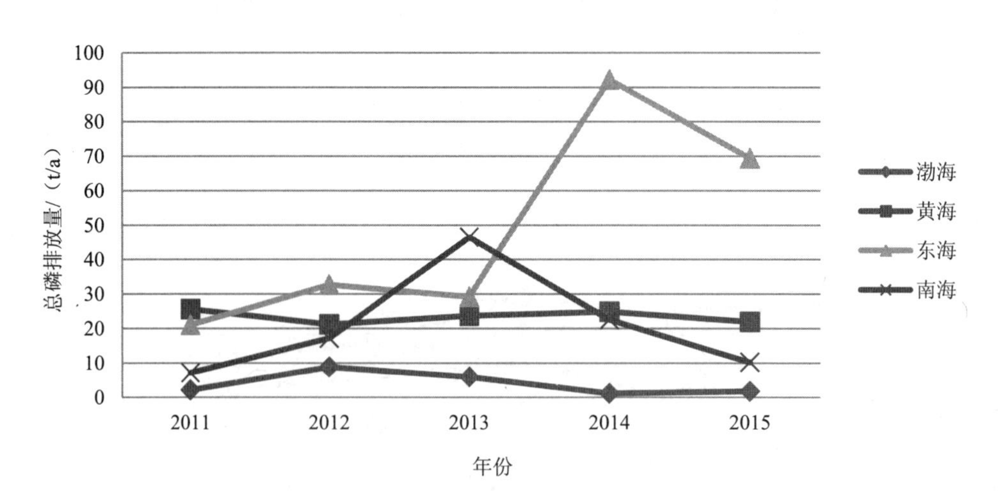

图 5-43 2011—2015 年四大海区直排海工业污染源总磷排放量

5.2.3.2　直排海生活污染源

2011—2012 年，渤海直排海生活污染源污水排放量均为 449 万 t；2011 年，COD、氨氮排放量分别为 469 t、98 t；2012 年，COD、氨氮排放量分别为 431 t、102 t。2013—2015 年，生活源转为综合源，见图 5-44～图 5-49。

2011—2015 年，黄海直排海生活污染源污水排放量为 7 840 万～18 855 万 t，2011 年最少，2013 年最多；COD、石油类、氨氮、总氮、总磷排放量分别为 10 166～28 822 t、8～162 t、1 129～1 973 t、1 583～3 534 t、161～294 t。

2011—2015 年，东海海直排海生活污染源污水排放量为 2 254 万～7 359 万 t，2011 年最少，2014 年最多；COD、石油类、氨氮、总氮、总磷排放量分别为 843～4 509 t、5～31 t、92～737 t、427～2 063 t、24～128 t。

2011—2015 年，南海直排海生活污染源污水排放量为 45 285 万～55 275 万 t，2015 年最少，2013 年最多；COD、石油类、氨氮、总氮、总磷排放量分别为 6 471～14 643 t、89～365 t、646～2 130 t、3 646～6 971 t、163～336 t。

2011 年，渤海直排海生活污染源总汞、六价铬、总铅、总镉排放量分别为 0.92 kg、24.69 kg、0 kg、0.24 kg。

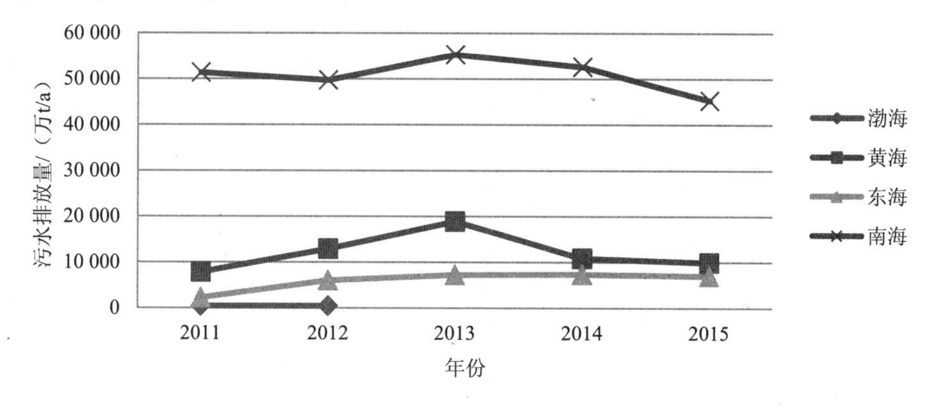

图 5-44　2011—2015 年四大海区直排海生活污染源污水排放量

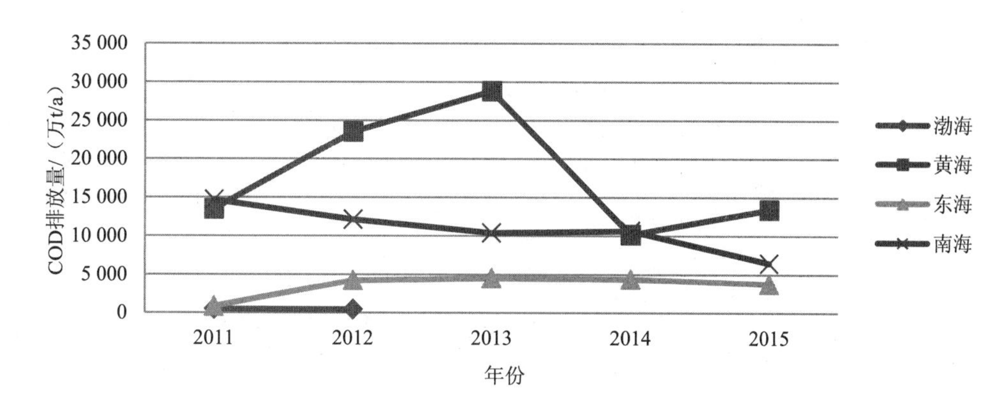

图 5-45　2011—2015 年四大海区直排海生活污染源 COD 排放量

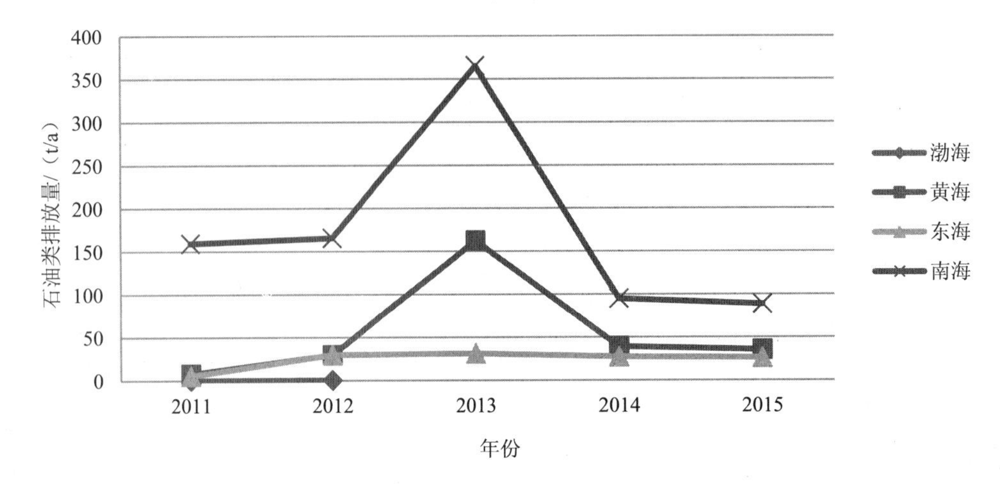

图 5-46 2011—2015 年四大海区直排海生活污染源石油类排放量

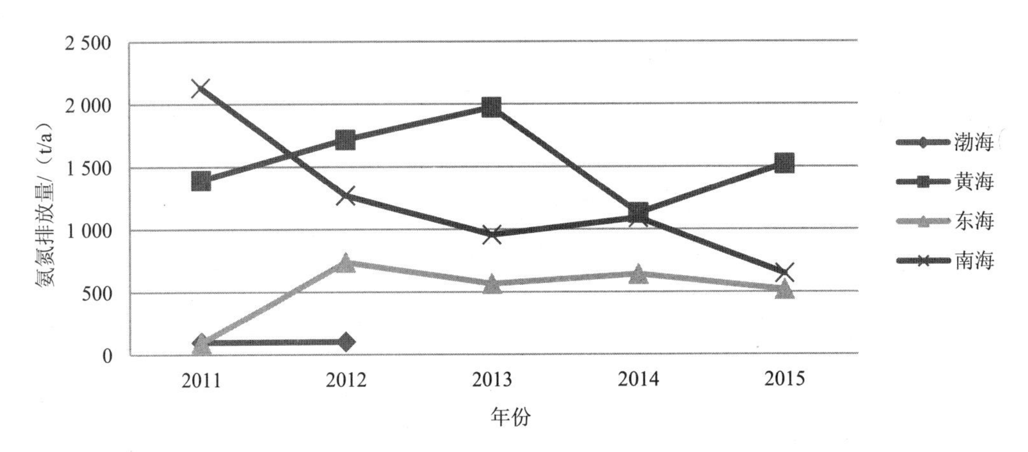

图 5-47 2011—2015 年四大海区直排海生活污染源氨氮排放量

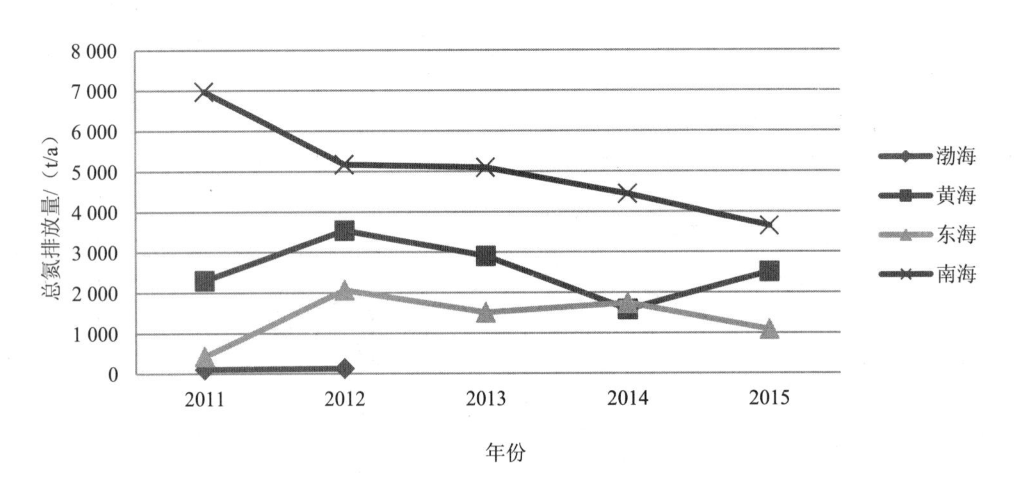

图 5-48 2011—2015 年四大海区直排海生活污染源总氮排放量

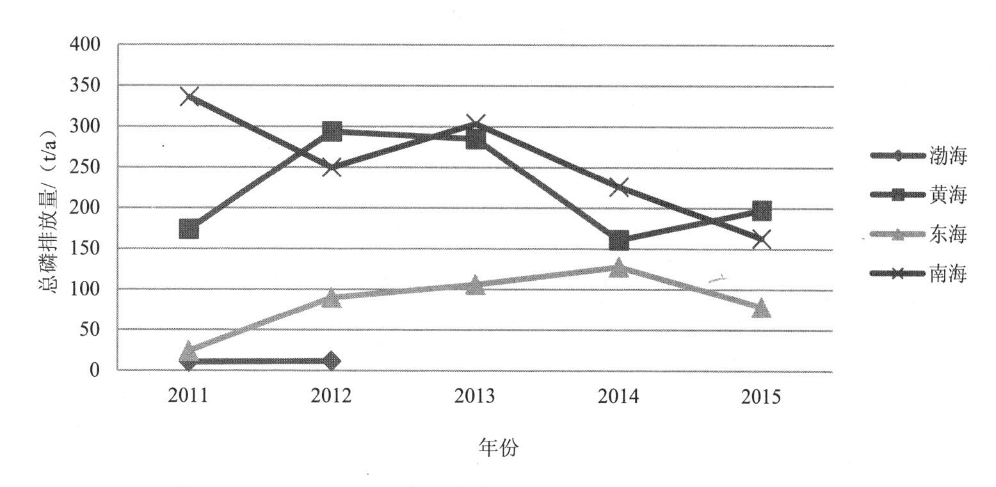

图 5-49　2011—2015 年四大海区直排海生活污染源总磷排放量

2011—2015 年，黄海直排海生活污染源总汞、六价铬、总铅、总镉排放量分别为 0.10～1.12 kg、0～8.59 kg、0～6.62 kg、0～0.75 kg。

2011—2015 年，东海直排海生活污染源总汞、六价铬、总铅、总镉排放量分别为 0～14.66 kg、0～0.06kg、0～72.17 kg、0～14.66 kg。

2011—2015 年，南海直排海生活污染源总汞、六价铬、总铅、总镉排放量分别为 10.53～23.62 kg、2.55～259.74 kg、523.25～2 869.64 kg、0.17～153.45 kg。

5.2.3.3　直排海综合污染源

2011—2015 年，渤海直排海综合污染源污水排放量为 1.37 亿～2.49 亿 t，2011 年最少，2014 年最多；COD、石油类、氨氮、总氮、总磷排放量分别为 0.5 万～1.9 万 t、13～29 t、866～3 911 t、1 924～7 142 t、70～349 t。见图 5-50～图 5-55。

2011—2015 年，黄海直排海综合污染源污水排放量为 5.69 亿～7.27 亿 t，逐年增加，2011 年最少，2015 年最多；COD、石油类、氨氮、总氮、总磷排放量分别为 2.3 万～2.5 万 t、19～47 t、1 529～2 505 t、5 875～8 315 t、290～441 t。

2011—2015 年，东海海直排海综合污染源污水排放量为 17.46 亿～22.07 亿 t，逐年增加，2011 年最少，2015 年最多；COD、石油类、氨氮、总氮、总磷排放量分别为 9.4 万～10.8 万 t、401～760 t、3 758～10 172 t、28 678～34 914 t、912～1 239 t。

2011—2015 年，南海直排海综合污染源污水排放量为 3.77 亿～4.75 亿 t，逐年增加，2011 年最少，2015 年最多；COD、石油类、氨氮、总氮、总磷排放量分别为 1.6 万～2.2 万 t、73～128 t、1 840～3 044 t、4 541～7 009 t、602～804 t。

2011—2015 年，渤海直排海综合污染源总汞、六价铬、总铅、总镉排放量分别为 3.32～19.43 kg、0～386.31 kg、0.04～963.34 kg、0.04～1.87 kg。

2011—2015 年，黄海直排海综合污染源总汞、六价铬、总铅、总镉排放量分别为 20.07～33.84 kg、2.14～165.28 kg、1.29～127.58 kg、5.98～238.41 kg。

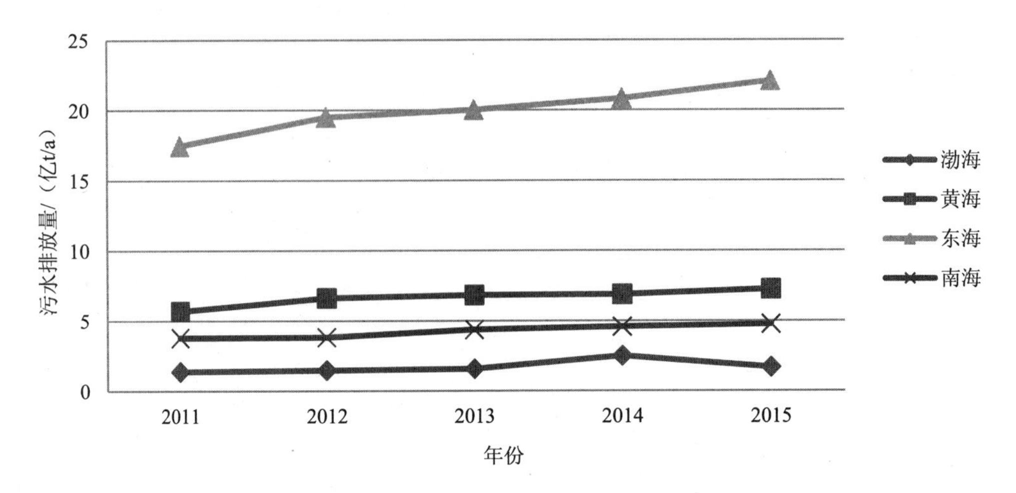

图 5-50 2011—2015 年四大海区直排海综合污染源污水排放量

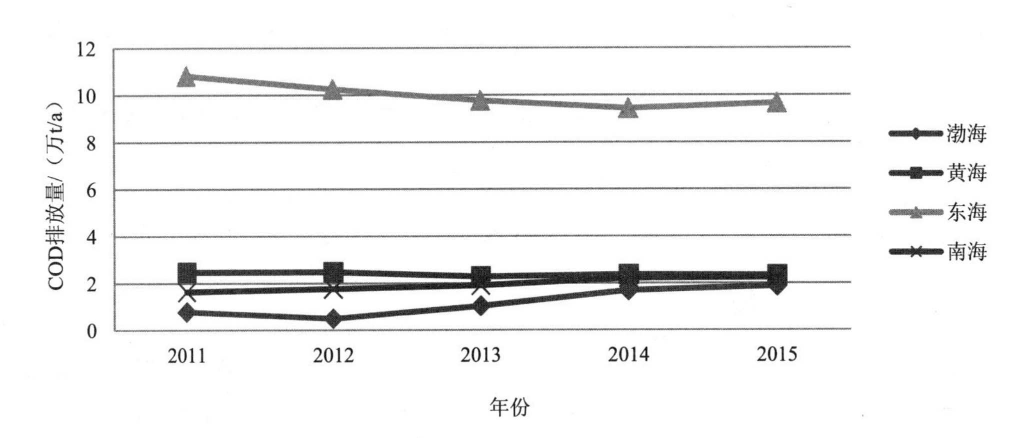

图 5-51 2011—2015 年四大海区直排海综合污染源 COD 排放量

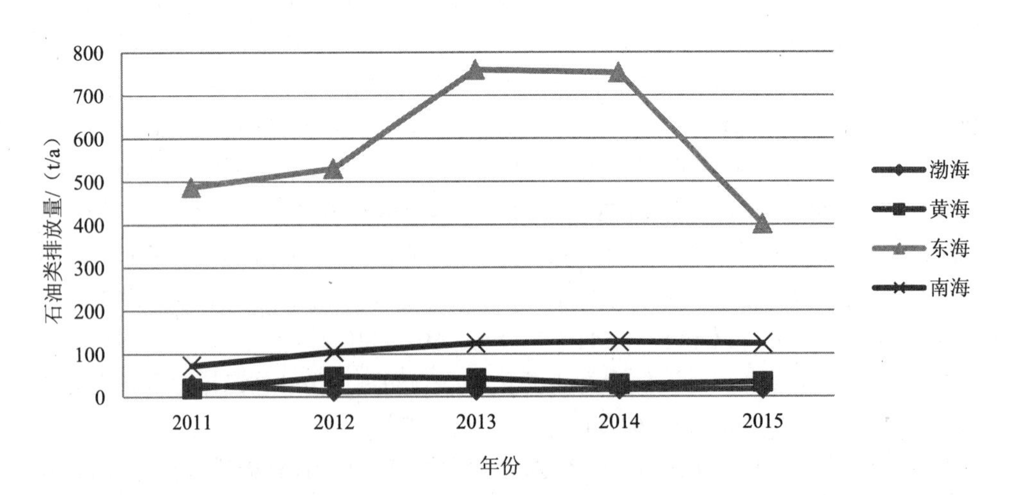

图 5-52 2011—2015 年四大海区直排海综合污染源石油类排放量

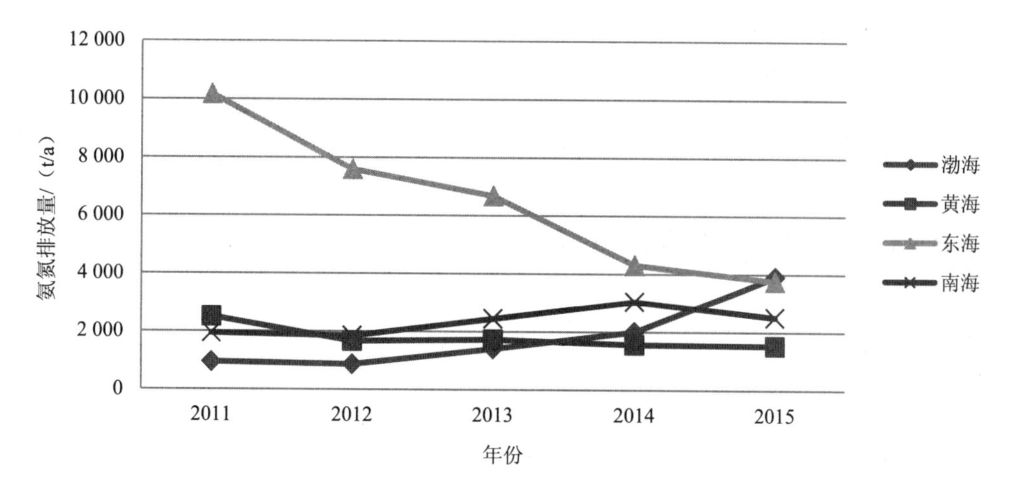

图 5-53 2011—2015 年四大海区直排海综合污染源氨氮排放量

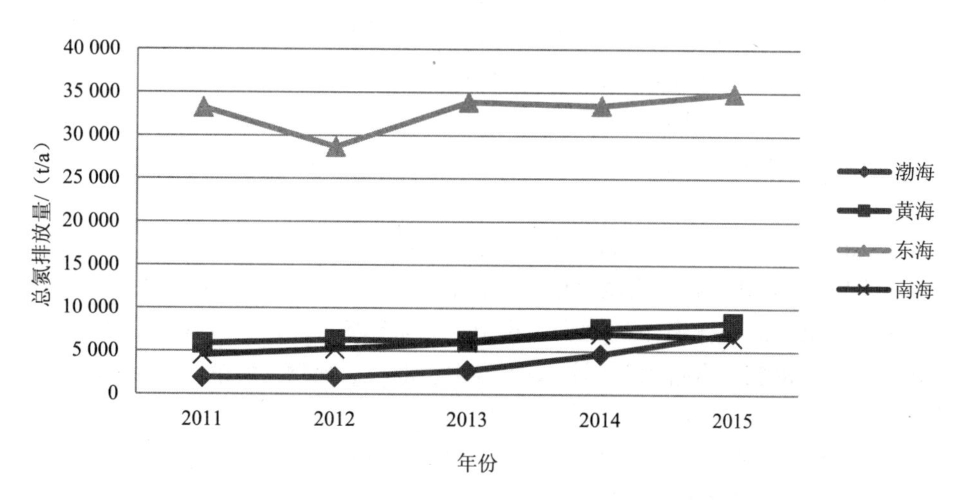

图 5-54 2011—2015 年四大海区直排海综合污染源总氮排放量

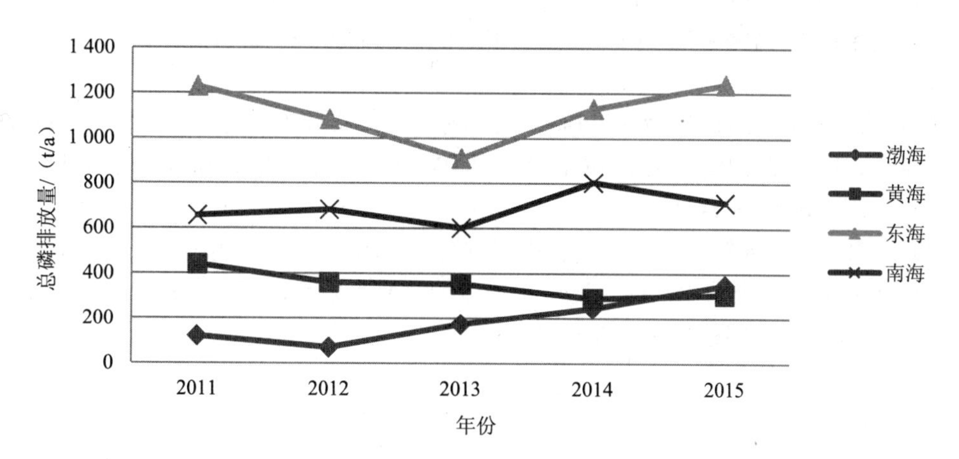

图 5-55 2011—2015 年四大海区直排海综合污染源总磷排放量

2011—2015 年，东海直排海综合污染源总汞、六价铬、总铅、总镉排放量分别为 91.43～263.43 kg、24.71～2 046.30 kg、1 244.32～14 655.64 kg、161.74～540.67 kg。

2011—2015 年，南海直排海综合污染源总汞、六价铬、总铅、总镉排放量分别为 10.93～33.12 kg、14.99～170.48 kg、531.77～1 251.01 kg、41.80～502.58 kg。

5.3 各省、自治区、直辖市直排海污染源监测与调查结果

5.3.1 总体情况

2011—2015 年，各省、自治区、直辖市直排海污染源数量监测与调查结果如下：浙江省最多，为 88～127 个，其次是广东、福建，分别为 62～68 个、51～60 个，河北最少，为 5～7 个；辽宁、河北、天津、山东、上海、广东数量变化不大，江苏、浙江、福建数量有所减少，广西、海南数量有所增加。

2011—2015 年，各省、自治区、直辖市直排海污染源全年均达标比例情况如下：天津、广西直排海污染源全年均达标比例均低于 50%；辽宁、江苏、海南在“十二五”前期全年均达标比例低于 50%，后期提高至 50%～80%；广东、福建全年均达标比例均为 50%～80%；2011—2014 年，河北全年均达标比例均为 100%，2015 年为 40%；山东省全年均达标比例均在 80%以上。

2011—2015 年，浙江和福建直排海污染源污水排放量入海量较大，其次为广西、山东和辽宁。全国的直排海工业污染源集中在浙江、福建、广东、山东和辽宁，各年所占比例为 74%～86%；全国的直排海生活污染源集中在广东、浙江、辽宁，各年所占比例为 75%～84%；全国 77%～80%的直排海生活污染源集中在浙江、福建、山东、广西、辽宁、广东，各年所占比例为 77%～80%。

2011—2015 年，各省、自治区、直辖市主要污染物入海量情况如下：浙江、福建、广东、辽宁是全国污水、COD、石油类和氨氮排放的集中区。见图 5-56～图 5-61。

2011—2015 年，各省、自治区、直辖市直排海工业污染源主要污染物入海量情况为：污水、石油类排放集中在福建、COD、氨氮排放集中在福建、浙江、山东、辽宁。见图 5-62～图 5-66。

2011—2015 年，各省、自治区、直辖市直排海生活污染源主要污染物入海量情况如下：广东、浙江、辽宁是全国生活污染源污水、COD、石油类、氨氮、总氮、总磷排放的主要集中区。见图 5-67～图 5-72。

2011—2015 年，各省、自治区、直辖市直排海综合污染源主要污染物入海量情况如下：浙江、山东、福建是全国生活污染源污水排放的主要集中区，浙江、福建、山东是 COD 排放的主要集中区。见图 5-73～图 5-78。

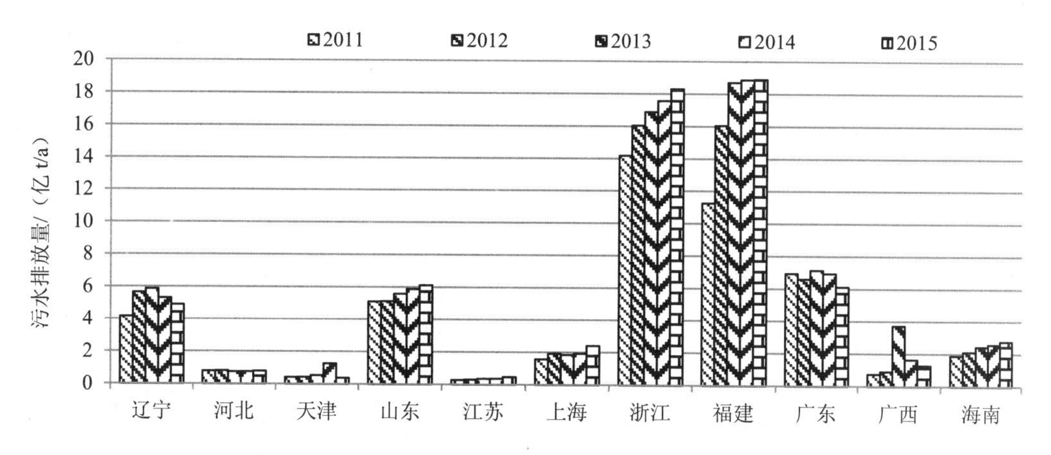

图 5-56　2011—2015 年各省份直排海污染源污水排放量

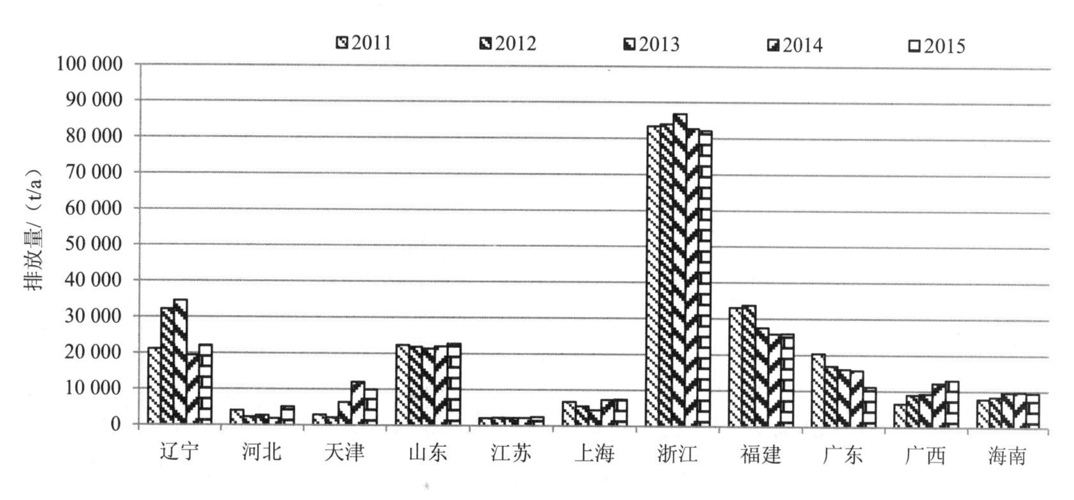

图 5-57　2011—2015 年各省份直排海污染源 COD 排放量

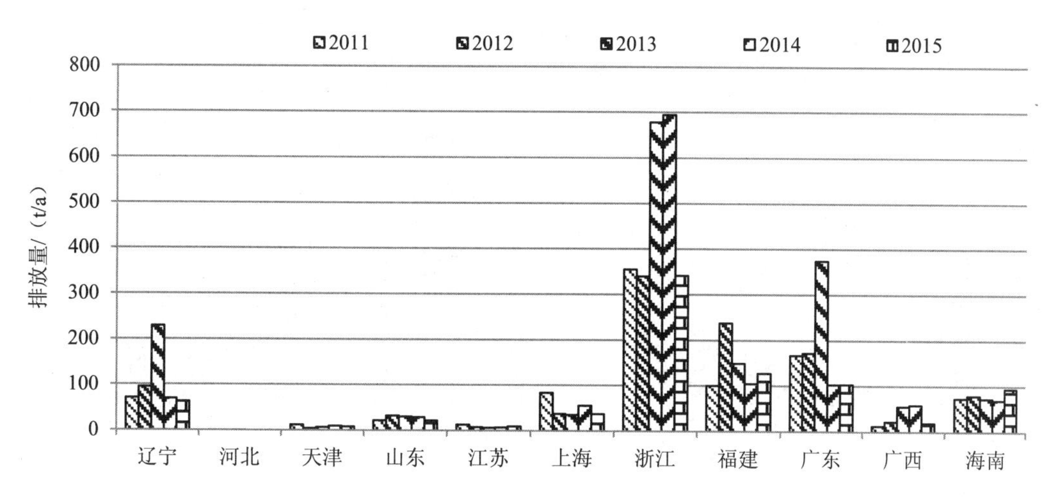

图 5-58　2011—2015 年各省份直排海污染源石油类排放量

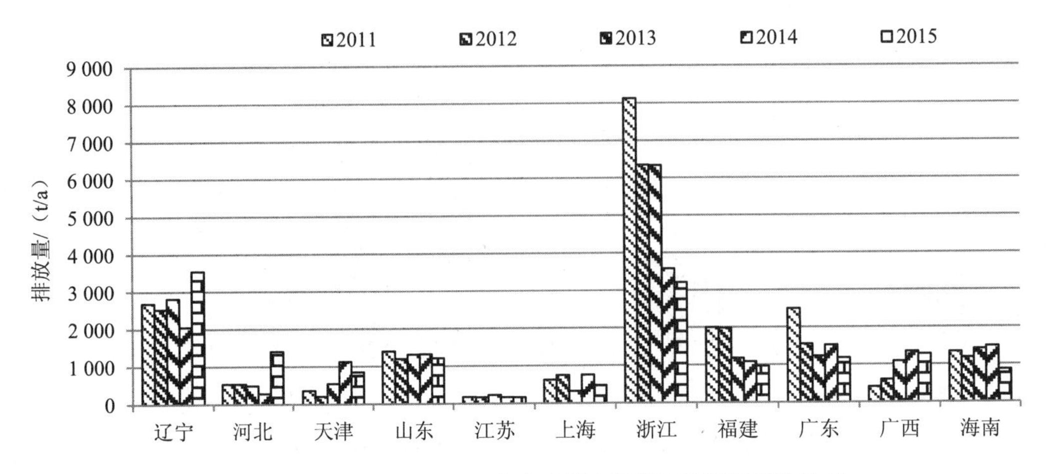

图 5-59 2011—2015 年各省份直排海污染源氨氮排放量

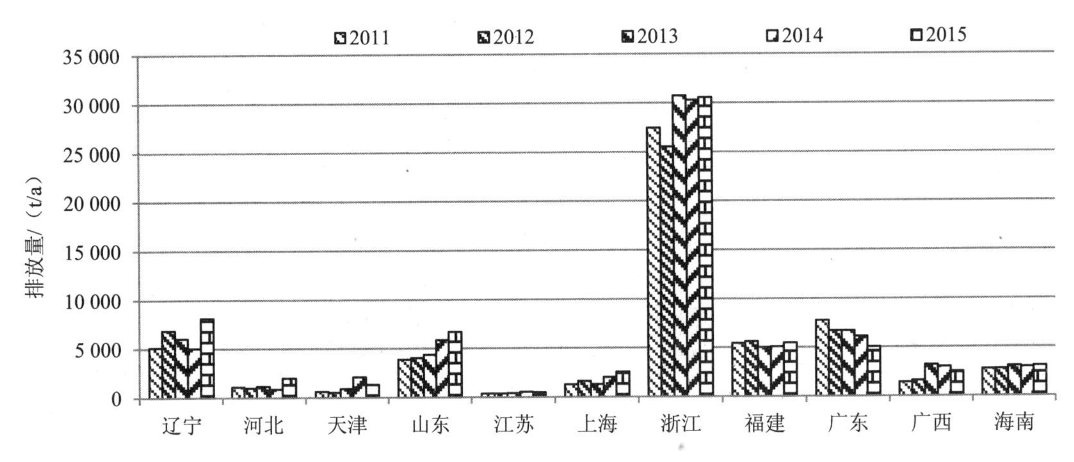

图 5-60 2011—2015 年各省份直排海污染源总氮排放量

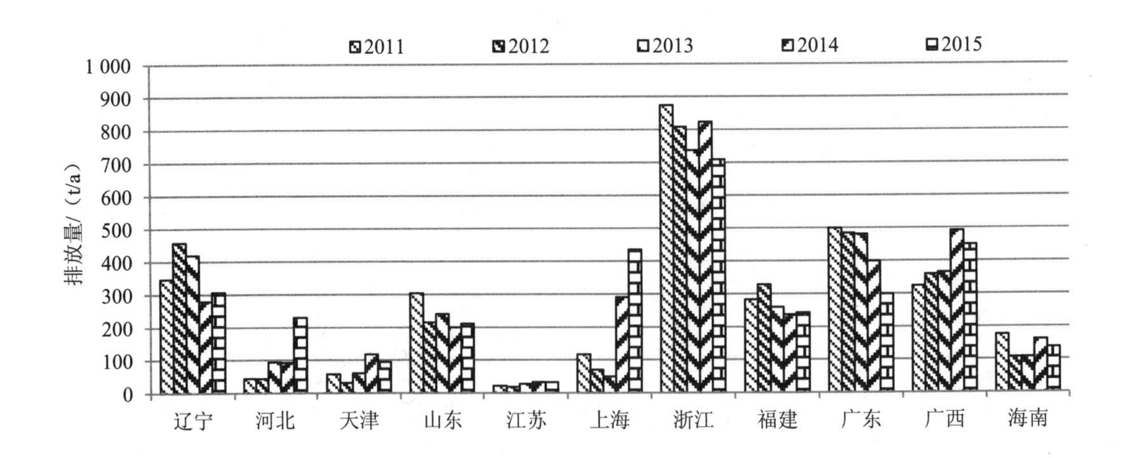

图 5-61 2011—2015 年各省份直排海污染源总磷排放量

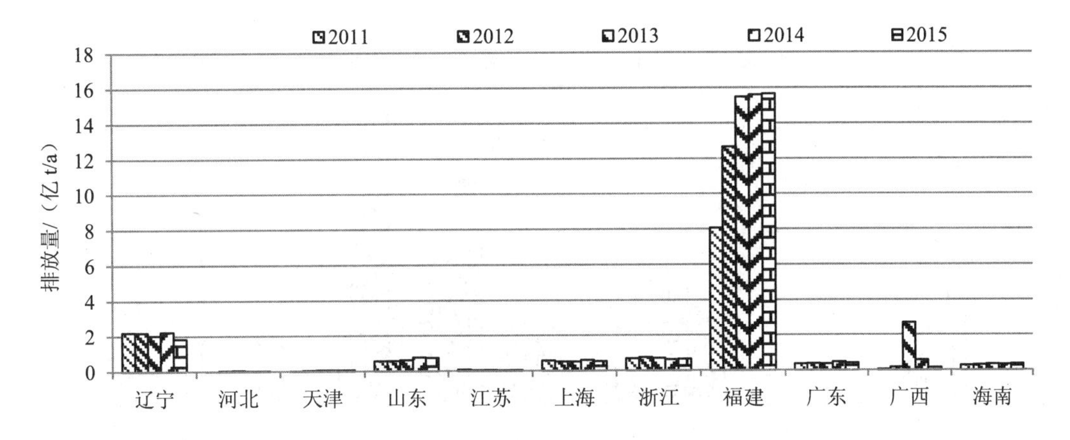

图 5-62　2011—2015 年各省份直排海工业污染源污水排放量

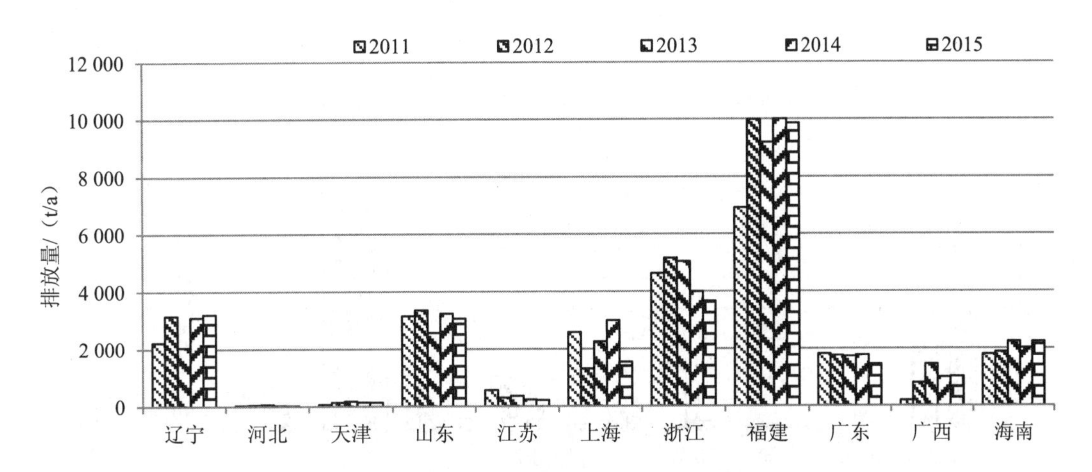

图 5-63　2011—2015 年各省份直排海工业污染源 COD 排放量

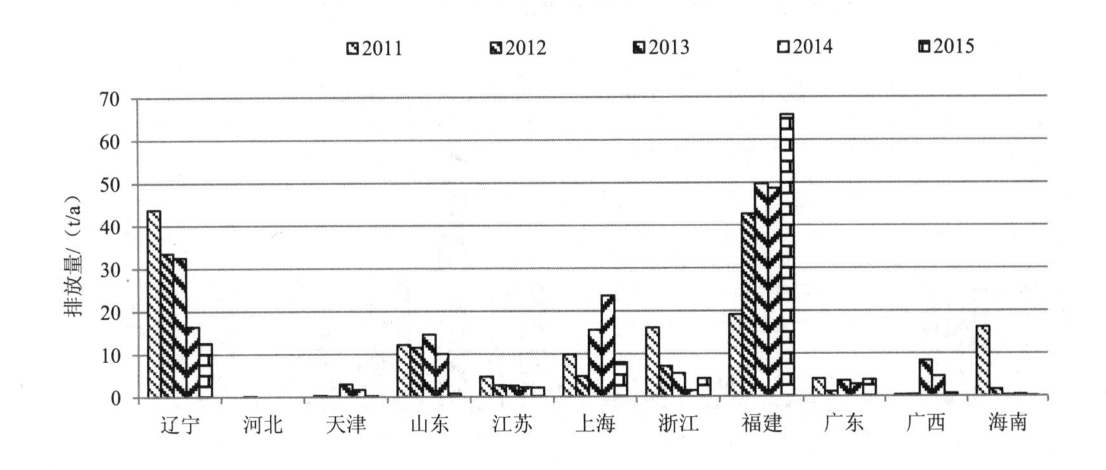

图 5-64　2011—2015 年各省份直排海工业污染源石油类排放量

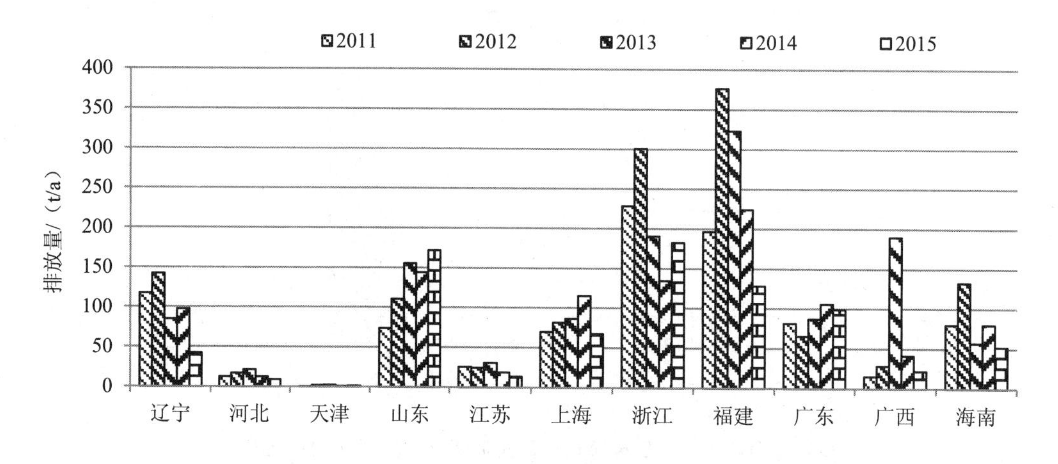

图 5-65 2011—2015 年各省份直排海工业污染源氨氮排放量

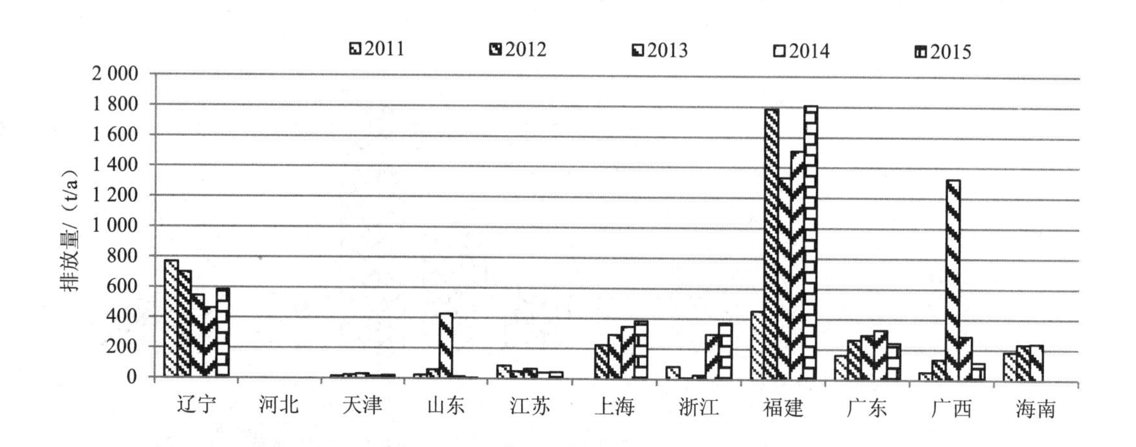

图 5-66 2011—2015 年各省份直排海工业污染源总氮排放量

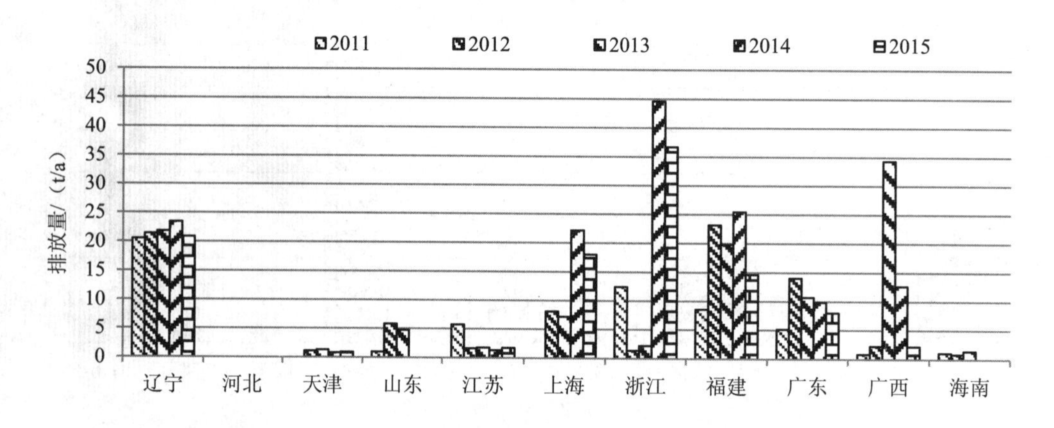

图 5-67 2011—2015 年各省份直排海工业污染源总磷排放量

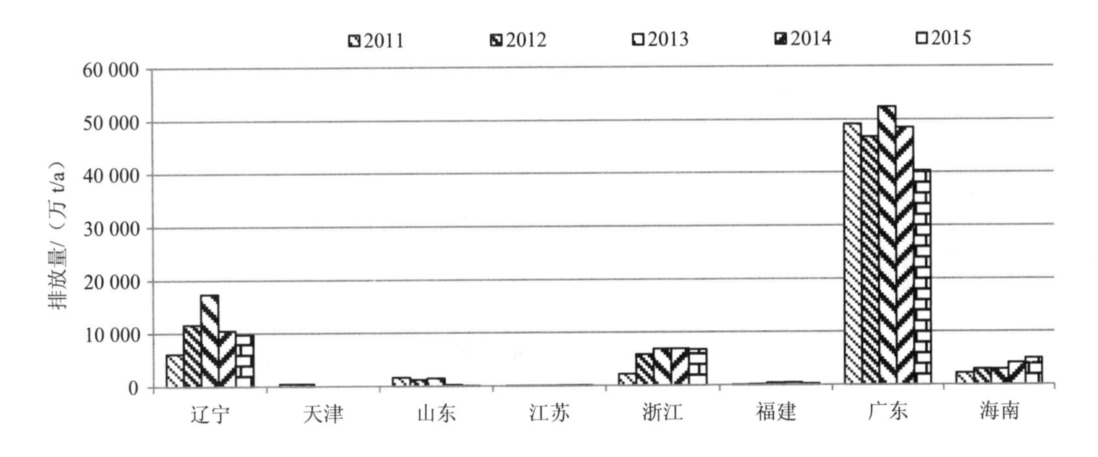

图 5-68　2011—2015 年各省份直排海生活污染源污水排放量

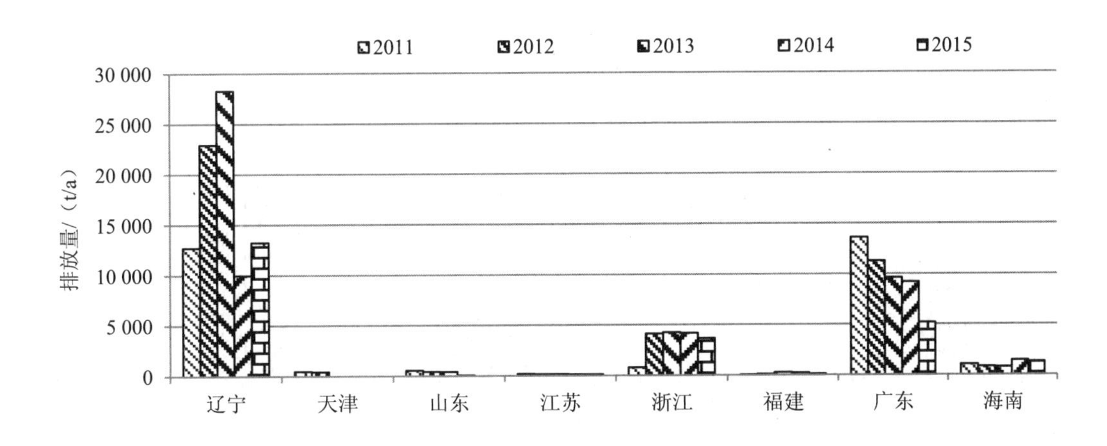

图 5-69　2011—2015 年各省份直排海生活污染源 COD 排放量

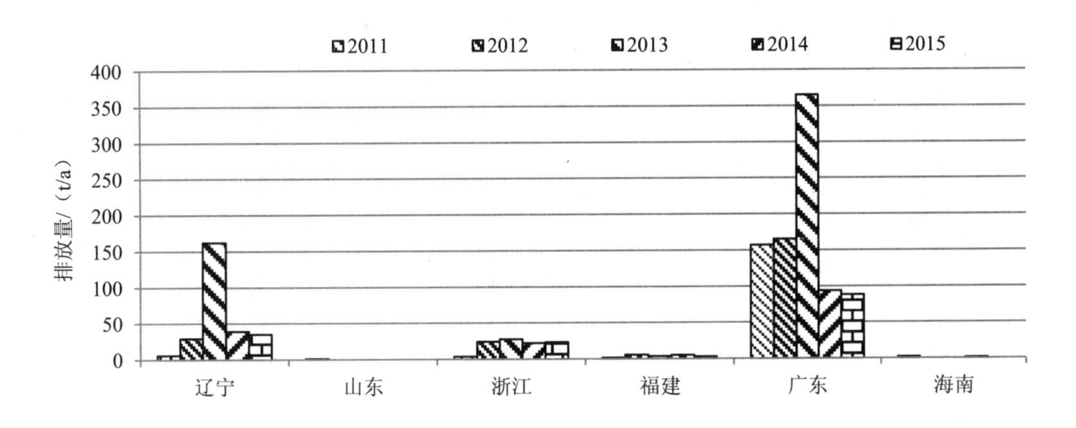

图 5-70　2011—2015 年各省份直排海生活污染源石油类排放量

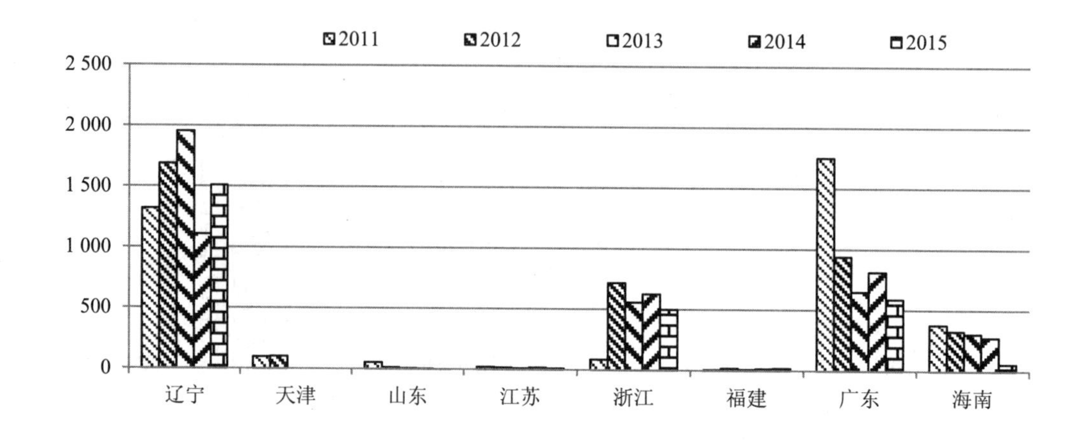

图 5-71 2011—2015 年各份直排海生活污染源氨氮排放量

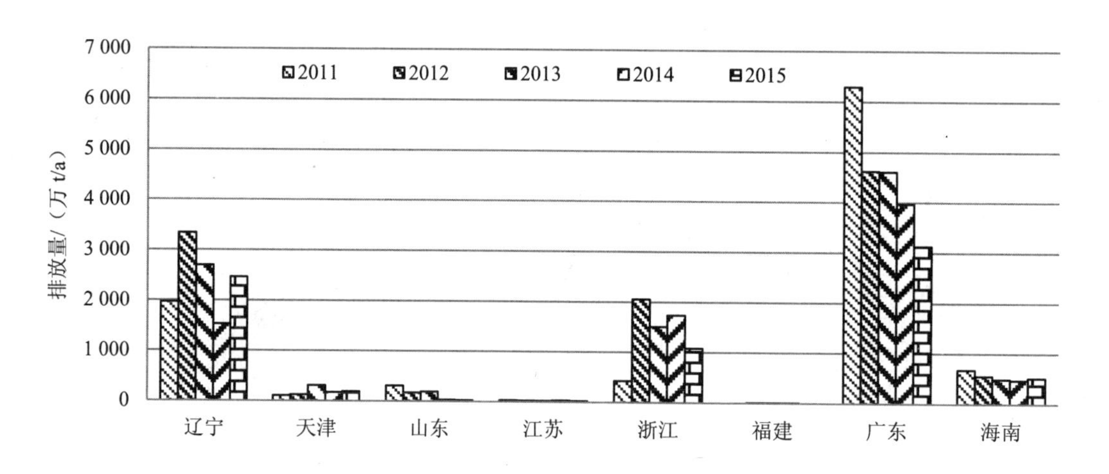

图 5-72 2011—2015 年各省份直排海生活污染源总氮排放量

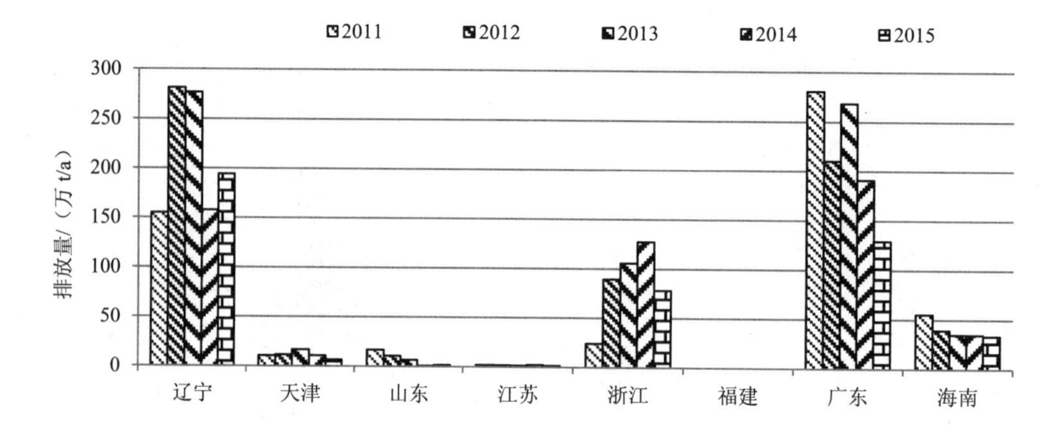

图 5-73 2011—2015 年各省份直排海生活污染源总磷排放量

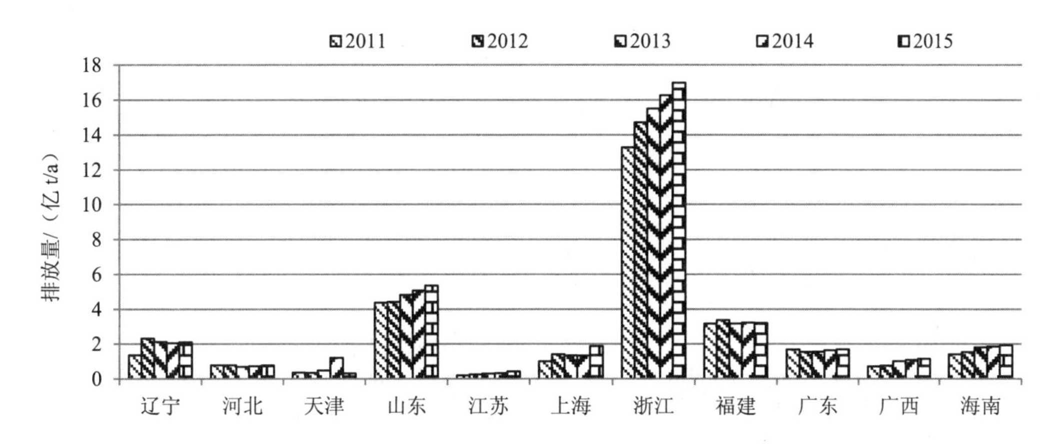

图 5-74 2011—2015 年各省、自治区、直辖市直排海综合源污水排放量

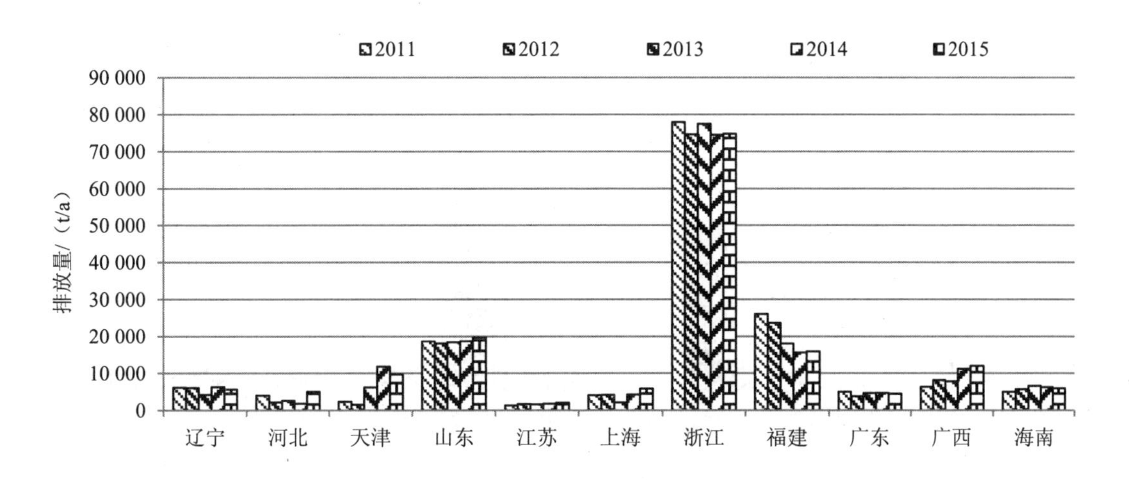

图 5-75 2011—2015 年各省、自治区、直辖市直排海综合源 COD 排放量

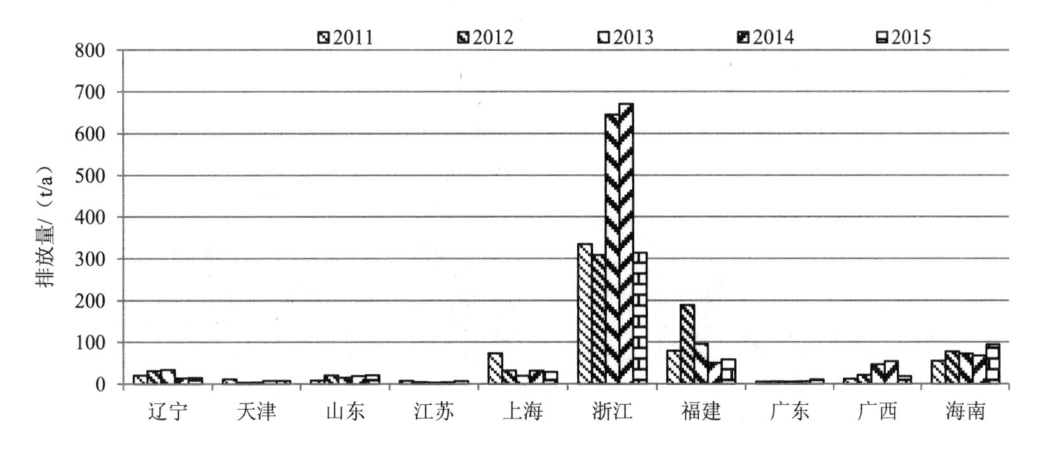

图 5-76 2011—2015 年各省、自治区、直辖市直排海综合源石油类排放量

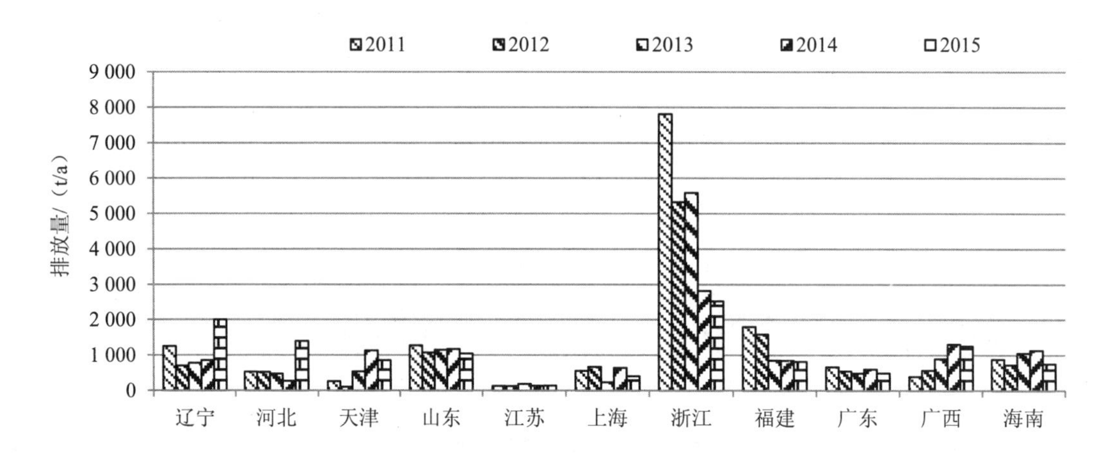

图 5-77 2011—2015 年各省、自治区、直辖市直排海综合源氨氮排放量

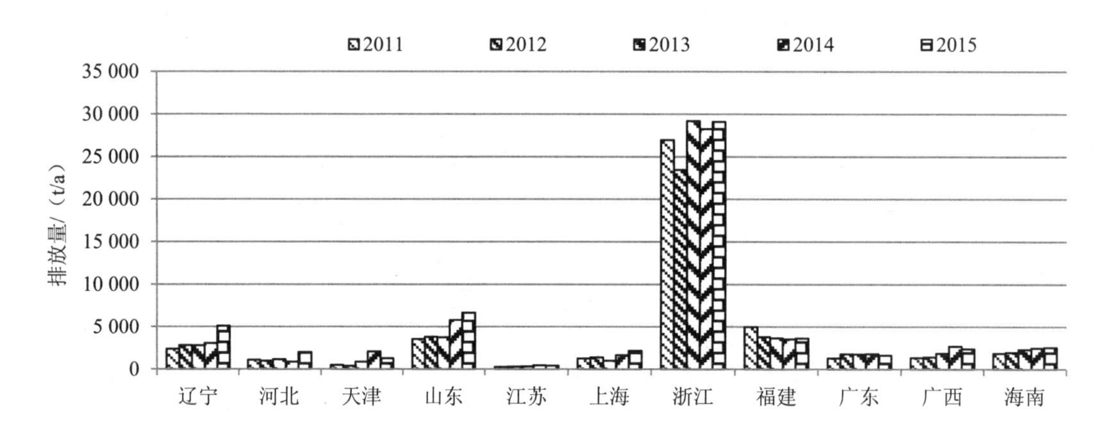

图 5-78 2011—2015 年各省、自治区、直辖市直排海综合源总氮排放量

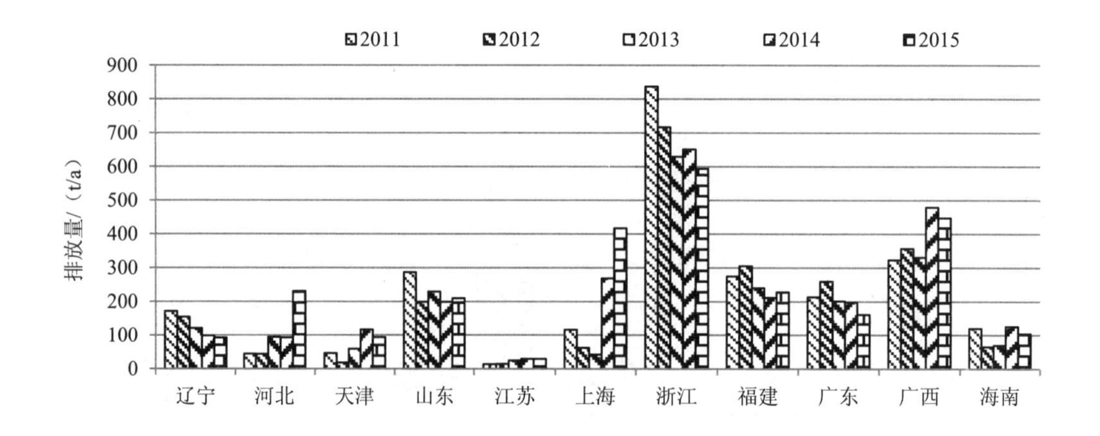

图 5-79 2011—2015 年各省、自治区、直辖市直排海综合源总磷排放量

5.3.2 辽宁

2011—2015 年，辽宁开展监测的直排海污染源数量为 34～38 个。从污染源类型来看，工业、生活、综合三类污染源数量分别为 13～18 个、5～8 个、11～17 个；从城市来看，分布在大连、丹东、锦州、营口、葫芦岛五市，大连最多，为 21～24 个。

2011—2015 年，辽宁直排海污染源污水、COD、石油类、氨氮、总氮、总磷排放量分别为 4.1 亿～5.9 亿 t、1.9 万～3.5 万 t、63～229 t、2 057～3 556 t、5 037～8 138 t、279～457 t。从污染源类型来看，污水排放集中在工业、综合类，其合计占辽宁污水量的 70%～85%，COD、石油类、氨氮、总氮、总磷排放集中在工业、生活类，其合计分别占辽宁总量的 84%～90%、38%～80%、94%～99%、85%～93%、92%～95%。从城市来看，大连污水、COD、石油类、氨氮、总氮、总磷排放分别占辽宁总量的 93%～96%、83%～94%、47%～94%、55%～91%、71%～91%、89%～96%。

5.3.3 河北

2011—2015 年，河北开展监测的直排海污染源数量为 5～7 个。从污染源类型来看，工业、综合类污染源数量分别为 1～4 个、3～4 个，没有生活类污染源；从城市来看，分布在秦皇岛、唐山 2 市，秦皇岛最多，且多为城市污水处理厂，唐山仅 1 个。

2011—2015 年，河北直排海污染源污水、COD、石油类、氨氮、总氮、总磷排放量分别为 7 411 万～8 148 万 t、1 867～4 035 t、0.005 ～0.165 t、285～1 408 t、870～1 994 t、44～231 t。从污染源类型来看，污水、COD、氨氮、总氮、总磷排放集中在综合类直排海污染源，其分别占河北总量的 92%～98.9%、98%～99.6%、96%～99.4%、100%、100%。从城市来看，秦皇岛污水、COD、氨氮、总氮、总磷排放分别占河北总量的 92%～99%、98%～99.6%、96%～99.4%、100%、100%。

5.3.4 天津

2011—2015 年，天津开展监测的直排海污染源数量为 15～22 个。从污染源类型来看，工业、综合类污染源数量分别为 5～9 个、5～11 个，其中，5 个生活类污染源 2013 年后，根据纳污情况调整为综合源。

2011—2015 年，天津直排海污染源污水、COD、石油类、氨氮、总氮、总磷排放量分别为 4 204 万～12 638 万 t、2 129～11 978 t、4～12 t、209～1 131 t、526～2 095 t、31～118 t。从污染源类型来看，污水及主要污染物排放集中在综合类污染源，其污水、COD、石油类、氨氮、总氮、总磷排放分别占天津总量的 80%～95%、73%～99%、82%～99%、42%～99.9%、72%～99%、59%～99%。

5.3.5 山东

2011—2015 年，山东开展监测的直排海污染源数量为 43～46 个。从污染源类型来看，工业、生活、综合三类污染源数量分别为 15～25 个、1 个、20～27 个；从城市来看，分布在青岛、日照、威海、潍坊、烟台，青岛最多，为 16～23 个，其次是烟台，为 15～19 个。

2011—2015 年，山东直排海污染源污水、COD、石油类、氨氮、总氮、总磷排放量分别为 5.1 亿～6.1 亿 t、2.1 万～2.3 万 t、22～32 t、1 198～1 402 t、3 876～6 685 t、200～304 t。从污染源类型来看，污水及主要污染物排放集中在综合类，其污水、COD、石油类、氨氮、总氮、总磷排放分别占山东总量的 86%～88%、83%～87%、38%～96%、86%～91%、86%～100%、92%～99%。从城市来看，青岛污水、COD、石油类、氨氮、总氮、总磷排放分别占山东总量的 42%～50%、43%～47%、0～27%、57%～61%、18%～55%、26%～50%；烟台污水、COD、石油类、氨氮、总氮、总磷排放分别占山东总量的 29%～32%、29%～36%、0～42%、11%～21%、34%～58%、28%～53%。

5.3.6 江苏

2011—2015 年，江苏开展监测的直排海污染源数量为 16～21 个。从污染源类型来看，工业、生活、综合三类污染源数量分别为 3～8 个、3～4 个、9～10 个；从城市来看，分布在连云港、南通、盐城，连云港最多，为 11～15 个，其次是盐城，为 4～5 个。

2011—2015 年，江苏直排海污染源污水、COD、石油类、氨氮、总氮、总磷排放量分别为 2 817 万～4 730 万 t、2 082～2 414 t、6～13 t、169～229 t、376～534 t、18～33 t。从污染源类型来看，污水及主要污染物排放集中在综合类，其污水、COD、石油类、氨氮、总氮、总磷排放分别占江苏总量的 69%～89%、64%～86%、61%～75%、75%～85%、70%～87%、64%～90%。从城市来看，连运港污水、COD、石油类、氨氮、总氮、总磷排放分别占江苏总量的 52%～62%、50%～58%、20%～56%、41%～51%、43%～74%、62%～88%；盐城污水、COD、石油类、氨氮、总氮、总磷排放分别占江苏总量的 34%～42%、38%～45%、30%～58%、44%～59%、22%～51%、10%～34%。

5.3.7 上海

2011—2015 年，上海开展监测的直排海污染源数量为 11～12 个。从污染源类型来看，工业、综合类污染源数量分别为 3～6 个、6～8 个，没有生活类。

2011—2015 年，上海直排海污染源污水、COD、石油类、氨氮、总氮、总磷排放量分别为 1.6 亿～2.4 亿 t、4 393～7 416 t、35～83 t、324～756 t、1 275～2 547 t、49～435 t。从污染源类型来看，污水及主要污染物排放集中在综合类污染源，其污水、COD、石油类、氨氮、总氮、总磷排放分别占上海总量的 63%～78%、49%～79%、56%～88%、73%～89%、77%～100%、86%～100%。

5.3.8 浙江

2011—2015 年，浙江开展监测的直排海污染源数量为 88～127 个。从污染源类型来看，工业、生活、综合三类污染源数量分别为 41～79 个、8～10 个、37～41 个；从城市来看，分布在杭州、嘉兴、宁波、绍兴、台州、温州、舟山，宁波最多，为 35～51 个，其次是舟山，为 25～36 个。

2011—2015 年，浙江直排海污染源污水、COD、石油类、氨氮、总氮、总磷排放量分别为 1.4 亿～1.8 亿 t、8.2 万～8.7 万 t、340～694 t、3 214～8 130 t、25 540～30 736 t、709～

874 t。从污染源类型来看，污水及主要污染物排放集中在综合类，其污水、COD、石油类、氨氮、总氮、总磷排放分别占浙江总量的 92%～94%、89%～93%、91%～97%、79%～96%、92%～98%、79%～96%。从城市来看，污水及主要污染物排放集中在杭州、宁波、嘉兴、绍兴，其合计占浙江污水、COD、石油类、氨氮、总氮、总磷排放总量的 86%～92%、86%～92%、83%～94%、57%～87%、83%～91%、60%～88%。

5.3.9 福建

2011—2015 年，福建开展监测的直排海污染源数量为 51～62 个。从污染源类型来看，工业、生活、综合三类污染源数量分别为 25～35 个、2 个、24～25 个；从城市来看，分布在福州、宁德、莆田、泉州、厦门、漳州，厦门最多，为 18～20 个，其次是泉州，为 15～20 个。

2011—2015 年，福建直排海污染源污水、COD、石油类、氨氮、总氮、总磷排放量分别为 1.1 亿～1.9 亿 t、2.6 万～3.4 万 t、100～238 t、966～2 003 t、5 003～5 598 t、237～329 t。从污染源类型来看，污水排放集中在工业类，占福建总量的 72%～83%，COD、石油类、氨氮、总氮、总磷排放集中在综合类，分别占福建总量的 61%～79%、46%～79%、72%～90%、67%～92%、89%～97%。从城市来看，污水及主要污染物排放集中在宁德、厦门、漳州，其合计占福建污水、COD、石油类、氨氮、总氮、总磷排放总量的 93%、67%～81%、76%～96%、69%～90%、66%～92%、86%～97%。

5.3.10 广东

2011—2015 年，广东开展监测的直排海污染、源数量为 62～68 个。从污染源类型来看，工业、生活、综合三类污染源数量分别为 20～28 个、25～27 个、15 个；从城市来看，分布在潮州、东莞、广州、惠州、江门、茂名、汕头、汕尾、深圳、阳江、湛江、中山、珠海，珠海最多，为 12～13 个，其他城市数量均在 1～9 个。

2011—2015 年，广东直排海污染源污水、COD、石油类、氨氮、总氮、总磷排放量分别为 6.1 亿～7.1 亿 t、1.1 万～2.0 万 t、103～374 t、1 181～2 498 t、5 026～7 765 t、299～499 t。从污染源类型来看，污水及主要污染物排放集中在生活类，其污水、COD、石油类、氨氮、总氮、总磷排放分别占广东总量的 66%～73%、47%～67%、86%～98%、50%～70%、62%～81%、43%～56%。从城市来看，污水及主要污染物排放集中在汕头、深圳、珠海，其合计占广东污水、COD、石油类、氨氮、总氮、总磷排放总量的 70%～83%、53%～70%、88%～94%、64%～80%、66%～96%、67%～100%。

5.3.11 广西

2011—2013 年，广西开展监测的直排海污染源数量均为 24 个，2014 年后增加至 49 个。从污染源类型来看，工业、生活、综合三类污染源数量分别为 5～21 个、17～29 个，没有生活类；从城市来看，分布在北海、防城港、钦州，北海最多，为 14～21 个。

2011—2015 年，广西直排海污染源污水、COD、石油类、氨氮、总氮、总磷排放量分别为 0.8 亿～3.7 亿 t、0.7 万～1.3 万 t、13～59 t、407～1 328 t、1 406～3 192 t、324～492 t。

从污染源类型来看，污水及主要污染物排放集中在综合类，其污水、COD、石油类、氨氮、总氮、总磷排放分别占广西总量的27%～94%、84%～97%、85%～98%、83%～98%、59%～96%、91%～100%。从城市来看，北海污水、COD、石油类、氨氮、总氮、总磷排放分别占广西总量的60%～85%、77%～87%、66%～95%、64%～90%、74%～80%、89%～93%。

5.3.12 海南

2011—2015年，海南开展监测的直排海污染源数量为15～23个。从污染源类型来看，工业、生活、综合三类污染源数量分别为4～6个、2～8个、9～10个；从城市来看，分布在澄迈、东方、海口、三亚、万宁、文昌、洋浦，海口最多，为7～8个。

2011—2015年，海南直排海污染源污水、COD、石油类、氨氮、总氮、总磷排放量分别为1.9亿～2.8亿t、0.8～1.0 t、73～94 t、886～1 488 t、2 738～3 076 t、106～176 t。从污染源类型来看，污水及主要污染物排放集中在综合类，其污水、COD、石油类、氨氮、总氮、总磷排放分别占海南总量的69%～74%、64%～69%、75%～100%、61%～87%、69%～84%、62%～78%。从城市来看，海口污水、COD、石油类、氨氮、总氮、总磷排放分别占海南总量的65%～72%、60%～67%、75%～100%、60%～84%、67%～81%、59%～74%。

5.4 部分沿海城市直排海污染源监测与调查结果

5.4.1 总体情况

2011—2015年，全国开展监测的直排海污染源分布在53个沿海城市，污水及主要污染物的排放主要集中在大连、秦皇岛、青岛、连云港、盐城、杭州、宁波、嘉兴、绍兴、宁德、厦门、漳州、汕头、深圳、珠海、北海、海口。这些城市在污染源数量和排放量上，占所在省份或区域比重较大。

5.4.2 大连

2011—2015年，大连开展监测的直排海污染源数量为21～24个，全年均达标比例为41.7%～71.4%。其中，工业、生活、综合三类污染源数量分别为5～11个、5～8个、5～11个。

2011—2015年，大连直排海污染源污水、COD、石油类、氨氮、总氮、总磷排放量分别为38 694万～56 507万t、17 245～33 331 t、33～216 t、1 497～2 454 t、3 562～6 086 t、248～440 t。从污染源类型来说，大连污水、氨氮排放集中在工业类，COD、石油类、总氮、总磷集中在生活类。

5.4.3 秦皇岛

2011—2015年，秦皇岛开展监测的直排海污染源数量为4～6个，全年均达标比例为25%～100%。其中，工业、综合类污染源数量分别为2个、3～4个，没有生活类。

2011—2015 年，秦皇岛直排海污染源污水、COD、石油类、氨氮、总氮、总磷排放量分别为 6 867 万～7 829 万 t、1 844～5 058 t、0 t、272～1 398 t、870～1 994 t、44～231 t。从污染源类型来说，综合类污染源是秦皇岛污水及主要污染物排放的主要来源。

5.4.4 青岛

2011—2015 年，青岛开展监测的直排海污染源数量为 16～23 个，全年均达标比例为 78.9%～100%。其中，工业、综合类污染源数量分别为 8～15 个、8 个，没有生活类。

2011—2015 年，青岛直排海污染源污水、COD、石油类、氨氮、总氮、总磷排放量分别为 21 707 万～29 231 万 t、9 032～10 128 t、0～6 t、687～861 t、698～3 699 t、56～111 t。从污染源类型来说，综合类污染源是青岛污水及主要污染物排放的主要来源。

5.4.5 烟台

2011—2015 年，烟台开展监测的直排海污染源数量为 15～19 个，全年均达标比例为 88.2%～100%。其中，工业、综合类污染源数量分别为 5～8 个、8～12 个，没有生活类。

2011—2015 年，烟台直排海污染源污水、COD、石油类、氨氮、总氮、总磷排放量分别为 15 839 万～17 795 万 t、6 276～8 079 t、0～14 t、149～255 t、1 891～2 349 t、58～145 t。从污染源类型来说，综合类污染源是烟台污水及主要污染物排放的主要来源。

5.4.6 连云港

2011—2015 年，连云港开展监测的直排海污染源数量为 11～15 个，全年均达标比例为 20%～63.6%。其中，工业、生活、综合三类污染源数量分别为 2～6 个、3～4 个、5～6 个。

2011—2015 年，连云港直排海污染源污水、COD、石油类、氨氮、总氮、总磷排放量分别为 1 577 万～2 925 万 t、1 071～1 216 t、1～7 t、67～117 t、162～357 t、12～29 t。从污染源类型来说，综合类污染源是连云港污水及主要污染物排放的主要来源。

5.4.7 盐城

2011—2015 年，盐城开展监测的直排海污染源数量为 4～5 个，全年均达标比例为 40%～100%。其中，工业、综合类污染源数量分别为 1 个、4 个，没有生活类。

2011—2015 年，盐城直排海污染源污水、COD、石油类、氨氮、总氮、总磷排放量分别为 1 055 万～1 627 万 t、791～1 081 t、3～5 t、89～105 t、106～221 t、3～9 t。从污染源类型来说，综合类污染源是盐城污水及主要污染物排放的主要来源。

5.4.8 杭州

2011—2015 年，杭州开展监测的直排海污染源数量为 8～9 个，全年均达标比例为 12.5%～87.5%。其中，工业、综合类污染源数量分别为 2 个、6～7 个，没有生活类。

2011—2015 年，杭州直排海污染源污水、COD、石油类、氨氮、总氮、总磷排放量分别为 52 614 万～64 388 万 t、15 693～29 112 t、14～448 t、341～3 624 t、8 777～9 885 t、

114～459 t。从污染源类型来说，综合类污染源是杭州污水及主要污染物排放的主要来源。

5.4.9 宁波

2011—2015 年，宁波开展监测的直排海污染源数量为 35～51 个，全年均达标比例为 85.4%～100%。其中，工业、综合类污染源数量分别为 22～36 个、13～16 个，没有生活类。

2011—2015 年，宁波直排海污染源污水、COD、石油类、氨氮、总氮、总磷排放量分别为 27 690 万～31 512 万 t、10 671～11 609 t、26～94 t、538～1 392 t、2 263～2 967 t、91～186 t。从污染源类型来说，综合类污染源是宁波污水及主要污染物排放的主要来源。

5.4.10 嘉兴

2011—2015 年，嘉兴开展监测的直排海污染源数量为 6～12 个，全年均达标比例为 75%～100%。其中，工业、综合类污染源数量分别为 1～5 个、6～7 个，没有生活类。

2011—2015 年，嘉兴直排海污染源污水、COD、石油类、氨氮、总氮、总磷排放量分别为 20 672 万～28 955 万 t、15 303～21 798 t、24～85 t、218～1 310 t、2 816～6 758 t、89～165 t。从污染源类型来说，综合类污染源是嘉兴污水及主要污染物排放的主要来源。

5.4.11 绍兴

2011—2015 年，绍兴开展监测的直排海污染源数量为 2 个，全年均达标比例为 100%，只有综合类污染源。

2011—2015 年，绍兴直排海污染源污水、COD、石油类、氨氮、总氮、总磷排放量分别为 20 672 万～28 955 万 t、15 303～21 798 t、24～85 t、218～1 310 t、6 166～11 424 t、43～61 t。

5.4.12 宁德

2011—2015 年，宁德开展监测的直排海污染源数量为 3～4 个，全年均达标比例为 66.7%～100%，只有工业类污染源。

2011—2015 年，宁德直排海污染源污水、COD、石油类、氨氮、总氮、总磷排放量分别为 26 851 万～84 779 万 t、508～2 163 t、5～24 t、1～19 t、0～7 t、0～0.3 t。

5.4.13 厦门

2011—2015 年，厦门开展监测的直排海污染源数量为 3～4 个，全年均达标比例为 45%～55.6%，只有综合类污染源。

2011—2015 年，厦门直排海污染源污水、COD、石油类、氨氮、总氮、总磷排放量分别为 28 411 万～31 856 万 t、14 358～25 615 t、46～184 t、722～1 740 t、3 349～4 978 t、204～305 t。

5.4.14 漳州

2011—2015 年，漳州开展监测的直排海污染源数量为 8 个，全年均达标比例为 75%～

100%。其中，工业、综合类污染源数量各 4 个，没有生活类。

2011—2015 年，漳州直排海污染源污水、COD、石油类、氨氮、总氮、总磷排放量分别为 46 446 万～62 468 万 t、763～1 360 t、10～28 t、61～143 t、0 t、0 t。从污染源类型来说，工业类污染源是漳州污水、COD、石油类排放的主要来源，综合类污染源是漳州氨氮排放的主要来源。

5.4.15　汕头

2011—2015 年，汕头开展监测的直排海污染源数量为 3 个，全年均达标比例为 100%，只有综合类污染源。

2011—2015 年，汕头直排海污染源污水、COD、石油类、氨氮、总氮、总磷排放量分别为 9 721 万～11 774 万 t、2 211～2 810 t、0～5 t、211～454 t、924～1 466 t、112～230 t。

5.4.16　深圳

2011—2015 年，深圳开展监测的直排海污染源数量为 8～9 个，全年均达标比例为 55.6%～100%。其中，工业、生活、综合类污染源数量分别为 1～3 个、5～6 个、1 个。

2011—2015 年，深圳直排海污染源污水、COD、石油类、氨氮、总氮、总磷排放量分别为 23 201 万～33 660 万 t、1 347～6 300 t、3～251 t、172～520 t、1 948～3 263 t、52～178 t。从污染源类型来说，生活类污染源是深圳污水及主要污染物排放的主要来源。

5.4.17　珠海

2011—2015 年，珠海开展监测的直排海污染源数量为 12～13 个，全年均达标比例为 75%～100%。其中，工业、生活类污染源数量分别为 2～3 个、9～10 个，没有综合类。

2011—2015 年，珠海直排海污染源污水、COD、石油类、氨氮、总氮、总磷排放量分别为 12 816 万～15 610 万 t、3 435～4 550 t、82～139 t、373～1 030 t、584～1 684 t、66～73 t。从污染源类型来说，生活类污染源是珠海污水及主要污染物排放的主要来源。

5.4.18　北海

2011—2015 年，北海开展监测的直排海污染源数量为 14～21 个，全年均达标比例为 6.7%～25%。其中，工业、综合类污染源数量分别为 2～8 个、11～14 个，没有生活类。

2011—2015 年，北海直排海污染源污水、COD、石油类、氨氮、总氮、总磷排放量分别为 5 362 万～31 626 万 t、5 670～10 236 t、8～53 t、260～1 177 t、1 038～2 554 t、293～447 t。从污染源类型来说，综合类污染源是北海污水及主要污染物排放的主要来源。

5.4.19　海口

2011—2015 年，海口开展监测的直排海污染源数量为 7～8 个，全年均达标比例为 28.6%～71.4%。其中，综合类污染源数量为 7 个，工业类污染源仅 2011—2012 年有 1 个，没有生活类。

2011—2015 年，海口直排海污染源污水、COD、石油类、氨氮、总氮、总磷排放量分别为 13 484 万～18 065 万 t、4 863～6 470 t、55～94 t、712～1 084 t、1 832～2 454 t、63～120 t。从污染源类型来说，综合类污染源是海口污水及主要污染物排放的主要来源。

5.5 近岸海域环境功能区直排海污染源监测与调查结果

2011—2015 年，有部分直排海污染源排入的近岸海域环境功能区为混合区或不明，有 411～422 个直排海污染源污染物排入 119～160 个近岸海域环境功能区中。其中，涉及一类功能区 2～5 个，接纳污染源数量 13～19 个；涉及二类功能区 43～63 个，接纳污染源数量 110～126 个；涉及三类功能区 41～56 个，接纳污染源数量 121～140 个；涉及四类功能区 33～41 个，接纳污染源数量 139～151 个。见表 5-3、图 5-80～图 5-85

表 5-3 近岸海域环境功能区纳污情况

功能区类别	年份	涉及功能区个数	接纳排口个数	污水量/（亿 t/a）	COD/（万 t/a）	石油类/（t/a）	氨氮/（t/a）	总氮/（t/a）	总磷/（t/a）	总汞/（kg/a）	六价铬/（kg/a）	总铅/（kg/a）	总镉/（kg/a）
一类	2011	2	19	7 044	3 896	8	374	898	40	9.9	0.0	12.0	5.9
	2012	3	13	7 799	10 775	107	591	946	86	17.7	0.4	116.5	67.2
	2013	4	13	5 012	5 201	38	269	774	46	5.4	345.6	76.3	29.0
	2014	5	13	5 051	4 259	23	124	585	31	11.8	0.0	27.5	6.0
	2015	5	13	5 077	3 957	5	82	526	30	18.4	0.0	49.1	7.4
二类	2011	43	121	157 404	58 289	223	3 913	10 147	673	66.0	135.1	2 889.9	160.6
	2012	61	126	98 392	40 648	174	2 753	9 687	609	72.9	93.0	1 193.8	100.4
	2013	61	115	88 471	34 055	124	2 196	8 360	506	50.7	76.8	1 839.5	141.6
	2014	63	116	91 611	37 672	99	2 870	9 076	746	93.7	131.7	297.5	449.1
	2015	61	110	97 114	38 634	103	2 477	9 820	829	39.4	64.1	658.7	96.5
三类	2011	41	121	185 717	88 885	372	9 471	29 266	1 272	202.5	138.5	1 809.3	576.1
	2012	54	140	331 482	93 167	501	6 808	29 539	1 198	118.6	1 925.9	2 915.9	589.7
	2013	56	134	373 508	98 133	1 038	6 979	32 557	1 061	120.9	1 113.2	4 372.4	129.1
	2014	52	128	368 919	84 430	790	3 988	31 597	909	99.2	1 324.5	3 092.1	178.9
	2015	53	124	365 814	77 527	461	3 989	32 725	736	48.1	532.8	11 797.9	55.9
四类	2011	33	150	95 858	47 716	171	4 892	13 540	858	43.8	177.7	608.1	101.2
	2012	36	143	121 198	73 209	241	6 886	16 280	1 025	19.4	733.3	355.2	68.2
	2013	39	151	155 701	77 044	421	7 053	19 260	1 145	33.3	177.9	1 256.6	91.1
	2014	40	143	131 792	69 124	219	5 797	17 030	1 254	73.5	71.8	1 901.4	105.4
	2015	41	139	122 651	76 174	163	6 320	17 471	1 422	70.0	78.4	4 552.8	462.8

2011—2015 年，三类近岸海域环境功能区接纳污水、COD、石油类最多。按照相关规定一类近岸海域环境功能区不应有排污口，规定下发前设置的应该逐步取缔，但到目前为止一类近岸海域环境功能区仍有排污口设置。

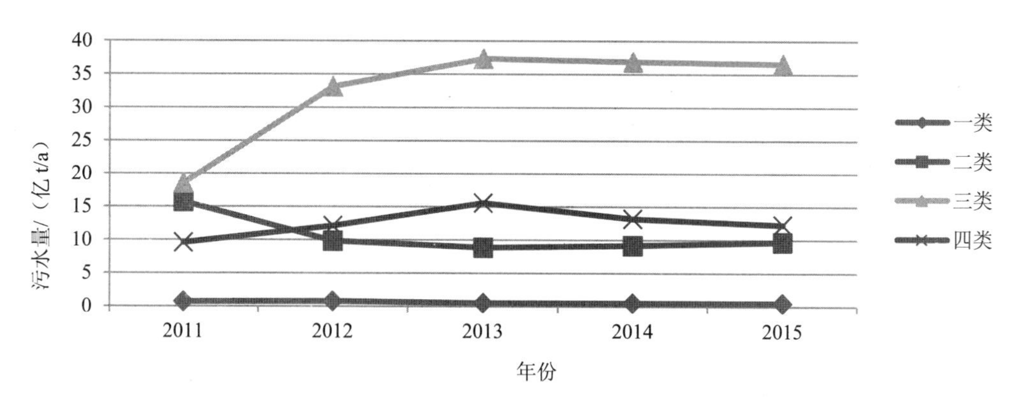

图 5-80 2011—2015 年各类功能区接纳污水量

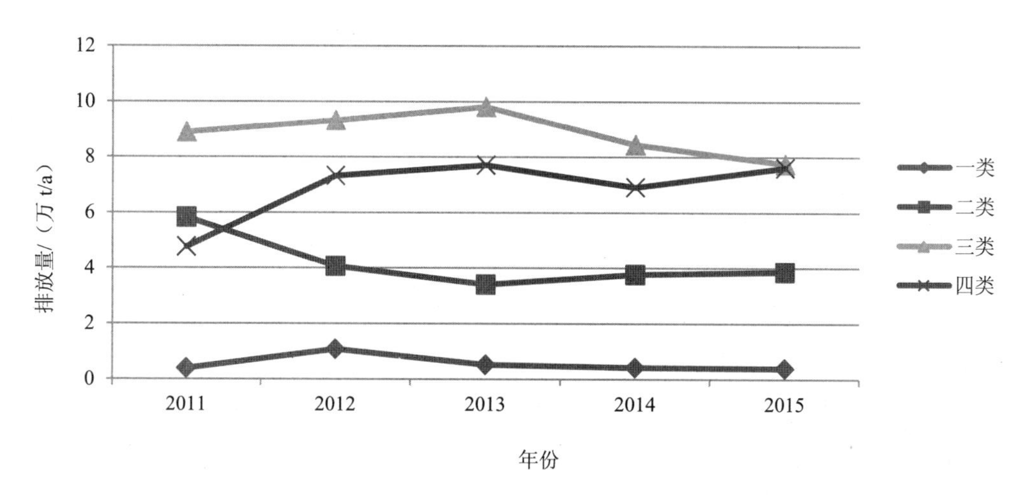

图 5-81 2011—2015 年各类功能区接纳 COD 排放量

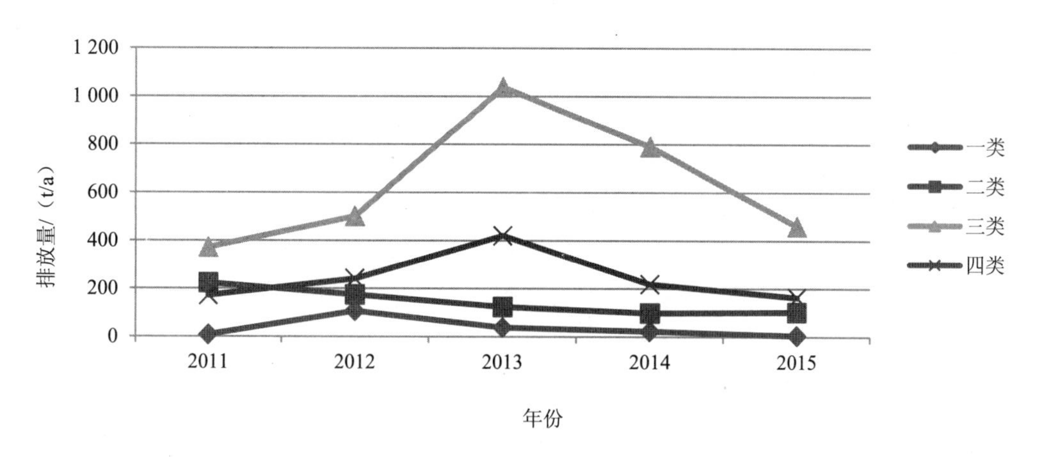

图 5-82 2011—2015 年各类功能区接纳石油类排放量

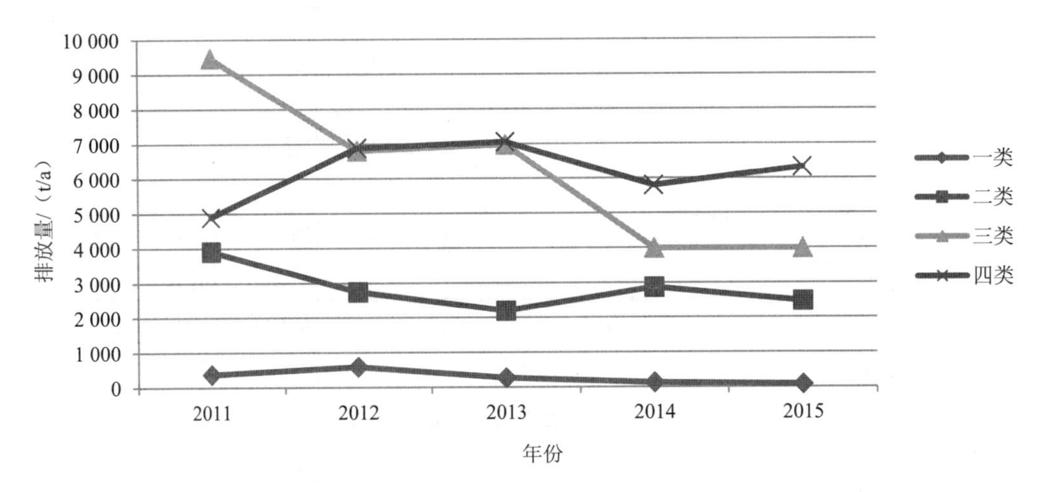

图 5-83 2011—2015 年各类功能区接纳氨氮排放量

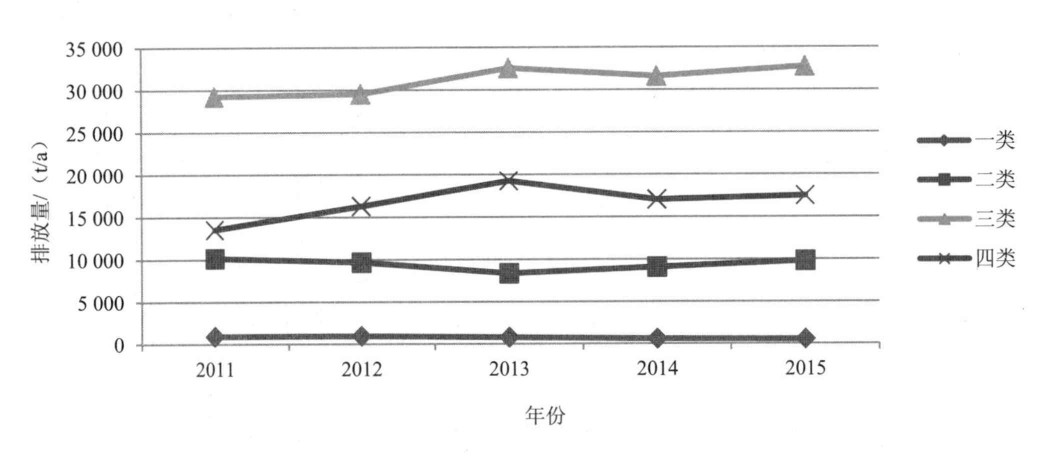

图 5-84 2011—2015 年各类功能区接纳总氮排放量

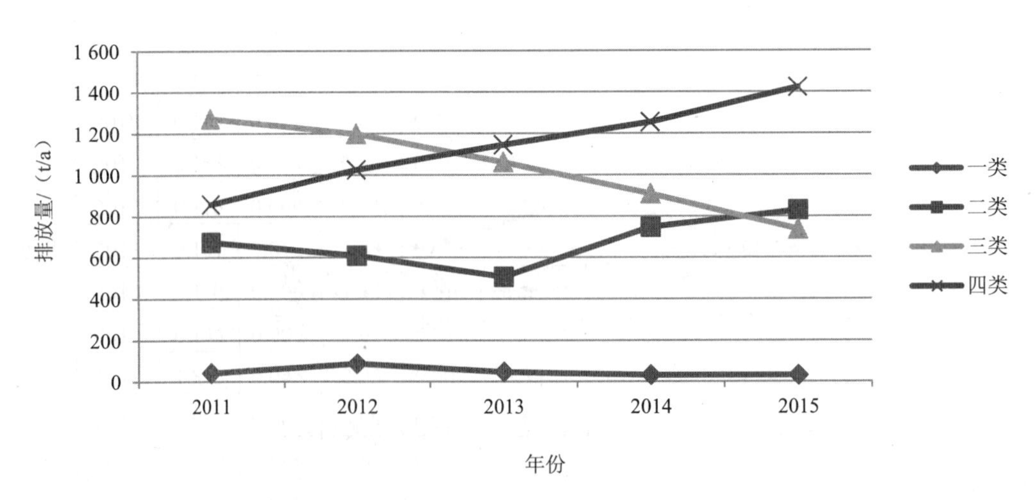

图 5-85 2011—2015 年各类功能区接纳总磷排放量

第六章　结论与建议

6.1　结论

6.1.1　我国近岸海域水质总体不容乐观

“十二五”期间，全国近岸海域水质总体保持稳定，处于轻度污染状况（水质评价为一般），局部恶化趋势依然没有得到遏制。一类、二类海水比例为 62.7%～70.5%，劣四类海水比例为 16.9%～18.6%。与“十一五”相比，一类、二类海水比例低值相同，但高值降低 2.4 个百分点；劣四类海水比例低值高 4.9 个百分点，高值高 0.1 个百分点，且有 4 年维持在 18%以上。

四大海区中，东海近岸海域水质最差，以重度污染为主，兼有一年中度污染；渤海次之，以轻度污染为主，兼有一年中度污染；南海水质以良为主，兼有一年轻度污染；黄海海水质较好，各年度均为良。按各年度水质类别与“十一五”相比，渤海、东海和南海较差，黄海保持稳定。

沿海各省市中，海南近岸海域水质最好，各年度均为优；广西次之，水质最处于优和良；山东和河北近岸海域水质各年度均为良；广东近岸海域水质以良为主；江苏近岸海域水质为轻度污染兼有一年为良；福建各年度均为轻度污染；辽宁以一般为主，兼各一年度为良和轻度污染；天津近岸海域水质以中度污染为主兼有一年度为极差；上海和浙江近岸海域水质各年度均为极差。按各年度水质类别与“十一五”期间比较，海南、广西、河北、福建水质有所变好，山东和广东保持稳定，江苏、浙江水质变差；辽宁波动增大；天津趋于中度污染；上海无改观，处于重度污染状况。

影响全国近岸海域水质的主要污染物为无机氮和活性磷酸盐。其中，无机氮点位超标率范围为 28.6%～31.2%，最低值和最高值比“十一五”期间的 25.4%～32.8%略有升高，四大海区无机氮超标率呈波动变化；活性磷酸盐点位超标率范围为 11.0%～15.9%，比与“十一五”期间的 8.6%～12.4%略有升高，年均值呈波动变化，点位超标率均较低，四大海区活性磷酸盐超标率呈波动变化。监测的全国近岸海域水质其他污染因子中，溶解氧、pH、化学需氧量、石油类、铜、铅、镉、非离子氨、锌、生化需氧量、镍、挥发酚、阴离子表面活性剂、大肠菌群、镍、硫化物和氰化物在局部区域的不同年度有超标现象。

6.1.2　入海河流水质依然较差，污染物输入量仍然较高

2011—2015 年，全国入海河流水质状况总体仍处于较差水平，劣Ⅴ类水质断面比例为 18.2%～27.3%，Ⅲ类及优于Ⅲ类水质高于 40%；Ⅱ、Ⅲ类水质呈下降趋势，劣Ⅴ类水质呈

减少趋势。影响水质的主要污染因子为高锰酸盐指数、氨氮和总磷。全国入海河流主要污染物入海量，高锰酸盐指数、总氮总体呈波动上升趋势，氨氮明显下降趋势，石油类和总磷先上升后下降。

四大海区入海河流中，渤海的入海河流水质最差，劣Ⅴ类水质断面比例为 32.0%～56.0%；黄海和东海的入海河流水质一般，总体上无明显变化；南海的入海河流水质最好，Ⅲ类及优于Ⅲ类水质断面比例占 2/3 左右，总体改善趋势。东海的主要污染物入海量为最大，南海其次，最少为渤海和黄海，与东海的入海量差一个数量级。

各省、自治区、直辖市中，海南、广西和福建入海河流断面水质最好，劣Ⅴ类水质入海河流断面水质小于 10%；天津入海河流断面水质最差，均为Ⅴ类或劣Ⅴ类，各年度劣Ⅴ类入海河流断面占 80%以上；河北入海河流断面水质次之，劣Ⅴ类水质占 50%。

入海河流污染物入海量前十位河流断面为长江朝阳农场、珠江磨刀门水道、东江南支流沙田泗盛、闽江闽安、珠江莲花山、珠江横门水道、钱糖江闸口、鸭绿江厦子沟、珠江鸡啼门水道和潭江苍山渡口。

6.1.3 直排海污染源数量减少，污染物入海量仍然较高

与“十一五”期间情况相同，2011—2015 年，日排污水量大于 100 m^3 直排海污染源数量逐年减少。其中工业污染源数量减少最多，生活污染源数量变化不大，但综合污染源数量逐年增加。

2011—2015 年，全国日排污水量大于 100 m^3 的直排海污染源污染治理效果和管理水平不容乐观，全年各次监测均达标所占比例仅为 66.5%～72.6%；直排海工业、生活、综合污染源全年均达标比例分别为 78.0%～85.6%、46.4%～66.7%、56.4%～60.8%。

2011—2015 年，全国直排海污染源污水、COD、石油类排放量均先增加后减少，氨氮有所下降，总氮总体增加较多，总磷先降低后增加。四大海区中，东海污水、COD、石油类、氨氮、总氮、总磷排放量均居四大海区之首；渤海污水、COD 排放量均最少。

各省、自治区、直辖市中浙江直排海污染源污水排放入海量最大，其次为福建和辽宁；浙江 COD 排放入海量最大，福建次之；浙江氨氮排放入海量最大，辽宁次之；浙江石油类排放入海量最大广东和福建次之。

全国直排海污染源污水及主要污染物的排放主要集中在东海；按照省份划分，全国直排海污染源污水及主要污染物的排放主要集中在浙江、福建和广东；按城市划分，各区域污水及主要污染物的排放主要集中在大连、秦皇岛、青岛、连云港、盐城、杭州、宁波、嘉兴、绍兴、宁德、厦门、漳州、汕头、深圳、珠海、北海和海口。

6.1.4 监测内容亟待完善

从国际上看，国外非常重视近岸海域环境监测和评价，国外近岸海域环境评价技术进入发展的第二阶段，关注于研究建立综合性评价指标体系，陆续制定了中长期的监测评价发展规划和战略，目前监测和评价指标已逐步涵盖人类健康、生物多样性、环境风险、环保措施成效和管理计划的优先排序等更深层次问题，其中以美国、欧盟和澳大利亚等国家最具代表性。美国按照可操作性、科学性和代表性的原则，建立了以水质、沉积物质量、

底栖生物质量、近岸栖息地和鱼/贝类体内污染物表征近岸海域环境评价方法，用于定期发布《全国近岸海域状况报告》评价。欧盟以水框架指令（WFD）为近岸海域环境综合评价指标，包括生物、水文形态和物理化学各方面的要素，并以生物要素为主结合其他要素进行综合评价。欧盟 OSPAR 协议根据海域主要环境问题设置了五大专题评价，包括生物多样性和生态系统评价、富营养化评价、有害物质评价、海上油气开发评价和放射性物质评价，最后以生态质量目标 EcoQO 为主线整合各个专题评价结果，建立了 OSPAR 综合评价方法。澳大利亚建立的“国家环境现状评价指标体系”，将所有指标分为 8 个类别进行综合评价，包括生物物种、栖息地、栖息地质量、可恢复的产品、不可恢复的产品、水和沉积物质量、综合管理、生态过程等众多指标，在全国尺度上对近岸海域环境质量进行评估，获得良好的效果。

从近岸海域环境的污染来源考虑，包括来自陆域、海域和大气沉降；在生态环境角度考虑压力还包括栖息地的破坏和退化等，最终反映到水质、底质、生物多样性和生态体质量等。我国目前主要和普遍开展近岸海域环境质量监测是水质监测，污染压力监测是入海河流和直排海污染源。而从生态环境管理角度，应将开展的近岸海域沉积物、生物、生物质量和栖息地等监测未纳入例行监测工作。

6.2 建议

6.2.1 加快路海统筹水污染防治工作

在全国近岸海域水环境状况不容乐观的情况下，国家发布的《水污染防治行动计划》（以下简称“水十条”），对污染治理提出了具体明确的要求。为保证“水十条”污染防治要求的落实和确实见效，建议从以下几方面加快陆海统筹水污染防治工作整体水平的提升：

强化湿地保护。按照“水十条”的水污染防治要求，结合湿地保护，在重要河口、海湾等区域禁止围填海的基础上，从法律法规上完善保护现存自然岸线和滨海湿地的要求；在重要河口海湾等区域禁止围填海基础上，重新审查已有的海岸带开发利用的规划，在水质差和极差区域禁止开发大陆自然岸线、禁止开发滨海湿地和禁止围填海；在大陆岸线范围，保护好现有自然岸线和滨海湿地，充分利用好已开发的岸线；加大自然保护区设置和管理力度，严禁占用现有自然保护区，保障近岸海域生态环境自然恢复能力不再减弱。

加大污染源管控力度。在已经制定河流水质目标的基础上，依法加强陆域污染源和直排海污染源的管理，保证污染源达标排放率达到 95%以上，与去产能工作结合，改造和减少高污染企业，不断降低各类污染源的污染排放强度，保证入河和入海污染源达标排放，使入海河流和近岸海域水质恶化的趋势得到有效控制。

完善城镇污水处理厂功能。全面对直排排海城镇污水处理厂进行除磷脱氮改造，结合沿海城市总氮控制制度的建立，强化沿海城市总氮控制并做出示范；结合流域整治，根据流域内污染负荷情况，对城镇污水处理厂进行除磷脱氮改造，减少流域富营养化压力和向海域的营养盐输送，为陆海统筹总氮控制奠定基础。

加强海洋渔业资源保护。结合天然海洋渔业水域保护，完善天然海洋渔业区域环境保护法律法规和规划，强化保护现有的海洋天然渔业水域，严格控制养殖水域及养殖的密度，避免现有天然渔业水域被用于其他用途。

结合加强海上运输、海岸生产和沿岸危险品储存活动的管理，建立和完善近岸海域陆域及海上环境风险源调查和管理制度，督促企业避免环境风险污染源事故发生，并在事故发生时，污染能得到及时有效的处理和控制。

提高化肥和农药使用效率。根据我国化肥和农药使用过量问题，积极开展研究，提高使用效率，节约资源，减少面源进入流域并流入海洋的负荷，以此控制近岸海域富营养化水平和农药纳入量。

制定水生态补水制度。结合陆海统筹生态环境保护研究，制定适合我国陆海统筹水生态环境保护的法律法规和规划，保障河流入海水量和限制沿海地下水开采力度，加大生态补水力度，为生态恢复奠定必要的基础。

深化政策法律研究。“水十条”已经开始实施，要根据实践不断总结存在的问题，把工作的重点放在污染治理上，为生态保护恢复的见效放在持续保护和治理上；通过实践和总结，发现政策法律上的不足，逐步完善，为近岸海域生态环境建立完整的法律法规体系。

6.2.2 加快国家统一的生态环境监测网络步伐

长期以来，我国的环境监测以部门管理为主，监测受到不同主管部门的影响，同时近岸海域例行监测工作受各种条件制约，国家整体的涉海监测体系完善和发展较慢，低水平重复内容较多，表现在标准规范不能满足环境管理对近岸海域环境监测和评价的需求、质量保证和质量控制体系中各种保证的条件不健全、监测质量评价尚不完善和系统化。《中华人民共和国环境保护法》和国务院下发的《生态环境监测网络建设方案》已经提出统一监测和建立统一的生态环境监测网络的要求，但由于在法律层面仍然受到其他相关法律制约，本项工作推进较慢。

为此，建议加快国家立法方面的协调统一，扫清建立国家统一生态环境监测网络的障碍，从国家层面以统一分工、明确责任的方式，重点集成陆海环境、水文、气象等方面的技术力量，完善和统一标准和规范，统筹监测的人财物保证，强化质量管理，保障近岸海域监测在有效质量保证和质量控制体系下运行。

6.2.3 完善近岸海域环境监测和推进近岸海域环境综合评价

目前，国家建立了近岸海域水质例行监测制度，国务院下发了“水十条”，将“近岸海域水质优良比例控制在 70%”“入海河流消除劣 V 类”纳入考核，同时提出对重要河口海湾整治的要求。

积极推进生态环境质量评价和环境质量综合评价，将有助于实现说清楚近岸海域环境现状，评估近岸海域环境质量变化趋势，确定环境压力和生态效应之间的因果关系，为环境保护管理措施和规划的成效提供技术支持，为完善环境管理、环境立法、环境规划和环境决策的依据。

为保证近岸海域环境管理和生态环境评价的需要，应积极组织开展近岸海域沉积物、生物、生物质量和栖息地等监测，并纳入国家监测计划中，通过开展相关大气沉降影响研究、方法建立和不断完善，逐步形成我国完整的近岸海域生态环境监测与评价体系。在技术准备和监测能力方面，沿海各省份监测站已有监测站具备沉积物、生物和遥感监测能力，已初步具备在重点区域开展生态环境质量评价和结合陆域污染源监测进行环境质量综合评价的能力；在标准制定和方法准备方面，中国环境监测总站及合作单位结合“近岸海域环境质量综合评价方法研究”公益项目和标准制定计划，已经完成了《近岸海域环境质量综合评价方法》的建立和《近岸海域生态环境质量评价技术导则》的标准文本的编写。

因此，建议加强推进近岸海域水、沉积物、生物和遥感监测纳入国家监测计划中，为结合人类活动对自然的影响和在重点区域开展生态质量评价、环境综合评价工作奠定监测基础，同时也为环境立法、环境规划和环境决策提供更加全面、科学的依据。

参考文献

[1] 中华人民共和国环境保护部. 2011 中国近岸海域环境质量公报. 2012.

[2] 中华人民共和国环境保护部. 2012 中国近岸海域环境质量公报. 2013.

[3] 中华人民共和国环境保护部. 2013 中国近岸海域环境质量公报. 2014.

[4] 中华人民共和国环境保护部. 2014 中国近岸海域环境质量公报. 2015.

[5] 中华人民共和国环境保护部. 2015 中国近岸海域环境质量公报. 2016.

[6] 国家环境保护总局. 2011 年全国环境质量报告书. 2012.

[7] 中华人民共和国环境保护部. 2012 中国环境质量报告. 北京：中国环境科学出版社，2013.

[8] 中华人民共和国环境保护部. 2013 中国环境质量报告. 北京：中国环境科学出版社，2014.

[9] 中华人民共和国环境保护部. 2014 中国环境质量报告. 北京：中国环境科学出版社，2015.

[10] 国家海洋局. 中国海洋环境质量报告（2015）. 2016.

[11] 海水质量标准. GB 3079—1997.

[12] 海洋沉积物标准. GB 18668—2002.

[13] 海洋生物质量. GB 18421—2001.

[14] 地表水环境质量标准. GB 3838—2002.

[15] 污水综合排放标准. GB 8979—1996.

[16] 城镇污水处理厂污染物排放标准. GB 18918—2002.

[17] 海洋监测规范. GB 17378.1～7—2007.

[18] 近岸海域监测技术规范. HJ 442—2008.

[19] 地表水和污水监测技术规范. HJ/T 91—2002.

[20] 水污染物排放总量监测技术规范. HJ/T 92—2002.

[21] 水质采样样品保存和管理技术规定. HJ 493—2009.

[22] 环境监测质量管理技术导则. HJ 630—2011.

[23] 环境保护部. 地表水环境质量评价办法（试行）（环办[2011]22 号）.

[24] 国家环境保护总局. 近岸海域环境功能区管理办法（1999）.

[25] 中国环境监测总站. 近岸海域环境监测网监测工作管理暂行规定（试行）（总站海字[2007]49 号）.

[26] 中国环境监测总站. 全国近岸海域环境监测网直排污染源和入海河流污染物入海量监测核查要求》（总站海字[2007]121 号）.

[27] 中国环境监测总站. 全国近岸海域环境监测网入海河流和直排海污染源污染物入海量监测报告编写内容与要求》（总站海字[2007]122 号）.

[28] 中国环境监测总站. 全国近岸海域环境监测网质量保证和质量控制工作规定（试行）》（总站海字[2007]152 号）.

[29] 中国环境监测总站. 近岸海域环境质量水质监测质量保证和质量控制检查技术规定（暂行）》（总站

海字[2009]92 号，2014 年由总站海字[2014]6 号替代）.
[30] 中国环境监测总站. 近岸海域相关水质监测质量保证和质量控制检查技术规定（试行）（总站海字[2014]6 号）.
[31] 李国庆，等. E.D.Goldberg. 海洋污染监测指南. 北京：科学出版社，1983
[32] 美国环保局近海监测处. 河口环境监测指南. 范志杰，等，译. 北京：海洋出版社，1997.
[33] 国家环保总局水和废水监测分析方法编委会. 水和废水监测分析方法. 4 版. 北京：中国环境科学出版社，2002.
[34] 中国环境监测总站，等. 环境水质监测质量保证手册. 2 版. 北京：化学工业出版社，1994.
[35] 王菊英，韩庚辰，张志锋，等. 国际海洋环境监测与评价最新进展，2010.
[36] 王心芳. 认真实施环境监测技术路线加快环境监测现代化建设步伐. 中国环境监测，2003，19（4）：1.
[37] 汪小钦，陈崇成. 遥感在近岸海洋环境监测中的应用. 海洋环境科学，2000，19（4）：5.
[38] 王业耀，李俊龙，刘方. 中国近岸海域环境监测技术路线研究. 中国环境监测，2013，29（5）：118-123.
[39]吴晓青. 努力探索中国特色环保新道路全面推进环境监测的历史性转型. 中国环境监测，2009，25（3）：4.
[40] 郑姚敏，等. 中国国家级湿地自然保护区保护成效初步评估. 科学通报，2012，57（1）：1-24.
[41] 周生贤. 加强环境监测工作，推进先进的环境监测预警体系建设. 中国环境监测，2007，23（4）：3.
[42] 朱光文. 海洋监测技术的国内外现状及发展趋势. 气象水文海洋仪器，1997（2）：2-14.
[43] ARMCANZ，A.（2000）. Australian and New Zealand Guidelines for Fresh and Marine Water Quality. National Water Quality Management Strategy Paper No.4. Australian and New Zealand Environment and Conservation Council/Agriculture and Resource Management Council of Australia and New Zealand.
[44] Borja A.，Bricker S. B.，Dauer D. M.，et al.Overview of integrative tools and methods in assessing ecological integrity in estuarine and coastal systems worldwide. Marine Pollution Bulletin，2008，56（9）：1519-1537.
[45] Borja A.，Rodriguez J. G..Problems associated with the “one-out，all-out” principle，when using multiple ecosystem components in assessing the ecological status of marine waters. Marine Pollution Bulletin，2010，60：1143-1146.
[46] Borja A.，Tunberg B. G.，Assessing benthic health in stressed subtropical estuaries，eastern Florida，USA using AMBI and M-AMBI. Ecological indicator，2011，11（2）：295-303.
[47] C. Moore1，A. Barnard1，P. Fietzek，et al. Optical tools for ocean monitoring and research. Ocean Science Discussions，2008（5）：659-717.
[48] DeGrandpre M D，Bellerby R G J. Chemical sensors in marine science. Oceanus，1995，38：30- 32.
[49] DFO（2006）. Aquatic Monitoring in Canada. DFO Canadia Science Advisory Proceed Serve.
[50] Dickey T D. Technology and related developments for interdisciplinary global studies. Sea Technology，1993，August，47-53.
[51] European Commission. Guidance on Typology，Reference Conditions and Classification Systems for Transitional and Coastal Waters. Copenhagen：European Commission，2003.

[52] Johnson K S，Coale K H，Jannasch H W. Analytical chemistry in oceanography. Analytical Chemistry，1992，64（22）：1065A-1075A.

[53] Moss B.The Water Framework Directive：Total environmental or political compromise. Science of the Total Environment，2008，400：32-41.

[54] Office of Research and Development，Office of Water，U.S. Environmental Protection Agency. National Coastal Condition Report（EPA-620/R-01/005）. Washington DC：U.S. Environmental Protection Agency，2001.

[55] OSPAR. Overview of OSPAR Assessments 1998-2006. London：OSPAR Commission，2006.

[56] RalfD. Prien. The future of chemical in situ sensors. Marine Chemistry，2007，107：422–432.

[57] Serhat A，Husamettin B，Argyro Z，et al. Ecological quality status of coastal benthic ecosystems in the sea of Marmara. Marine Pollution Bulletin，2006，52：790-799.

[58] U.S. EPA（U.S. Environmental Protection Agency）. 2003. BEACH Watch Program：2002 Swimming Season. Office of Water，Office of Science and Technology，Standards and Health Protection Division. Washington，D.C.

[59] Vuillemin R，Sanfilippo L，Moscetta et al. Continuous Nutrient Automated Monitoring on the Mediterranean sea using in situ flow analyzer //OCEAN 2009，MTS/IEEE Biloxi. Marine Technology for Our Future：Global and Local Challenges，2009，26-29：1-8.

[60] WFD（2001）. Introduction to the new EU Water Framework Directive.

[61]中国环境监测总站. 我国近岸海域追环境质量与陆源压力及其变化趋势研究. 北京：中国环境出版社，2015.

[62] 水污染防治行动计划. 中华人民共和国国务院（国发[2015]17 号）.

[63] 生态环境监测网络建设方案. 中华人民共和国国务院（国发[2015]56 号）.

[64] 中华人民共和国环境保护法.

附　录

监测情况及说明

本近岸海域水质状况与陆源压力研究，主要采用全国近岸海域环境监测网2011—2015年的近岸海域水质、入海河流和直排海污染源监测数据。

1　监测基本情况

2011—2015年，全国近岸海域环境监测网按照《海水水质标准》（GB 3097—1997），开展除放射性核素和病原体外的全部项目监测，每年对近岸海域水质进行了2～3期的监测，监测点位数为301个，其中渤海49个、黄海54个、东海95个、南海103个，监测点位代表面积281 012 km^2。

2011—2015年，全国近岸海域环境监测网按照《地表水质标准》组织开展了入海河流入海断面监测，监测的入海河流断面数分别为194个、201个、200个、198个和195个，各成员单位依据不同情况和监测条件，开展了每年4～12次监测。

2011—2015年，全国近岸海域环境监测网按照相应的污水排放标准开展了污水日排放量大于100 m^3的直排海污染源监测，监测的日排放量大于100 m^3的直排海污染源数量为432个、425个、423个、415个和401个，依据各单位不同情况和监测条件，开展了每年2～4次监测。

2　分工及数据来源

全国近岸海域环境监测网各级环境监测站按照分工职责，开展近岸海域环境水质、入海河流和直排海污染源的监测工作。其中：

（1）辽宁省环境监测中心站、大连市环境监测中心（中国环境监测总站近岸海域环境监测渤海东站）组织辽宁相关各站开展近岸海域环境水质、入海河流和直排海污染源的监测工作，统一上报大连、营口、盘锦、锦州、葫芦岛、丹东的监测数据。

（2）河北省环境监测中心站、天津市环境监测中心（中国环境监测总站近岸海域环境监测渤海西站）组织河北和相关天津各站开展近岸海域环境水质、入海河流和直排海污染源的监测工作，统一上报秦皇岛、唐山、沧州、天津、塘沽区、大港区、汉沽区、开发区的监测数据。

（3）山东省环境监测中心站、青岛市环境保护监测站（中国环境监测总站近岸海域环境监测黄海分站）、江苏省环境监测中心站（2014年确定为中国环境监测总站近岸海域环境监测黄海南站）组织山东和江苏相关各站开展近岸海域环境水质、入海河流和直排海污染源的监测工作，统一上报青岛、烟台（及相关区县）、威海、滨州、东营、潍坊、日照、连云港、盐城、南通市的监测数据。

（4）浙江省环境监测中心、浙江省舟山海洋生态环境监测站（中国环境监测总站近岸海域环境监测中心站）、上海市环境监测中心组织浙江和上海相关各站开展近岸海域环境水质、入海河流和直排海污染源的监测工作，统一上报杭州、宁波、温州、嘉兴、舟山、台州、绍兴、上海、普陀区、南汇区、奉贤区、金山区、嘉定区的监测数据。

（5）福建省环境监测中心站、厦门市环境监测中心站（中国环境监测总站近岸海域环境监测海峡分站），福建近岸海域监测站（2014 年确定为中国环境监测总站近岸海域环境监测东海南站）组织福建相关各站开展近岸海域环境水质、入海河流和直排海污染源的监测工作，统一上报厦门、福州、泉州、宁德、漳州的监测数据。

（6）广东省环境保护监测中心站、深圳市环境保护监测站（中国环境监测总站近岸海域环境监测南海东站）组织广东各站开展近岸海域环境水质、入海河流和直排海污染源的监测工作，统一上报深圳、珠海、广州、湛江、茂名、阳江、江门、中山、东莞、惠州、汕头、汕尾、揭阳和潮州监测的数据。

（7）广西北海海洋环境监测中心站（中国环境监测总站近岸海域环境监测南海西站）负责广西近岸海域环境水质、入海河流和直排海污染源监测工作，并上报广西的监测数据。

（8）海南省环境监测中心站（2014 年确定为中国环境监测总站近岸海域环境监测南海南站）组织海南各站开展近岸海域环境水质、入海河流和直排海污染源的监测工作，统一上报海口市、三亚市、儋州市、东方市、文昌市、琼海市、万宁市、临高县、陵水县、昌江县、澄迈县、乐东县的监测数据。

3 监测内容

近岸海域水质监测必测监测项目为：水温、悬浮物、盐度、pH、溶解氧、化学需氧量、石油类、活性磷酸盐、亚硝酸盐氮、硝酸盐氮、氨氮、汞、铜、铅、镉、非离子氨、五日生化需氧量、大肠菌群、六价铬、总铬、砷、锌、硒、镍、氰化物、硫化物、挥发酚、六六六、滴滴涕、马拉硫磷、甲基对硫磷、苯并[*a*]芘和阴离子表面活性剂 33 项。

入海河流水质监测项目：水温、pH、溶解氧、高锰酸盐指数、五日生化需氧量、氨氮、石油类、挥发酚、汞、铅、化学需氧量、总氮、总磷、铜、总锌、氟化物、硒（四价）、砷、镉、六价铬、氰化物、阴离子表面活性剂、硫化物、粪大肠菌群、硫酸盐、氯化物、硝酸盐、铁、锰，共 29 项。

陆域直排海污染源监测监测项目：依据直排海污染源排口执行排放标准规定的项目开展监测，共涉及开展 pH、色度、粪大肠菌群、COD_{Cr}、氨氮、总磷、石油类、五日生化需氧量、硫化物、总氮、悬浮物、挥发酚、氟化物、动植物油、总有机碳、阴离子表面活性剂、氰化物、苯、甲苯、乙苯、硝基苯类、烷基汞、磷酸盐（以 P 计）、可吸附有机卤化物、甲醛、苯并[*a*]芘、苯胺类、六价铬、总锌、总硒、总铜、总砷、总铅、总镍、总汞、总铬、总镉，共 37 项。

4 评价依据与方法

4.1 近岸海域水环境质量评价内容和方法

海水质量达标评价采用《海水水质标准》(GB 3097—1997)二类标准限值。近岸海域沉积物质量评价项目包括：pH、溶解氧、化学需氧量、石油类、活性磷酸盐、无机氮（亚硝酸盐氮、硝酸盐氮、氨氮）、汞、铜、铅、镉、非离子氨、五日生化需氧量、大肠菌群、六价铬、总铬、砷、锌、硒、镍、氰化物、硫化物、挥发酚、六六六、滴滴涕、马拉硫磷、甲基对硫磷、苯并[*a*]芘和阴离子表面活性剂，共28项。

4.2 入海河流监测结果评价内容和方法

4.2.1 水质类别评价

入海河流水质评价采用《地表水环境质量标准》(GB 3838—2002)，评价项目为pH、溶解氧、高锰酸钾指数、化学需氧量、五日生化需氧量、氨氮、总磷、铜、锌、氟化物、硒、砷、汞、镉、六价铬、铅、氰化物、挥发酚、石油类、阴离子表面活性剂、硫化物，共21项。

4.2.2 断面达标评价

入海河流监测断面水质达标评价参照该断面水质环境功能区类别进行达标评价。

4.2.3 污染物入海量

月、季度和年污染物入海量根据流量的情况获得。不能获得月、季度流量的，不计算月或季度的入海量。

污染物入海量=污染物（平均）浓度×平均流量

季度污染物入海量以各月污染物入海量之和获得，没有月的可按季度流量与季度污染物平均浓度计算。

年度污染物入海为各月或季度污染物入海量之和，没有月或季度流量的按污染物年均值与年度流量换算获得。

监测浓度和加权平均浓度低于检出限的项目，浓度按1/2计算，不计总量。

4.3 直排海污染源监测结果评价内容和方法

直排海污染源监测监测因子按照排口执行的排放标准规定的项目执行。

4.3.1 达标评价

直排海污染源监测达标评价按照直排海污染源排口执行排放标准的相关规定执行，达标按照全年各次监测结果全部达标为年度达标。

4.3.2 污染物入海总量

计算方法 1：污染物浓度和污水流量实行同步监测的排污口：

污染物（月或季度）入海量（t）=污染物平均浓度（mg/L）×污水平均流量（m^3/h）×污水排放时间（h/月或季度）×10^{-6}

年度污染物为月或季度入海量之和。

计算方法 2：未进行污染物浓度和污水流量同步监测的排污河、沟、渠：

污染物入海量（t/a）＝污染物平均浓度（mg/L）×污水入海量（万 t/a）×10^{-2}

发生非正常情况总量的计算：污染物排放总量包括正常和非正常情况下的排污量之和，正常监测结果按照正常情况监测的浓度值和正常排水量计算结果，非正常情况监测结果按照非正常状况期间监测的浓度（均）值和排水量计。

监测浓度和加权平均浓度低于检出限的项目，浓度按 1/2 计算，不计总量。

附表 1 全国及各海区、各沿海省、市近岸海域水质污染因子年度均值

区域	年份	无机氮/(mg/L)	活性磷酸盐/(mg/L)	化学需氧量/(mg/L)	石油类/(mg/L)	溶解氧/(mg/L)	pH	非离子氨/(mg/L)	汞/(μg/L)	铜/(μg/L)	铅/(μg/L)	镉/(μg/L)
全国	2011	0.313	0.015	1.13	0.017	7.56	8.10	0.002	0.018	1.90	1.10	0.20
	2012	0.338	0.017	1.11	0.016	7.45	8.09	0.003	0.017	1.70	0.60	0.13
	2013	0.329	0.017	1.15	0.016	7.40	8.07	0.002	0.000	1.60	1.00	0.16
	2014	0.361	0.017	1.19	0.017	7.35	8.09	0.002	0.018	1.50	0.60	0.13
	2015	0.321	0.017	1.13	0.015	7.38	8.11	0.003	0.019	1.50	0.50	0.11
渤海	2011	0.246	0.012	1.48	0.029	7.75	8.11	0.003	0.020	3.69	3.10	0.80
	2012	0.300	0.012	1.53	0.027	7.73	8.10	0.006	0.025	3.30	1.45	0.34
	2013	0.260	0.013	1.54	0.023	8.31	8.11	0.003	0.018	2.72	1.80	0.57
	2014	0.242	0.012	1.42	0.025	7.77	8.11	0.003	0.029	2.60	1.40	0.33
	2015	0.256	0.013	1.58	0.021	8.01	8.16	0.004	0.018	3.17	1.40	0.27
黄海	2011	0.163	0.011	1.25	0.018	8.53	8.07	0.001	0.015	1.70	0.60	0.15
	2012	0.185	0.013	1.29	0.013	8.18	8.07	0.002	0.020	1.50	0.60	0.14
	2013	0.184	0.011	1.35	0.013	8.07	8.10	0.003	0.018	1.50	0.70	0.12
	2014	0.186	0.013	1.26	0.014	8.00	8.11	0.002	0.021	1.80	0.50	0.10
	2015	0.193	0.014	1.26	0.010	8.15	8.14	0.002	0.018	1.70	0.60	0.09
东海	2011	0.521	0.025	0.98	0.007	7.64	8.11	0.001	0.018	1.10	0.50	0.09
	2012	0.556	0.028	0.77	0.010	7.50	8.07	0.001	0.008	1.10	0.30	0.08
	2013	0.545	0.029	0.92	0.011	7.15	8.03	0.001	0.000	1.18	0.30	0.08
	2014	0.637	0.028	1.10	0.011	7.28	8.09	0.001	0.009	1.03	0.30	0.07
	2015	0.577	0.026	0.87	0.011	7.18	8.06	0.001	0.017	0.77	0.11	0.05

区域	年份	无机氮/(mg/L)	活性磷酸盐/(mg/L)	化学需氧量/(mg/L)	石油类/(mg/L)	溶解氧/(mg/L)	pH	非离子氨/(mg/L)	汞/(μg/L)	铜/(μg/L)	铅/(μg/L)	镉/(μg/L)
南海	2011	0.230	0.010	1.02	0.018	6.88	8.11	0.003	0.019	1.80	0.78	0.09
	2012	0.234	0.011	1.13	0.018	6.89	8.10	0.003	0.020	1.57	0.49	0.07
	2013	0.238	0.011	1.08	0.019	6.84	8.08	0.003	0.025	1.49	1.00	0.07
	2014	0.253	0.013	1.12	0.019	6.86	8.08	0.003	0.021	1.40	0.70	0.11
	2015	0.183	0.012	1.10	0.019	6.86	8.12	0.004	0.021	1.20	0.49	0.11
辽宁	2011	0.217	0.011	1.18	0.014	8.58	8.04	0.002	0.015	3.38	2.90	1.10
	2012	0.210	0.008	1.38	0.015	8.31	8.08	0.002	0.019	2.45	1.35	0.42
	2013	0.229	0.009	1.33	0.016	8.67	8.11	0.003	0.017	2.20	2.20	0.89
	2014	0.187	0.011	1.27	0.019	8.10	8.14	0.002	0.033	2.54	1.00	0.33
	2015	0.200	0.014	1.32	0.012	8.60	8.17	0.004	0.023	3.30	1.40	0.28
河北	2011	0.113	0.012	1.78	0.026	7.62	8.09	0.002	0.006	3.47	1.55	0.11
	2012	0.168	0.013	1.75	0.025	7.70	8.01	0.001	0.006	4.08	1.32	0.11
	2013	0.215	0.015	1.47	0.025	8.06	8.01	0.003	0.007	4.36	1.66	0.17
	2014	0.191	0.016	1.70	0.025	8.17	7.99	0.002	0.003	4.64	1.60	0.16
	2015	0.172	0.017	1.73	0.025	7.22	8.09	0.003	0.004	3.67	1.36	0.17
天津	2011	0.461	0.014	1.45	0.055	7.50	8.06	0.005	0.045	3.50	5.59	0.41
	2012	0.705	0.016	1.23	0.039	7.66	8.14	0.022	0.061	4.79	1.61	0.16
	2013	0.430	0.017	1.61	0.028	9.29	8.04	0.005	0.016	3.00	1.60	0.11
	2014	0.467	0.010	0.89	0.026	7.68	8.14	0.004	0.048	2.30	2.17	0.55
	2015	0.466	0.012	1.62	0.027	9.18	8.34	0.008	0.036	4.90	2.53	0.38
山东	2011	0.152	0.011	1.50	0.024	7.90	8.14	0.001	0.016	2.50	0.70	0.17
	2012	0.161	0.013	1.47	0.015	7.86	8.10	0.002	0.021	1.90	0.80	0.16
	2013	0.156	0.011	1.50	0.012	7.78	8.14	0.002	0.024	1.70	0.60	0.09
	2014	0.152	0.010	1.45	0.017	7.67	8.10	0.002	0.019	1.80	0.70	0.09
	2015	0.159	0.010	1.44	0.014	7.68	8.08	0.002	0.015	1.40	0.40	0.08
江苏	2011	0.191	0.011	1.07	0.017	8.78	8.07	0.001	0.013	1.07	0.71	0.20
	2012	0.239	0.015	1.24	0.025	7.94	8.04	0.003	0.014	1.12	0.61	0.19
	2013	0.240	0.014	1.33	0.026	7.74	8.10	0.005	0.012	0.97	0.52	0.19
	2014	0.264	0.020	1.23	0.018	8.11	8.10	0.003	0.021	1.16	0.36	0.16
	2015	0.300	0.020	1.21	0.011	7.89	8.18	0.004	0.011	0.92	0.51	0.10
上海	2011	0.887	0.031	1.23	0.004	8.31	8.04	0.001	0.005	1.10	0.13	0.04
	2012	1.049	0.035	1.19	0.009	7.69	8.07	0.001	0.004	1.04	0.05	0.04
	2013	1.088	0.039	1.20	0.011	6.73	7.94	0.001	0.004	1.33	0.08	0.04
	2014	1.153	0.041	1.42	0.008	7.50	8.08	0.001	0.005	1.18	0.08	0.04
	2015	0.977	0.037	1.18	0.007	7.14	8.02	0.001	0.019	0.63	0.08	0.03

区域	年份	无机氮/(mg/L)	活性磷酸盐/(mg/L)	化学需氧量/(mg/L)	石油类/(mg/L)	溶解氧/(mg/L)	pH	非离子氨/(mg/L)	汞/(μg/L)	铜/(μg/L)	铅/(μg/L)	镉/(μg/L)
浙江	2011	0.615	0.027	1.00	0.003	7.78	8.06	0.001	0.006	1.03	0.10	0.05
	2012	0.702	0.032	0.83	0.005	7.84	8.01	0.001	0.005	0.95	0.11	0.04
	2013	0.649	0.032	1.09	0.007	7.41	8.05	0.001	0.005	1.02	0.10	0.05
	2014	0.798	0.032	1.27	0.005	7.49	8.06	0.001	0.006	0.85	0.10	0.04
	2015	0.762	0.034	0.90	0.005	7.40	8.05	0.001	0.018	0.72	0.07	0.04
福建	2011	0.282	0.022	0.88	0.015	7.26	8.20	0.001	0.038	1.30	1.20	0.16
	2012	0.208	0.021	0.57	0.017	6.97	8.15	0.001	0.015	1.20	0.60	0.15
	2013	0.242	0.023	0.61	0.016	6.91	8.02	0.002	0.024	1.37	0.62	0.13
	2014	0.260	0.018	0.78	0.021	6.92	8.13	0.001	0.015	1.25	0.64	0.13
	2015	0.200	0.011	0.73	0.023	6.88	8.07	0.002	0.014	0.87	0.18	0.08
广东	2011	0.344	0.014	1.23	0.025	6.60	8.05	0.005	0.020	2.10	1.12	0.09
	2012	0.355	0.014	1.26	0.024	6.72	8.04	0.003	0.024	1.71	0.57	0.09
	2013	0.386	0.016	1.33	0.026	6.82	8.02	0.004	0.032	2.04	1.00	0.10
	2014	0.403	0.019	1.34	0.029	6.87	8.06	0.004	0.028	1.80	0.95	0.18
	2015	0.280	0.017	1.43	0.028	6.87	8.14	0.005	0.027	1.57	0.65	0.17
广西	2011	0.140	0.006	1.10	0.008	7.70	8.19	0.002	0.015	0.80	0.18	0.03
	2012	0.109	0.006	1.11	0.008	7.77	8.23	0.003	0.017	1.10	0.37	0.04
	2013	0.096	0.005	0.93	0.009	7.17	8.16	0.001	0.021	0.80	0.25	0.05
	2014	0.123	0.008	0.99	0.008	7.19	8.10	0.001	0.016	0.90	0.33	0.05
	2015	0.081	0.006	0.79	0.010	7.07	8.12	0.002	0.015	1.00	0.35	0.07
海南	2011	0.094	0.007	0.59	0.014	6.75	8.14	0.002	0.020	2.16	0.64	0.12
	2012	0.111	0.009	0.91	0.013	6.52	8.09	0.003	0.015	1.69	0.42	0.05
	2013	0.082	0.009	0.76	0.014	6.63	8.10	0.002	0.016	1.04	0.40	0.03
	2014	0.083	0.007	0.81	0.012	6.60	8.10	0.003	0.013	1.06	0.53	0.03
	2015	0.088	0.007	0.76	0.009	6.68	8.09	0.003	0.015	0.66	0.30	0.02
北海	2011	0.157	0.006	1.21	0.007	7.70	8.25	0.002	0.015	0.60	0.17	0.02
	2012	0.092	0.004	1.09	0.007	7.72	8.25	0.003	0.018	1.20	0.33	0.04
	2013	0.076	0.003	0.85	0.007	7.22	8.18	0.001	0.022	0.90	0.26	0.05
	2014	0.135	0.009	0.93	0.008	6.84	8.10	0.002	0.016	0.90	0.29	0.05
	2015	0.061	0.004	0.75	0.009	7.09	8.14	0.002	0.015	0.90	0.38	0.06
滨州	2011	0.089	0.007	1.90	0.013	8.71	8.20	0.001	0.002	0.55	0.02	0.01
	2012	0.092	0.006	1.90	0.015	6.95	8.16	0.001	0.011	1.20	0.63	0.06
	2013	0.065	0.005	1.90	0.012	7.08	8.07	0.001	0.005	0.99	0.83	0.07
	2014	0.068	0.015	1.80	0.023	8.52	8.15	0.001	0.005	1.19	0.95	0.07
	2015	0.189	0.008	2.20	0.022	8.08	8.08	0.001	0.005	1.13	0.15	0.09

区域	年份	无机氮/（mg/L）	活性磷酸盐/（mg/L）	化学需氧量/（mg/L）	石油类/（mg/L）	溶解氧/（mg/L）	pH	非离子氨/（mg/L）	汞/（μg/L）	铜/（μg/L）	铅/（μg/L）	镉/（μg/L）
沧州	2011	0.308	0.013	3.16	0.036	6.74	8.10	0.005	0.010	4.50	1.29	0.22
	2012	0.304	0.025	2.02	0.024	7.08	7.92	0.003	0.010	3.60	1.10	0.18
	2013	0.341	0.016	1.65	0.024	6.89	8.12	0.005	0.004	3.90	0.88	0.21
	2014	0.366	0.013	1.74	0.023	7.15	8.11	0.004	0.004	2.60	1.50	0.18
	2015	0.390	0.016	1.58	0.023	6.74	7.94	0.004	0.019	2.10	0.60	0.16
昌江	2011	0.072	0.005	0.48	0.028	6.32	8.10	0.003	0.020	1.99	0.63	0.10
	2012	0.059	0.008	0.69	0.030	7.18	7.96	0.001	0.020	1.92	0.15	0.01
	2013	0.040	0.008	0.41	0.010	6.41	7.90	0.001	0.020	0.76	0.28	0.05
	2014	0.048	0.008	0.48	0.005	6.07	7.94	0.001	0.020	0.85	0.78	0.03
	2015	0.081	0.005	0.64	0.004	6.48	7.89	0.002	0.020	0.63	0.19	0.03
澄迈	2011	0.154	0.008	0.57	0.017	6.77	8.20	0.002	0.020	1.65	0.71	0.35
	2012	0.204	0.010	0.76	0.021	6.20	7.88	0.002	0.020	2.63	0.15	0.05
	2013	0.104	0.007	0.54	0.014	6.80	8.17	0.001	0.020	1.52	0.51	0.10
	2014	0.076	0.002	1.06	0.006	6.10	8.24	0.002	0.020	0.76	0.55	0.06
	2015	0.186	0.005	1.90	0.006	5.80	8.12	0.006	0.020	1.06	0.48	0.08
大连	2011	0.137	0.012	0.96	0.015	9.29	8.01	0.001	0.010	0.30	0.40	0.11
	2012	0.116	0.007	1.15	0.012	9.06	8.15	0.002	0.020	0.40	0.40	0.07
	2013	0.168	0.009	1.01	0.012	9.32	8.17	0.002	0.020	0.40	1.30	0.09
	2014	0.148	0.010	1.11	0.014	8.08	8.14	0.002	0.020	1.20	0.60	0.08
	2015	0.147	0.014	1.27	0.008	9.10	8.21	0.003	0.030	2.70	1.10	0.11
丹东	2011	0.149	0.009	1.08	0.007	8.45	7.93	0.002	0.020	2.29	0.78	0.22
	2012	0.194	0.004	1.35	0.004	7.86	8.02	0.002	0.020	3.31	0.69	0.11
	2013	0.176	0.004	1.04	0.010	8.49	7.96	0.001	0.007	3.69	0.70	0.06
	2014	0.191	0.012	1.23	0.007	8.99	8.00	0.002	0.009	3.14	0.70	0.05
	2015	0.173	0.013	0.90	0.005	9.20	8.12	0.003	0.018	2.70	1.00	0.05
儋州	2011	0.140	0.012	0.74	0.008	6.60	8.20	0.004	0.020	2.29	0.68	0.11
	2012	0.122	0.013	1.32	0.017	6.40	8.10	0.002	0.020	2.45	0.57	0.05
	2013	0.024	0.002	0.59	0.006	6.63	8.01	0.001	0.020	1.32	0.37	0.04
	2014	0.079	0.008	0.86	0.007	6.91	8.10	0.002	0.020	0.95	0.61	0.05
	2015	0.051	0.008	0.65	0.006	6.44	8.01	0.002	0.020	0.70	0.29	0.03
东方	2011	0.043	0.004	0.82	0.013	6.52	8.23	0.002	0.020	1.45	0.62	0.09
	2012	0.086	0.004	1.20	0.011	6.12	8.25	0.005	0.020	1.98	0.32	0.11
	2013	0.034	0.003	0.46	0.014	6.36	8.29	0.002	0.025	1.13	1.14	0.04
	2014	0.058	0.004	0.47	0.002	6.02	8.14	0.003	0.020	2.19	0.85	0.05
	2015	0.054	0.004	0.67	0.006	7.12	7.98	0.002	0.020	0.79	0.60	0.04

区域	年份	无机氮/(mg/L)	活性磷酸盐/(mg/L)	化学需氧量/(mg/L)	石油类/(mg/L)	溶解氧/(mg/L)	pH	非离子氨/(mg/L)	汞/(μg/L)	铜/(μg/L)	铅/(μg/L)	镉/(μg/L)
东营	2011	0.174	0.010	1.65	0.040	6.31	8.35	0.003	0.035	4.00	0.73	0.26
	2012	0.182	0.010	1.89	0.044	7.00	8.20	0.002	0.001	2.70	1.00	0.19
	2013	0.182	0.011	1.59	0.032	7.50	8.23	0.001	0.035	3.20	0.92	0.12
	2014	0.168	0.011	1.83	0.036	6.63	7.98	0.001	0.035	2.40	0.74	0.05
	2015	0.252	0.010	1.41	0.027	6.26	7.87	0.003	0.004	0.75	0.10	0.01
防城港	2011	0.070	0.006	0.83	0.008	8.50	8.09	0.001	0.015	0.70	0.08	0.04
	2012	0.081	0.007	0.96	0.013	7.95	8.23	0.002	0.015	0.80	0.40	0.07
	2013	0.063	0.005	1.07	0.012	7.19	8.16	0.001	0.015	0.60	0.26	0.03
	2014	0.088	0.010	1.17	0.009	7.76	8.10	0.001	0.015	1.00	0.32	0.05
	2015	0.082	0.008	0.80	0.011	6.86	8.09	0.003	0.015	1.10	0.32	0.07
福州	2011	0.286	0.021	0.96	0.016	7.56	8.22	0.001	0.034	1.30	1.40	0.17
	2012	0.201	0.020	0.47	0.014	7.11	8.13	0.001	0.012	1.20	1.00	0.18
	2013	0.296	0.022	0.65	0.015	7.05	8.00	0.002	0.017	1.49	0.44	0.11
	2014	0.311	0.020	0.69	0.019	7.05	8.15	0.001	0.010	0.87	0.41	0.17
	2015	0.235	0.011	0.61	0.025	6.97	8.06	0.002	0.011	0.86	0.02	0.06
海口	2011	0.193	0.010	0.39	0.009	7.00	8.12	0.002	0.020	1.76	0.56	0.11
	2012	0.184	0.013	0.47	0.002	5.80	8.11	0.004	0.020	0.60	0.24	0.03
	2013	0.204	0.016	0.46	0.025	5.80	8.07	0.003	0.020	0.52	0.17	0.01
	2014	0.203	0.014	0.51	0.025	5.70	7.98	0.006	0.020	0.60	0.22	0.01
	2015	0.241	0.012	0.33	0.030	5.90	8.10	0.005	0.020	0.60	0.20	0.01
葫芦岛	2011	0.128	0.004	1.12	0.016	7.52	8.22	0.001	0.010	2.40	0.62	0.54
	2012	0.238	0.009	1.03	0.019	7.32	8.02	0.002	0.020	3.80	0.80	0.80
	2013	0.122	0.011	1.20	0.045	7.70	8.00	0.002	0.010	2.76	0.70	0.56
	2014	0.152	0.012	1.00	0.023	8.80	8.20	0.004	0.020	3.40	0.80	0.80
	2015	0.115	0.012	1.00	0.010	9.20	8.12	0.001	0.010	4.60	0.32	0.40
惠州	2011	0.155	0.009	0.76	0.013	8.17	8.12	0.003	0.020	0.90	0.15	0.05
	2012	0.116	0.009	0.94	0.016	7.66	8.22	0.002	0.020	0.30	0.30	0.16
	2013	0.101	0.012	1.28	0.013	7.36	8.14	0.003	0.020	0.30	0.15	0.25
	2014	0.110	0.006	1.54	0.016	7.69	8.16	0.003	0.020	0.30	0.15	0.18
	2015	0.143	0.006	1.04	0.016	7.46	8.04	0.005	0.020	0.30	0.15	0.13
嘉兴	2011	1.895	0.045	2.75	0.008	8.17	7.94	0.001	0.003	1.34	0.08	0.04
	2012	2.087	0.065	1.99	0.015	8.08	8.02	0.001	0.004	1.88	0.10	0.03
	2013	1.790	0.066	4.68	0.023	7.23	8.03	0.001	0.005	1.80	0.08	0.05
	2014	2.269	0.068	2.78	0.013	7.68	8.01	0.001	0.003	1.36	0.12	0.03
	2015	2.249	0.067	2.20	0.012	7.67	7.95	0.001	0.026	0.75	0.08	0.03

区域	年份	无机氮/(mg/L)	活性磷酸盐/(mg/L)	化学需氧量/(mg/L)	石油类/(mg/L)	溶解氧/(mg/L)	pH	非离子氨/(mg/L)	汞/(μg/L)	铜/(μg/L)	铅/(μg/L)	镉/(μg/L)
江门	2011	0.212	0.020	1.80	0.010	7.60	8.10	0.006	0.068	4.60	3.60	0.16
	2012	0.170	0.010	1.40	0.020	7.60	7.90	0.005	0.060	5.40	3.60	0.18
	2013	0.278	0.020	1.30	0.035	8.10	8.10	0.010	0.070	5.70	3.40	0.20
	2014	0.252	0.020	1.60	0.042	6.50	8.10	0.008	0.060	6.60	3.30	0.19
	2015	0.244	0.024	1.60	0.040	6.20	8.10	0.005	0.060	5.20	2.00	0.16
揭阳	2011	0.178	0.011	0.48	0.002	8.40	8.10	0.001	0.001	0.55	0.50	0.15
	2012	0.172	0.010	0.46	0.002	8.20	8.09	0.001	0.001	0.55	0.50	0.15
	2013	0.163	0.010	0.49	0.002	8.40	8.09	0.001	0.001	0.55	0.00	0.15
	2014	0.099	0.012	0.52	0.002	8.00	8.03	0.001	0.001	0.55	0.50	0.32
	2015	0.125	0.010	0.58	0.002	7.15	8.02	0.001	0.001	0.55	0.50	0.15
锦州	2011	0.336	0.011	1.52	0.018	7.36	8.02	0.005	0.020	12.63	12.87	5.40
	2012	0.324	0.009	1.95	0.025	7.17	7.73	0.002	0.020	6.50	4.90	1.40
	2013	0.349	0.008	2.02	0.013	7.86	8.00	0.007	0.030	5.90	6.70	4.00
	2014	0.123	0.006	1.37	0.043	7.40	8.22	0.003	0.100	3.90	1.20	0.70
	2015	0.270	0.011	1.37	0.021	7.20	8.09	0.008	0.030	4.90	3.10	0.66
连云港	2011	0.182	0.014	1.30	0.026	9.33	8.16	0.001	0.010	0.55	0.49	0.35
	2012	0.201	0.015	1.50	0.021	8.60	8.06	0.003	0.010	0.56	0.42	0.31
	2013	0.203	0.015	1.50	0.025	8.02	8.12	0.006	0.010	0.45	0.43	0.40
	2014	0.302	0.017	1.50	0.023	7.74	8.07	0.003	0.022	0.60	0.56	0.31
	2015	0.321	0.028	1.60	0.021	7.63	8.11	0.004	0.010	0.88	0.80	0.18
临高	2011	0.216	0.009	0.31	0.015	7.00	8.12	0.001	0.020	3.05	0.76	0.47
	2012	0.156	0.019	0.57	0.009	7.00	8.05	0.002	0.020	6.10	0.90	0.02
	2013	0.140	0.011	0.73	0.014	7.70	8.03	0.002	0.020	1.82	0.66	0.04
	2014	0.068	0.006	0.78	0.011	7.40	8.08	0.002	0.020	1.78	0.44	0.03
	2015	0.072	0.007	0.52	0.004	7.60	8.11	0.002	0.020	0.69	0.20	0.03
陵水	2011	0.056	0.006	0.61	0.016	6.94	8.15	0.002	0.020	1.60	0.58	0.13
	2012	0.103	0.005	0.51	0.008	6.50	8.05	0.004	0.020	1.68	1.06	0.08
	2013	0.046	0.007	0.70	0.012	7.12	8.28	0.004	0.020	1.13	0.49	0.03
	2014	0.034	0.006	0.78	0.020	7.08	8.22	0.002	0.020	1.26	0.82	0.03
	2015	0.042	0.002	0.80	0.006	7.24	8.19	0.003	0.020	0.66	0.38	0.02
茂名	2011	0.252	0.015	1.10	0.021	6.00	8.37	0.006	0.005	2.20	0.68	0.15
	2012	0.161	0.006	1.00	0.017	6.38	8.17	0.001	0.005	1.20	0.15	0.05
	2013	0.196	0.008	0.64	0.013	6.49	8.12	0.001	0.005	0.30	0.15	0.05
	2014	0.190	0.012	0.30	0.014	7.06	8.11	0.001	0.004	2.70	0.15	0.01
	2015	0.170	0.006	0.34	0.015	6.64	8.21	0.000	0.004	2.90	0.15	0.01

区域	年份	无机氮/（mg/L）	活性磷酸盐/（mg/L）	化学需氧量/（mg/L）	石油类/（mg/L）	溶解氧/（mg/L）	pH	非离子氨/（mg/L）	汞/（μg/L）	铜/（μg/L）	铅/（μg/L）	镉/（μg/L）
南通	2011	0.122	0.014	0.63	0.005	9.84	7.99	0.001	0.025	0.50	0.50	0.05
	2012	0.261	0.014	0.75	0.005	8.62	8.02	0.003	0.025	0.50	0.50	0.05
	2013	0.279	0.009	0.85	0.005	8.20	8.05	0.005	0.025	0.50	0.18	0.02
	2014	0.280	0.023	0.98	0.005	8.98	8.18	0.002	0.025	0.90	0.15	0.03
	2015	0.328	0.018	0.86	0.005	9.13	8.12	0.001	0.020	0.40	0.15	0.02
宁波	2011	0.483	0.029	0.70	0.002	7.79	8.09	0.001	0.007	0.92	0.12	0.05
	2012	0.570	0.034	0.62	0.003	7.80	8.00	0.001	0.005	0.85	0.08	0.04
	2013	0.553	0.032	0.75	0.006	7.72	8.09	0.001	0.004	0.97	0.13	0.05
	2014	0.700	0.032	1.12	0.005	7.70	8.05	0.001	0.006	0.80	0.12	0.05
	2015	0.625	0.032	0.64	0.004	7.48	8.05	0.001	0.016	0.50	0.05	0.03
宁德	2011	0.380	0.027	0.96	0.015	6.80	8.13	0.002	0.020	0.48	0.22	0.10
	2012	0.234	0.030	0.89	0.012	6.75	8.17	0.002	0.010	1.23	0.11	0.07
	2013	0.267	0.031	0.71	0.021	6.64	8.03	0.001	0.027	1.37	0.24	0.07
	2014	0.293	0.026	1.16	0.021	6.62	8.08	0.001	0.014	1.51	0.09	0.06
	2015	0.263	0.020	1.18	0.021	6.84	8.05	0.002	0.016	0.63	0.06	0.06
盘锦	2011	0.520	0.024	1.88	0.022	9.04	8.24	0.006	0.020	1.60	0.96	0.24
	2012	0.446	0.022	1.84	0.028	8.60	8.14	0.004	0.010	2.60	0.75	0.16
	2013	0.398	0.016	2.17	0.038	8.19	8.15	0.004	0.004	0.82	1.20	0.24
	2014	0.486	0.023	2.08	0.030	8.42	8.10	0.004	0.004	5.50	3.00	0.67
	2015	0.363	0.014	1.94	0.036	9.10	8.19	0.002	0.014	2.80	1.20	0.28
莆田	2011	0.215	0.019	0.53	0.008	7.38	8.19	0.001	0.026	1.26	1.10	0.22
	2012	0.169	0.018	0.37	0.016	7.06	8.13	0.001	0.008	1.05	0.70	0.24
	2013	0.140	0.020	0.36	0.015	6.92	7.99	0.001	0.024	1.05	0.51	0.16
	2014	0.243	0.014	0.43	0.016	7.06	8.14	0.001	0.013	1.25	0.75	0.22
	2015	0.106	0.008	0.55	0.026	6.99	8.01	0.001	0.015	0.43	0.08	0.07
钦州	2011	0.172	0.006	1.06	0.010	6.60	8.05	0.001	0.015	1.60	0.33	0.04
	2012	0.199	0.009	1.35	0.006	7.71	8.13	0.002	0.015	1.00	0.49	0.02
	2013	0.201	0.010	1.04	0.009	6.96	8.10	0.002	0.021	0.80	0.22	0.05
	2014	0.128	0.004	0.95	0.007	7.64	8.10	0.001	0.015	1.00	0.46	0.05
	2015	0.142	0.012	0.90	0.012	7.26	8.08	0.002	0.015	1.20	0.29	0.06
秦皇岛	2011	0.060	0.008	1.60	0.025	7.92	8.17	0.001	0.001	2.26	0.15	0.01
	2012	0.126	0.007	2.00	0.025	7.62	8.09	0.001	0.001	2.72	0.15	0.01
	2013	0.199	0.015	1.80	0.025	7.84	7.93	0.001	0.005	2.01	0.15	0.05
	2014	0.158	0.014	2.10	0.025	8.47	8.02	0.001	0.005	2.19	0.05	0.05
	2015	0.129	0.015	1.60	0.025	7.28	8.19	0.003	0.004	1.60	0.05	0.05

区域	年份	无机氮/（mg/L）	活性磷酸盐/（mg/L）	化学需氧量/(mg/L)	石油类/（mg/L）	溶解氧/（mg/L）	pH	非离子氨/（mg/L）	汞/（μg/L）	铜/（μg/L）	铅/（μg/L）	镉/（μg/L）
青岛	2011	0.195	0.010	1.16	0.034	8.27	8.10	0.001	0.016	3.10	0.15	0.15
	2012	0.202	0.015	1.07	0.006	8.07	8.03	0.002	0.010	1.50	0.15	0.15
	2013	0.172	0.010	1.41	0.006	7.55	8.09	0.002	0.008	1.50	0.15	0.15
	2014	0.153	0.008	1.08	0.019	7.49	8.10	0.001	0.018	2.70	0.15	0.15
	2015	0.156	0.010	1.14	0.009	7.52	8.07	0.001	0.010	1.80	0.15	0.15
琼海	2011	0.068	0.006	0.90	0.018	6.88	8.16	0.003	0.020	2.49	0.76	0.11
	2012	0.125	0.007	1.54	0.014	6.78	8.16	0.004	0.020	3.54	0.80	0.03
	2013	0.150	0.014	1.52	0.011	6.82	8.14	0.004	0.020	1.49	0.23	0.04
	2014	0.136	0.004	1.49	0.004	7.21	8.11	0.004	0.020	2.18	0.46	0.03
	2015	0.064	0.002	1.11	0.004	7.27	8.07	0.004	0.020	0.63	0.32	0.03
泉州	2011	0.236	0.023	1.16	0.013	7.47	8.21	0.001	0.052	1.62	1.26	0.17
	2012	0.205	0.019	0.58	0.016	7.14	8.17	0.001	0.019	1.31	0.63	0.13
	2013	0.182	0.019	0.50	0.014	7.00	8.00	0.001	0.025	1.32	0.80	0.11
	2014	0.222	0.014	0.64	0.023	7.08	8.12	0.001	0.014	0.88	0.55	0.09
	2015	0.212	0.008	0.53	0.026	6.78	8.08	0.005	0.010	1.26	0.09	0.06
日照	2011	0.099	0.010	1.30	0.022	7.74	8.04	0.001	0.020	1.49	0.80	0.05
	2012	0.101	0.011	0.90	0.013	9.00	8.00	0.001	0.052	1.00	0.70	0.08
	2013	0.093	0.010	0.80	0.007	7.48	8.09	0.001	0.060	0.80	0.60	0.05
	2014	0.183	0.008	1.20	0.022	7.59	8.02	0.001	0.056	1.00	0.64	0.05
	2015	0.086	0.008	0.86	0.018	8.70	8.11	0.001	0.057	2.20	0.40	0.05
三亚	2011	0.062	0.005	0.44	0.017	6.72	8.09	0.002	0.020	2.48	0.53	0.05
	2012	0.084	0.008	0.51	0.014	6.78	7.98	0.002	0.001	0.50	0.29	0.01
	2013	0.076	0.007	0.53	0.017	6.79	7.97	0.002	0.001	0.50	0.33	0.01
	2014	0.063	0.005	0.52	0.013	6.78	8.02	0.001	0.001	0.50	0.40	0.01
	2015	0.073	0.005	0.52	0.010	6.81	8.05	0.002	0.001	0.40	0.15	0.01
厦门	2011	0.420	0.024	0.93	0.016	7.12	8.20	0.002	0.050	1.46	1.29	0.10
	2012	0.307	0.025	0.50	0.018	7.08	8.13	0.002	0.014	1.30	0.34	0.11
	2013	0.441	0.031	0.80	0.016	6.90	8.05	0.004	0.038	1.38	0.85	0.16
	2014	0.335	0.020	0.75	0.020	7.02	8.11	0.004	0.014	1.44	0.41	0.12
	2015	0.249	0.011	0.81	0.022	6.86	8.07	0.003	0.020	1.01	0.08	0.06
汕头	2011	0.302	0.011	0.85	0.025	6.95	8.27	0.002	0.025	3.50	1.80	0.05
	2012	0.291	0.017	0.86	0.030	7.22	8.23	0.003	0.025	2.60	0.80	0.05
	2013	0.277	0.013	0.52	0.044	7.34	8.20	0.001	0.030	0.70	0.47	0.05
	2014	0.269	0.011	0.73	0.046	7.33	8.25	0.002	0.032	0.60	0.61	0.05
	2015	0.242	0.020	0.98	0.034	6.66	8.18	0.004	0.015	0.70	1.10	0.09

区域	年份	无机氮/(mg/L)	活性磷酸盐/(mg/L)	化学需氧量/(mg/L)	石油类/(mg/L)	溶解氧/(mg/L)	pH	非离子氨/(mg/L)	汞/(μg/L)	铜/(μg/L)	铅/(μg/L)	镉/(μg/L)
汕尾	2011	0.126	0.010	1.14	0.016	6.68	8.06	0.004	0.025	3.40	0.40	0.25
	2012	0.125	0.006	1.40	0.014	5.99	8.02	0.004	0.080	3.00	0.42	0.22
	2013	0.084	0.008	1.11	0.017	6.27	8.06	0.003	0.060	2.30	0.71	0.25
	2014	0.091	0.013	1.36	0.016	7.67	8.04	0.002	0.070	1.50	0.58	0.51
	2015	0.076	0.013	1.14	0.030	6.80	8.04	0.002	0.020	1.40	0.40	0.19
上海	2011	0.887	0.031	1.23	0.004	8.31	8.04	0.001	0.005	1.10	0.13	0.04
	2012	1.049	0.035	1.19	0.009	7.69	8.07	0.001	0.004	1.04	0.05	0.04
	2013	1.088	0.039	1.20	0.011	6.73	7.94	0.001	0.004	1.33	0.08	0.04
	2014	1.153	0.041	1.42	0.008	7.50	8.08	0.001	0.005	1.18	0.08	0.04
	2015	0.977	0.037	1.18	0.007	7.14	8.02	0.001	0.019	0.63	0.08	0.03
深圳	2011	1.023	0.031	1.18	0.020	5.05	7.96	0.013	0.020	2.50	0.70	0.10
	2012	1.203	0.031	1.25	0.020	6.74	8.00	0.005	0.020	2.30	0.30	0.10
	2013	1.292	0.035	1.20	0.020	6.60	7.92	0.007	0.020	2.20	0.40	0.12
	2014	1.424	0.041	1.18	0.020	6.50	7.96	0.009	0.020	2.50	0.50	0.10
	2015	0.658	0.028	2.32	0.032	7.56	8.38	0.007	0.030	2.90	0.30	0.11
台州	2011	0.459	0.027	0.58	0.002	7.79	8.12	0.001	0.007	1.12	0.14	0.05
	2012	0.588	0.031	0.65	0.005	8.10	7.99	0.002	0.004	0.94	0.16	0.05
	2013	0.520	0.029	0.79	0.007	7.87	8.05	0.002	0.004	0.95	0.12	0.05
	2014	0.590	0.026	0.95	0.004	7.81	8.09	0.001	0.005	0.81	0.10	0.04
	2015	0.535	0.030	0.50	0.003	7.54	8.08	0.001	0.017	0.75	0.07	0.04
唐山	2011	0.118	0.016	1.56	0.025	7.50	7.95	0.001	0.010	4.74	3.50	0.22
	2012	0.180	0.016	1.40	0.025	8.02	7.92	0.001	0.010	6.03	2.97	0.21
	2013	0.194	0.015	1.00	0.025	8.73	8.06	0.004	0.010	7.66	3.93	0.33
	2014	0.177	0.019	1.13	0.025	8.11	7.90	0.002	0.001	8.60	3.69	0.30
	2015	0.156	0.019	1.89	0.025	7.31	7.97	0.002	0.001	6.89	3.37	0.34
天津	2011	0.461	0.014	1.45	0.055	7.50	8.06	0.005	0.045	3.50	5.59	0.41
	2012	0.705	0.016	1.23	0.039	7.66	8.14	0.022	0.061	4.79	1.61	0.16
	2013	0.430	0.017	1.61	0.028	9.29	8.04	0.005	0.016	3.00	1.60	0.11
	2014	0.467	0.010	0.89	0.026	7.68	8.14	0.004	0.048	2.30	2.17	0.55
	2015	0.466	0.012	1.62	0.027	9.18	8.34	0.008	0.036	4.90	2.53	0.38
万宁	2011	0.042	0.003	0.28	0.015	6.35	8.16	0.002	0.020	3.13	0.84	0.02
	2012	0.128	0.006	0.51	0.017	6.52	8.19	0.004	0.020	1.60	0.46	0.02
	2013	0.122	0.004	0.50	0.015	6.80	8.24	0.004	0.020	0.92	0.24	0.06
	2014	0.066	0.004	0.40	0.006	6.72	8.35	0.004	0.020	1.09	0.67	0.06
	2015	0.048	0.002	0.25	0.006	6.64	8.27	0.003	0.020	1.82	0.31	0.03

区域	年份	无机氮/(mg/L)	活性磷酸盐/(mg/L)	化学需氧量/(mg/L)	石油类/(mg/L)	溶解氧/(mg/L)	pH	非离子氨/(mg/L)	汞/(μg/L)	铜/(μg/L)	铅/(μg/L)	镉/(μg/L)
威海	2011	0.177	0.013	1.90	0.014	8.25	8.13	0.002	0.025	3.00	1.20	0.10
	2012	0.188	0.013	1.84	0.008	7.86	8.12	0.002	0.025	3.30	1.40	0.08
	2013	0.173	0.013	1.84	0.007	8.33	8.15	0.002	0.025	3.00	1.30	0.08
	2014	0.186	0.013	1.79	0.005	7.81	8.15	0.003	0.025	2.50	0.90	0.08
	2015	0.208	0.015	1.75	0.009	8.08	8.13	0.003	0.025	1.90	0.50	0.09
潍坊	2011	0.184	0.024	1.37	0.045	7.46	8.04	0.003	0.060	1.00	1.00	0.10
	2012	0.223	0.016	1.54	0.030	8.08	8.19	0.008	0.080	1.30	1.10	0.05
	2013	0.258	0.018	1.46	0.034	5.48	7.99	0.006	0.060	0.80	1.00	0.26
	2014	0.268	0.022	1.56	0.038	8.49	8.19	0.007	0.060	1.00	2.60	0.32
	2015	0.219	0.017	1.79	0.018	8.33	8.20	0.001	0.110	4.20	0.32	0.05
温州	2011	0.446	0.024	0.62	0.001	7.82	8.12	0.001	0.008	0.92	0.13	0.05
	2012	0.502	0.025	0.48	0.003	8.12	8.02	0.001	0.004	0.96	0.15	0.05
	2013	0.435	0.024	0.69	0.005	8.15	8.12	0.002	0.004	0.99	0.08	0.05
	2014	0.522	0.023	0.75	0.004	7.67	8.09	0.001	0.005	0.75	0.10	0.04
	2015	0.482	0.028	0.50	0.002	7.47	8.09	0.001	0.016	0.55	0.08	0.03
文昌	2011	0.038	0.007	0.80	0.010	6.78	8.14	0.002	0.020	2.01	0.75	0.21
	2012	0.058	0.010	1.63	0.013	6.68	8.15	0.002	0.020	1.59	0.21	0.12
	2013	0.017	0.012	1.62	0.011	6.64	8.14	0.001	0.020	1.70	0.40	0.05
	2014	0.033	0.010	1.53	0.008	6.66	8.13	0.002	0.005	1.36	0.70	0.04
	2015	0.042	0.010	1.48	0.004	6.70	8.16	0.002	0.020	0.72	0.49	0.03
烟台	2011	0.109	0.011	1.46	0.018	7.87	8.10	0.001	0.004	1.54	0.66	0.25
	2012	0.119	0.012	1.44	0.017	7.83	8.10	0.001	0.025	1.24	0.70	0.25
	2013	0.135	0.010	1.40	0.013	7.93	8.14	0.002	0.025	0.90	0.50	0.06
	2014	0.118	0.009	1.40	0.015	7.89	8.09	0.002	0.004	0.90	0.66	0.05
	2015	0.108	0.007	1.47	0.015	7.73	8.09	0.001	0.004	0.84	0.60	0.06
盐城	2011	0.292	0.002	1.23	0.018	6.50	7.96	0.001	0.004	2.69	1.34	0.15
	2012	0.277	0.016	1.46	0.055	6.00	8.02	0.001	0.008	2.87	1.08	0.14
	2013	0.254	0.018	1.58	0.060	6.70	8.10	0.002	0.001	2.44	1.08	0.05
	2014	0.178	0.022	1.11	0.024	7.66	8.04	0.001	0.015	2.48	0.29	0.05
	2015	0.227	0.009	1.02	0.001	6.80	8.33	0.005	0.001	1.67	0.43	0.06
阳江	2011	0.157	0.013	2.50	0.010	6.40	8.00	0.004	0.025	3.40	2.30	0.15
	2012	0.171	0.015	2.16	0.010	6.10	8.05	0.005	0.025	1.10	0.96	0.05
	2013	0.173	0.014	2.22	0.010	6.40	8.06	0.005	0.025	0.90	0.50	0.05
	2014	0.225	0.010	2.51	0.040	6.60	7.98	0.006	0.025	2.50	2.00	0.17
	2015	0.205	0.019	2.40	0.008	6.60	7.97	0.006	0.025	2.60	0.90	1.25

区域	年份	无机氮/(mg/L)	活性磷酸盐/(mg/L)	化学需氧量/(mg/L)	石油类/(mg/L)	溶解氧/(mg/L)	pH	非离子氨/(mg/L)	汞/(μg/L)	铜/(μg/L)	铅/(μg/L)	镉/(μg/L)
营口	2011	0.368	0.012	1.32	0.002	7.40	8.01	0.001	0.007	6.12	2.26	0.69
	2012	0.339	0.003	1.55	0.010	7.38	8.19	0.004	0.006	4.02	1.24	0.83
	2013	0.370	0.006	1.54	0.002	7.94	8.14	0.002	0.005	3.74	1.19	0.84
	2014	0.350	0.009	1.67	0.002	7.70	8.10	0.002	0.004	3.60	1.18	0.77
	2015	0.354	0.021	1.86	0.002	7.30	8.20	0.002	0.004	3.50	1.20	0.76
湛江	2011	0.212	0.010	0.67	0.025	7.31	7.95	0.002	0.025	1.50	1.90	0.05
	2012	0.159	0.013	0.74	0.025	6.78	7.99	0.001	0.028	1.50	0.62	0.05
	2013	0.229	0.015	1.10	0.025	7.02	7.95	0.003	0.069	4.50	1.53	0.09
	2014	0.198	0.018	0.83	0.025	6.87	8.02	0.003	0.035	1.80	1.70	0.05
	2015	0.246	0.011	0.92	0.025	6.72	7.98	0.004	0.046	1.40	1.20	0.05
漳州	2011	0.168	0.016	0.69	0.026	7.18	8.24	0.001	0.062	1.77	2.11	0.23
	2012	0.150	0.015	0.59	0.029	6.70	8.16	0.001	0.031	1.20	1.17	0.17
	2013	0.166	0.013	0.68	0.016	6.99	8.04	0.002	0.020	1.62	1.13	0.22
	2014	0.148	0.014	0.97	0.024	6.72	8.17	0.002	0.023	1.72	1.86	0.12
	2015	0.120	0.007	0.66	0.014	6.79	8.19	0.003	0.020	1.14	0.84	0.16
舟山	2011	0.621	0.024	1.20	0.003	7.69	8.01	0.001	0.006	1.04	0.12	0.05
	2012	0.684	0.029	0.97	0.006	7.61	8.02	0.001	0.005	0.86	0.09	0.04
	2013	0.665	0.031	1.00	0.006	6.82	8.01	0.001	0.005	0.97	0.10	0.05
	2014	0.825	0.032	1.45	0.005	7.16	8.05	0.001	0.006	0.86	0.08	0.04
	2015	0.812	0.033	1.16	0.006	7.24	8.03	0.001	0.018	0.87	0.07	0.04
珠海	2011	0.181	0.010	1.85	0.046	6.32	7.91	0.003	0.005	0.70	0.15	0.05
	2012	0.177	0.008	1.92	0.039	6.32	7.88	0.003	0.001	0.60	0.15	0.05
	2013	0.181	0.009	2.15	0.037	6.33	7.94	0.003	0.001	0.60	0.16	0.05
	2014	0.183	0.014	2.16	0.040	6.40	8.04	0.003	0.014	1.10	0.60	0.35
	2015	0.199	0.016	1.61	0.034	6.62	8.10	0.004	0.015	0.50	0.19	0.15

附表 2 全国各入海河流入海段面水质

序号	省份	城市	海区	河流	断面	年份	水质类别	超标因子
1	辽宁	大连	黄海	碧流河	城子坦	2011	I	—
						2012	II	—
						2013	II	—
						2014	II	—
						2015	II	—

序号	省份	城市	海区	河流	断面	年份	水质类别	超标因子
2	辽宁	大连	黄海	登沙河	登化	2011	III	—
						2012	IV	BOD_5（0.38）、化学需氧量（0.02）、氨氮（0.01）（IV）
						2013	IV	氨氮（0.44）、总磷（0.26）、BOD_5（0.19）、石油类（0.04）（IV）
						2014	IV	BOD_5（0.50）、化学需氧量（0.10）、总磷（0.01）（IV）
						2015	V	氨氮（0.57）（V）、总磷（0.30）、化学需氧量（0.13）、石油类（0.07）（IV）
3	辽宁	大连	渤海	复州河	三台子	2011	III	—
						2012	III	—
						2013	III	—
						2014	III	—
						2015	III	—
4	辽宁	大连	黄海	英那河	入海口	2011	III	—
						2012	II	—
						2013	II	—
						2014	II	—
						2015	III	—
5	辽宁	大连	黄海	庄河	小于屯	2011	IV	石油类（2.00）（IV）
						2012	IV	石油类（0.58）（IV）
						2013	IV	石油类（0.04）（IV）
						2014	IV	总磷（0.07）（IV）
						2015	III	—
6	辽宁	丹东	黄海	大洋河	大洋河桥	2011	劣V	化学需氧量（1.21）（劣V）、石油类（0.80）（IV）
						2012	IV	石油类（0.26）、化学需氧量（0.08）（IV）
						2013	IV	石油类（0.08）（IV）
						2014	IV	石油类（0.38）、化学需氧量（0.03）（IV）
						2015	IV	石油类（0.35）（IV）
7	辽宁	丹东	黄海	鸭绿江	厦子沟	2011	II	—
						2012	II	—
						2013	II	—
						2014	II	—
						2015	II	—
8	辽宁	葫芦岛	渤海	连山河	沈山铁路桥下	2011	劣V	总磷（1.08）（劣V）、氨氮（0.64）（V）、石油类（0.86）、高锰酸盐指数（0.24）、化学需氧量（0.17）、BOD_5（0.04）（IV）
						2012	劣V	氨氮（2.67）（劣V）、BOD_5（1.41）（V）、石油类（2.16）、总磷（0.43）、化学需氧量（0.41）（IV）

序号	省份	城市	海区	河流	断面	年份	水质类别	超标因子
8	辽宁	葫芦岛	渤海	连山河	沈山铁路桥下	2013	劣Ⅴ	氨氮（4.71）、总磷（2.61）、BOD_5（2.38）、化学需氧量（1.28）（劣Ⅴ）、挥发酚（2.36）（Ⅴ）、石油类（0.78）、高锰酸盐指数（0.30）（Ⅳ）
						2014	劣Ⅴ	氨氮（9.63）、总磷（5.30）、BOD_5（2.86）（劣Ⅴ）、DO、挥发酚（1.62）、化学需氧量（0.73）（Ⅴ）、石油类（0.05）（Ⅳ）
						2015	劣Ⅴ	氨氮（17.09）、总磷（4.06）（劣Ⅴ）、DO、BOD_5（1.22）、化学需氧量（0.51）（Ⅴ）、高锰酸盐指数（0.33）、挥发酚（0.07）（Ⅳ）
9	辽宁	葫芦岛	渤海	六股河	小渔场	2011	Ⅱ	—
						2012	Ⅱ	—
						2013	Ⅲ	—
						2014	Ⅲ	—
						2015	Ⅲ	—
10	辽宁	葫芦岛	渤海	五里河	茨山桥南	2011	劣Ⅴ	氨氮（4.57）、化学需氧量（2.35）（劣Ⅴ）、总磷（0.91）（Ⅴ）、石油类（0.32）、BOD_5（0.28）（Ⅳ）
						2012	劣Ⅴ	BOD_5（1.90）、氨氮（1.87）（劣Ⅴ）、总磷（0.75）、化学需氧量（0.69）（Ⅴ）、DO、石油类（3.80）（Ⅳ）
						2013	劣Ⅴ	氨氮（2.22）、总磷（2.10）（劣Ⅴ）、挥发酚（2.94）、BOD_5（1.31）、化学需氧量（0.89）（Ⅴ）、石油类（0.96）（Ⅳ）
						2014	Ⅴ	化学需氧量（0.89）、总磷（0.76）（Ⅴ）、氨氮（0.39）、BOD_5（0.20）（Ⅳ）
						2015	劣Ⅴ	氨氮（7.97）、总磷（4.24）（劣Ⅴ）、BOD_5（1.33）、化学需氧量（0.95）（Ⅴ）
11	辽宁	葫芦岛	渤海	兴城河	红石碑入海前	2011	劣Ⅴ	氨氮（1.51）（劣Ⅴ）、总磷（0.53）（Ⅴ）、BOD_5（0.43）、化学需氧量（0.37）、石油类（0.26）、高锰酸盐指数（0.06）（Ⅳ）
						2012	Ⅲ	—
						2013	Ⅲ	—
						2014	Ⅲ	—
						2015	Ⅳ	化学需氧量（0.07）、BOD_5（Ⅳ）
12	辽宁	锦州	渤海	大凌河	西八千	2011	Ⅳ	高锰酸盐指数（0.21）、BOD_5（0.18）、化学需氧量（0.18）、氨氮（0.10）（Ⅳ）
						2012	Ⅲ	—
						2013	Ⅲ	—
						2014	Ⅳ	BOD_5（0.23）、化学需氧量（0.14）、高锰酸盐指数（0.01）（Ⅳ）
						2015	Ⅳ	BOD_5（0.41）、高锰酸盐指数（0.40）、化学需氧量（0.39）、石油类（0.10）、挥发酚（0.08）（Ⅳ）

序号	省份	城市	海区	河流	断面	年份	水质类别	超标因子
13	辽宁	锦州	渤海	小凌河	西树林	2011	劣Ⅴ	氨氮（1.92）（劣Ⅴ）、总磷（0.76）（Ⅴ）、化学需氧量（0.02）（Ⅳ）
						2012	Ⅴ	氨氮（0.85）（Ⅴ）、汞（1.80）、总磷（0.34）（Ⅳ）
						2013	Ⅳ	总磷（0.21）、氨氮（0.02）（Ⅳ）
						2014	Ⅳ	化学需氧量（0.14）、BOD_5（0.08）（Ⅳ）
						2015	Ⅳ	BOD_5（0.07）（Ⅳ）
14	辽宁	盘锦	渤海	辽河	赵圈河	2011	Ⅳ	石油类（4.12）、BOD_5（0.49）、高锰酸盐指数（0.03）、总磷（0.03）（Ⅳ）
						2012	Ⅳ	石油类（3.34）、BOD_5（0.33）、高锰酸盐指数（0.16）（Ⅳ）
						2013	Ⅳ	石油类（2.12）、高锰酸盐指数（0.05）（Ⅳ）
						2014	Ⅳ	石油类（1.68）（Ⅳ）
						2015	Ⅳ	石油类（2.18）、BOD_5（0.12）、高锰酸盐指数（0.01）（Ⅳ）
15	辽宁	营口	渤海	大旱河	营盖公路	2011	劣Ⅴ	阴离子表面活性剂（7.31）、氨氮（1.99）、总磷（1.33）（劣Ⅴ）、石油类（3.06）、高锰酸盐指数（0.63）、化学需氧量（0.17）（Ⅳ）
						2012	劣Ⅴ	氨氮（4.55）、总磷（2.96）、阴离子表面活性剂（1.50）（劣Ⅴ）、化学需氧量（0.87）（Ⅴ）、DO、石油类（6.88）、高锰酸盐指数（0.34）、BOD_5（0.20）（Ⅳ）
						2013	劣Ⅴ	氨氮（5.01）、化学需氧量（2.45）（劣Ⅴ）、总磷（0.91）、BOD_5（0.63）（Ⅴ）、DO、石油类（1.44）、高锰酸盐指数（0.41）（Ⅳ）
						2014	劣Ⅴ	氨氮（8.13）、总磷（1.09）（劣Ⅴ）、化学需氧量（0.92）、BOD_5（0.56）（Ⅴ）、高锰酸盐指数（0.39）、石油类（0.08）（Ⅳ）
						2015	劣Ⅴ	氨氮（6.63）、总磷（1.54）、化学需氧量（1.35）、阴离子表面活性剂（0.55）（劣Ⅴ）、BOD_5（1.09）（Ⅴ）、高锰酸盐指数（0.28）、石油类（0.08）（Ⅳ）
16	辽宁	营口	渤海	大辽河	辽河公园	2011	Ⅳ	DO、高锰酸盐指数（0.52）、氨氮（0.19）（Ⅳ）
						2012	Ⅳ	DO、石油类（2.46）、氨氮（0.49）、BOD_5（0.11）、总磷（0.10）（Ⅳ）
						2013	Ⅳ	石油类（0.60）、化学需氧量（0.08）（Ⅳ）
						2014	Ⅳ	BOD_5（0.17）、石油类（0.09）（Ⅳ）
						2015	Ⅳ	BOD_5（0.19）、化学需氧量（0.19）（Ⅳ）

序号	省份	城市	海区	河流	断面	年份	水质类别	超标因子
17	辽宁	营口	渤海	大清河	大清河口	2011	劣Ⅴ	氨氮（1.24）（劣Ⅴ）、总磷（0.58）（Ⅴ）、DO、石油类（2.14）、阴离子表面活性剂（0.35）（Ⅳ）
						2012	劣Ⅴ	氨氮（2.65）（劣Ⅴ）、总磷（0.70）（Ⅴ）、DO、石油类（5.80）、阴离子表面活性剂（0.34）、BOD_5（0.10）（Ⅳ）
						2013	Ⅳ	石油类（1.28）、总磷（0.37）、氨氮（0.26）、BOD_5（0.18）（Ⅳ）
						2014	Ⅴ	BOD_5（0.56）（Ⅴ）、总磷（0.50）、氨氮（0.13）、石油类（0.05）（Ⅳ）
						2015	Ⅳ	BOD_5（0.50）、总磷（0.40）、化学需氧量（0.34）、氨氮（0.16）（Ⅳ）
18	辽宁	营口	渤海	沙河	入海口	2011	劣Ⅴ	阴离子表面活性剂（2.56）、氨氮（1.10）（劣Ⅴ）、石油类（2.46）、总磷（0.38）、高锰酸盐指数（0.19）、化学需氧量（0.15）（Ⅳ）
						2012	劣Ⅴ	阴离子表面活性剂（1.28）（劣Ⅴ）、总磷（0.90）（Ⅴ）、石油类（5.40）（Ⅳ）
						2013	Ⅳ	石油类（0.50）、化学需氧量（0.44）、BOD_5（0.11）（Ⅳ）
						2014	Ⅳ	化学需氧量（0.25）、BOD_5（0.14）、总磷（0.11）、石油类（0.10）（Ⅳ）
						2015	劣Ⅴ	总磷（1.02）（劣Ⅴ）、BOD_5（0.71）（Ⅴ）、化学需氧量（0.28）、石油类（0.11）（Ⅳ）
19	辽宁	营口	渤海	熊岳河	杨家屯	2011	劣Ⅴ	阴离子表面活性剂（6.10）（劣Ⅴ）、总磷（0.81）（Ⅴ）、石油类（2.00）（Ⅳ）
						2012	劣Ⅴ	阴离子表面活性剂（1.67）（劣Ⅴ）、石油类（5.92）、总磷（0.40）、氨氮（0.11）（Ⅳ）
						2013	Ⅳ	石油类（0.62）、化学需氧量（0.32）（Ⅳ）
						2014	Ⅳ	化学需氧量（0.43）、BOD_5（0.23）、石油类（0.08）（Ⅳ）
						2015	劣Ⅴ	化学需氧量（1.03）（劣Ⅴ）、BOD_5（0.83）（Ⅴ）、阴离子表面活性剂（0.26）、石油类（0.04）（Ⅳ）
20	河北	沧州	渤海	北排河	歧口防潮闸	2011	劣Ⅴ	化学需氧量（3.30）、BOD_5（2.54）（劣Ⅴ）、高锰酸盐指数（1.23）（Ⅴ）、总磷（0.42）、氨氮（0.40）、阴离子表面活性剂（0.13）、石油类（0.10）（Ⅳ）
						2012	劣Ⅴ	化学需氧量（2.79）、高锰酸盐指数（2.11）、BOD_5（1.77）（劣Ⅴ）、总磷（0.23）（Ⅳ）
						2013	劣Ⅴ	化学需氧量（1.99）、BOD_5（1.71）、高锰酸盐指数（1.57）（劣Ⅴ）、石油类（0.04）（Ⅳ）
						2014	劣Ⅴ	化学需氧量（2.01）、高锰酸盐指数（1.80）（劣Ⅴ）、BOD_5（1.14）、氨氮（0.87）（Ⅴ）、总磷（0.28）（Ⅳ）
						2015	—	—

序号	省份	城市	海区	河流	断面	年份	水质类别	超标因子
21	河北	沧州	渤海	沧浪渠	沧浪渠河口	2011	—	—
						2012	—	—
						2013	劣V	BOD_5（2.22）、高锰酸盐指数（2.16）、化学需氧量（2.14）（劣V）、氨氮（0.69）（V）、石油类（0.18）、阴离子表面活性剂（0.15）、总磷（0.06）（Ⅳ）
						2014	劣V	化学需氧量（2.39）、高锰酸盐指数（2.00）（劣V）、BOD_5（1.33）、氨氮（0.61）（V）、阴离子表面活性剂（0.31）、总磷（0.24）、石油类（0.08）（Ⅳ）
						2015	劣V	化学需氧量（3.16）、阴离子表面活性剂（0.75）（劣V）、高锰酸盐指数（0.68）、BOD_5（0.58）（V）、氨氮（0.23）（Ⅳ）
22	河北	沧州	渤海	廖佳洼河	李家堡二	2011	劣V	化学需氧量（4.01）、氨氮（2.28）、高锰酸盐指数（1.99）（劣V）、BOD_5（0.83）、总磷（0.77）（V）、石油类（0.32）（Ⅳ）
						2012	劣V	化学需氧量（3.98）、高锰酸盐指数（2.90）、BOD_5（2.23）（劣V）、总磷（0.58）（V）、氨氮（0.48）、石油类（0.48）（Ⅳ）
						2013	劣V	化学需氧量（2.17）、高锰酸盐指数（2.00）、BOD_5（1.98）（劣V）、石油类（0.14）、氨氮（0.09）（Ⅳ）
						2014	劣V	氨氮（4.28）、化学需氧量（2.46）、高锰酸盐指数（1.63）（劣V）、BOD_5（0.99）（V）
						2015	劣V	化学需氧量（3.46）、阴离子表面活性剂（0.71）（劣V）、氨氮（0.62）、BOD_5（0.54）（V）、高锰酸盐指数（0.31）（Ⅳ）
23	河北	沧州	渤海	南排河	李家堡一	2011	劣V	化学需氧量（4.30）、高锰酸盐指数（2.00）、氨氮（1.18）（劣V）、BOD_5（0.85）（V）、石油类（0.84）、总磷（0.19）（Ⅳ）
						2012	劣V	化学需氧量（3.70）、高锰酸盐指数（3.24）、BOD_5（1.94）（劣V）、总磷（0.63）、氨氮（0.54）（V）、石油类（0.94）、阴离子表面活性剂（0.09）（Ⅳ）
						2013	劣V	高锰酸盐指数（2.53）、化学需氧量（2.35）、BOD_5（1.86）（劣V）、氨氮（0.16）、石油类（0.14）（Ⅳ）
						2014	劣V	氨氮（5.25）、化学需氧量（2.83）、高锰酸盐指数（2.56）、BOD_5（1.92）（劣V）、挥发酚（0.44）、总磷（0.44）、阴离子表面活性剂（0.08）（Ⅳ）
						2015	劣V	化学需氧量（2.13）、氨氮（2.02）、高锰酸盐指数（1.72）、总磷（1.51）（劣V）、BOD_5（1.39）、挥发酚（1.05）（V）、阴离子表面活性剂（0.08）（Ⅳ）

序号	省份	城市	海区	河流	断面	年份	水质类别	超标因子
24	河北	沧州	渤海	石碑河	李家堡桥	2011	劣Ⅴ	化学需氧量（3.41）、氨氮（1.97）（劣Ⅴ）、高锰酸盐指数（1.09）、总磷（0.78）、BOD_5（0.71）（Ⅴ）
						2012	劣Ⅴ	化学需氧量（4.10）、高锰酸盐指数（3.55）、总磷（2.53）、BOD_5（1.88）（劣Ⅴ）、氨氮（0.85）（Ⅴ）、石油类（0.06）（Ⅳ）
						2013	劣Ⅴ	高锰酸盐指数（2.55）、化学需氧量（2.43）、氨氮（2.42）、BOD_5（1.87）（劣Ⅴ）、石油类（0.44）、总磷（0.06）（Ⅳ）
						2014	劣Ⅴ	氨氮（4.46）、化学需氧量（1.52）、总磷（1.14）（劣Ⅴ）、高锰酸盐指数（0.84）、BOD_5（0.71）（Ⅴ）、阴离子表面活性剂（0.02）（Ⅳ）
						2015	劣Ⅴ	氨氮（3.25）、化学需氧量（2.76）、总磷（1.37）（劣Ⅴ）、高锰酸盐指数（1.17）、BOD_5（0.83）（Ⅴ）
25	河北	沧州	渤海	宣惠河	大口河口	2011	劣Ⅴ	化学需氧量（4.80）、铅（2.38）、高锰酸盐指数（2.37）（劣Ⅴ）、BOD_5（0.31）、氨氮（0.12）（Ⅳ）
						2012	劣Ⅴ	化学需氧量（3.79）、高锰酸盐指数（3.02）、BOD_5（2.27）（劣Ⅴ）、氨氮（0.77）、总磷（0.65）（Ⅴ）
						2013	劣Ⅴ	BOD_5（1.98）、化学需氧量（1.91）、高锰酸盐指数（1.73）（劣Ⅴ）、总磷（0.44）、氨氮（0.38）（Ⅳ）
						2014	劣Ⅴ	高锰酸盐指数（2.13）、化学需氧量（2.09）（劣Ⅴ）、BOD_5（1.24）、氨氮（0.53）（Ⅴ）、挥发酚（0.58）（Ⅳ）
						2015	劣Ⅴ	化学需氧量（2.62）、氨氮（1.54）（劣Ⅴ）、BOD_5（0.96）（Ⅴ）、高锰酸盐指数（0.55）、挥发酚（0.22）（Ⅳ）
26	河北	沧州	渤海	子牙新河	马棚口防潮闸	2011	劣Ⅴ	氨氮（12.69）、总磷（3.83）、化学需氧量（3.55）、BOD_5（2.47）、高锰酸盐指数（2.01）（劣Ⅴ）、挥发酚（0.76）、石油类（0.20）、阴离子表面活性剂（0.02）（Ⅳ）
						2012	劣Ⅴ	氨氮（7.77）、化学需氧量（3.49）、高锰酸盐指数（3.04）、BOD_5（2.31）、阴离子表面活性剂（0.86）（劣Ⅴ）、总磷（0.73）（Ⅴ）、石油类（0.10）、挥发酚（0.06）（Ⅳ）
						2013	劣Ⅴ	氨氮（9.90）、化学需氧量（2.83）、高锰酸盐指数（2.44）、BOD_5（2.37）（劣Ⅴ）、石油类（0.52）、阴离子表面活性剂（0.39）、总磷（0.15）、挥发酚（0.06）（Ⅳ）
						2014	劣Ⅴ	氨氮（8.57）、化学需氧量（2.49）、高锰酸盐指数（1.65）（劣Ⅴ）、BOD_5（0.85）（Ⅴ）、总磷（0.28）、挥发酚（0.19）（Ⅳ）
						2015	劣Ⅴ	氨氮（12.41）、化学需氧量（3.37）（劣Ⅴ）、高锰酸盐指数（1.14）、BOD_5（0.62）（Ⅴ）、挥发酚（0.56）、总磷（0.11）（Ⅳ）

序号	省份	城市	海区	河流	断面	年份	水质类别	超标因子
27	河北	秦皇岛	渤海	戴河	戴河口	2011	Ⅲ	—
						2012	Ⅲ	—
						2013	Ⅲ	—
						2014	Ⅳ	高锰酸盐指数（0.02）（Ⅳ）
						2015	Ⅳ	化学需氧量（0.36）、高锰酸盐指数（0.34）、BOD_5（0.21）、总磷（0.01）（Ⅳ）
28	河北	秦皇岛	渤海	石河	石河口	2011	Ⅱ	—
						2012	Ⅱ	—
						2013	Ⅱ	—
						2014	Ⅱ	—
						2015	Ⅳ	化学需氧量（0.03）（Ⅳ）
29	河北	秦皇岛	渤海	汤河	汤河口	2011	Ⅲ	—
						2012	Ⅲ	—
						2013	Ⅲ	—
						2014	Ⅳ	化学需氧量（0.07）（Ⅳ）
						2015	Ⅳ	化学需氧量（0.30）、BOD_5（0.06）、氟化物（0.06）、高锰酸盐指数（0.05）（Ⅳ）
30	河北	秦皇岛	渤海	新开河	新开河口	2011	Ⅲ	—
						2012	Ⅲ	—
						2013	Ⅲ	—
						2014	Ⅲ	—
						2015	Ⅲ	—
31	河北	秦皇岛	渤海	洋河	洋河口	2011	Ⅲ	—
						2012	Ⅲ	—
						2013	Ⅲ	—
						2014	Ⅲ	—
						2015	Ⅳ	化学需氧量（0.16）、高锰酸盐指数（0.11）、BOD_5（0.06）（Ⅳ）
32	河北	秦皇岛	渤海	饮马河	饮马河口	2011	劣Ⅴ	氨氮（16.77）、BOD_5（4.28）、砷（2.53）、化学需氧量（1.34）、总磷（1.16）（劣Ⅴ）、高锰酸盐指数（0.94）（Ⅴ）、挥发酚（1.00）（Ⅳ）
						2012	劣Ⅴ	汞（659.30）、氨氮（14.06）、总磷（4.58）、BOD_5（4.35）、化学需氧量（1.21）（劣Ⅴ）、高锰酸盐指数（1.04）（Ⅴ）、DO、氟化物（0.06）（Ⅳ）
						2013	劣Ⅴ	氨氮（5.40）、总磷（2.96）、化学需氧量（1.15）（劣Ⅴ）、高锰酸盐指数（1.18）（Ⅴ）、BOD_5（0.13）（Ⅳ）
						2014	劣Ⅴ	总磷（6.50）、氨氮（5.03）、化学需氧量（1.32）（劣Ⅴ）、高锰酸盐指数（1.42）、BOD_5（0.59）（Ⅴ）
						2015	劣Ⅴ	总磷（7.58）、氨氮（2.61）、化学需氧量（1.84）（劣Ⅴ）、BOD_5（0.36）、高锰酸盐指数（0.16）（Ⅳ）

序号	省份	城市	海区	河流	断面	年份	水质类别	超标因子
33	河北	唐山	渤海	陡河	涧河口	2011	Ⅴ	化学需氧量（0.82）（Ⅴ）
						2012	Ⅴ	化学需氧量（0.67）（Ⅴ）
						2013	Ⅴ	化学需氧量（0.81）（Ⅴ）、总磷（0.04）（Ⅳ）
						2014	Ⅴ	化学需氧量（0.67）（Ⅴ）、总磷（0.01）（Ⅳ）
						2015	Ⅴ	化学需氧量（0.53）（Ⅴ）
34	河北	唐山	渤海	滦河	姜各庄	2011	Ⅳ	石油类（0.16）（Ⅳ）
						2012	Ⅱ	—
						2013	Ⅲ	—
						2014	Ⅲ	—
						2015	Ⅲ	—
35	天津	天津	渤海	北排水河	北排水河防潮闸	2011	劣Ⅴ	化学需氧量（4.45）（劣Ⅴ）、石油类（4.20）、高锰酸盐指数（0.23）（Ⅳ）
						2012	劣Ⅴ	化学需氧量（3.05）、氟化物（0.59）（劣Ⅴ）、BOD_5（0.76）（Ⅴ）、DO、挥发酚（0.52）、高锰酸盐指数（0.14）、阴离子表面活性剂（0.04）（Ⅳ）
						2013	劣Ⅴ	化学需氧量（1.16）（劣Ⅴ）、高锰酸盐指数（1.43）（Ⅴ）、BOD_5（0.47）、氟化物（0.23）（Ⅳ）
						2014	劣Ⅴ	化学需氧量（4.49）、高锰酸盐指数（3.51）、BOD_5（2.45）（劣Ⅴ）、总磷（0.41）、石油类（0.31）（Ⅳ）
						2015	劣Ⅴ	化学需氧量（2.29）、氨氮（1.92）、BOD_5（1.78）、高锰酸盐指数（1.57）（劣Ⅴ）、总磷（0.78）（Ⅴ）、氟化物（0.10）（Ⅳ）
36	天津	天津	渤海	独流减河	工农兵防潮闸	2011	Ⅴ	挥发酚（1.94）、化学需氧量（0.84）（Ⅴ）、石油类（4.94）、氟化物（0.35）、BOD_5（0.04）、阴离子表面活性剂（0.01）（Ⅳ）
						2012	Ⅴ	化学需氧量（0.76）（Ⅴ）、石油类（2.16）、氟化物（0.28）、阴离子表面活性剂（0.07）（Ⅳ）
						2013	Ⅴ	高锰酸盐指数（0.86）、化学需氧量（0.75）（Ⅴ）、BOD_5（0.48）、阴离子表面活性剂（0.29）、氟化物（0.24）、汞（0.20）、氨氮（0.07）（Ⅳ）
						2014	劣Ⅴ	高锰酸盐指数（2.14）、化学需氧量（1.64）、BOD_5（1.51）、阴离子表面活性剂（0.77）（劣Ⅴ）
						2015	Ⅴ	化学需氧量（0.58）（Ⅴ）、高锰酸盐指数（0.44）、总磷（0.26）、BOD_5（0.15）、氟化物（0.15）（Ⅳ）

序号	省份	城市	海区	河流	断面	年份	水质类别	超标因子
37	天津	天津	渤海	海河	海河大闸	2011	劣Ⅴ	高锰酸盐指数（3.30）、氨氮（1.39）、化学需氧量（1.14）、总磷（1.06）（劣Ⅴ）、BOD_5（0.93）（Ⅴ）、汞（0.50）、氟化物（0.49）、挥发酚（0.20）（Ⅳ）
						2012	劣Ⅴ	氨氮（2.70）、高锰酸盐指数（2.51）、总磷（1.76）、BOD_5（1.53）、化学需氧量（1.46）、氟化物（0.51）（劣Ⅴ）、石油类（0.06）（Ⅳ）
						2013	劣Ⅴ	氨氮（4.52）、化学需氧量（1.71）、总磷（1.56）、氟化物（0.56）（劣Ⅴ）、挥发酚（1.72）、高锰酸盐指数（1.26）（Ⅴ）、BOD_5（0.40）（Ⅳ）
						2014	劣Ⅴ	氨氮（2.21）、高锰酸盐指数（2.04）、化学需氧量（1.50）（劣Ⅴ）、总磷（0.81）、BOD_5（0.67）（Ⅴ）、石油类（0.28）、阴离子表面活性剂（0.23）、氟化物（0.21）（Ⅳ）
						2015	劣Ⅴ	化学需氧量（1.78）、氨氮（1.77）、总磷（1.34）（劣Ⅴ）、高锰酸盐指数（1.36）、BOD_5（0.92）（Ⅴ）、氟化物（0.50）、阴离子表面活性剂（0.27）（Ⅳ）
38	天津	天津	渤海	蓟运河	蓟运河防潮闸	2011	劣Ⅴ	氨氮（3.79）、总磷（3.31）、BOD_5（2.17）、化学需氧量（2.09）、铬（1.01）（劣Ⅴ）、挥发酚（2.82）、高锰酸盐指数（1.36）（Ⅴ）、石油类（0.20）（Ⅳ）
						2012	劣Ⅴ	化学需氧量（1.57）（劣Ⅴ）、高锰酸盐指数（1.26）、挥发酚（1.12）、总磷（0.78）（Ⅴ）、石油类（3.76）、氨氮（0.29）（Ⅳ）
						2013	—	—
						2014	—	—
						2015	—	—
39	天津	天津	渤海	青静黄排水渠	青静黄排水渠防潮闸	2011	—	—
						2012	劣Ⅴ	化学需氧量（5.48）、氨氮（1.46）、阴离子表面活性剂（0.99）、氟化物（0.75）（劣Ⅴ）、挥发酚（1.84）（Ⅴ）、DO、石油类（3.06）、BOD_5（0.48）、总磷（0.41）（Ⅳ）
						2013	劣Ⅴ	氨氮（2.32）、化学需氧量（1.69）（劣Ⅴ）、挥发酚（9.34）、高锰酸盐指数（1.25）（Ⅴ）、汞（1.10）、BOD_5（0.47）、阴离子表面活性剂（0.07）、氟化物（0.04）（Ⅳ）
						2014	劣Ⅴ	高锰酸盐指数（3.08）、化学需氧量（2.82）（劣Ⅴ）、BOD_5（1.20）、氨氮（0.93）（Ⅴ）、阴离子表面活性剂（0.34）、石油类（0.07）（Ⅳ）
						2015	劣Ⅴ	化学需氧量（2.08）、氨氮（1.33）（劣Ⅴ）、高锰酸盐指数（1.50）、BOD_5（0.86）（Ⅴ）、总磷（0.36）、阴离子表面活性剂（0.26）、氟化物（0.23）（Ⅳ）

序号	省份	城市	海区	河流	断面	年份	水质类别	超标因子
40	天津	天津	渤海	永定新河	塘汉公路桥	2011	劣Ⅴ	氨氮（10.55）、总磷（4.46）、高锰酸盐指数（1.80）、化学需氧量（1.04）、氟化物（0.60）（劣Ⅴ）、汞（0.30）、BOD_5（0.24）（Ⅳ）
						2012	劣Ⅴ	氨氮（9.71）、高锰酸盐指数（1.83）、总磷（1.80）（劣Ⅴ）、化学需氧量（1.00）（Ⅴ）、BOD_5（0.13）、氟化物（0.03）（Ⅳ）
						2013	—	—
						2014	—	—
						2015	—	—
41	天津	天津	渤海	永定新河	永定新河防潮闸	2011	—	—
						2012	劣Ⅴ	总磷（4.56）、氨氮（2.10）（劣Ⅴ）、高锰酸盐指数（0.96）（Ⅴ）、BOD_5（0.50）、氟化物（0.05）（Ⅳ）
						2013	劣Ⅴ	氨氮（3.78）、总磷（2.96）、化学需氧量（2.00）（劣Ⅴ）、高锰酸盐指数（1.31）（Ⅴ）、BOD_5（0.28）、挥发酚（0.20）、氟化物（0.14）（Ⅳ）
						2014	劣Ⅴ	氨氮（6.45）、总磷（2.02）、化学需氧量（1.39）（劣Ⅴ）、高锰酸盐指数（1.09）（Ⅴ）、BOD_5（0.23）、石油类（0.16）（Ⅳ）
						2015	劣Ⅴ	氨氮（3.65）、总磷（2.50）、化学需氧量（1.53）（劣Ⅴ）、高锰酸盐指数（0.89）、BOD_5（0.77）（Ⅴ）、氟化物（0.34）（Ⅳ）
42	山东	滨州	渤海	潮河	邵家	2011	劣Ⅴ	氨氮（2.25）（劣Ⅴ）、BOD_5（1.31）、化学需氧量（0.88）（Ⅴ）、高锰酸盐指数（0.59）（Ⅳ）
						2012	劣Ⅴ	氨氮（1.31）（劣Ⅴ）、DO、BOD_5（1.02）、化学需氧量（0.63）（Ⅴ）、石油类（6.70）、高锰酸盐指数（0.19）、总磷（0.09）（Ⅳ）
						2013	Ⅴ	BOD_5（1.29）、氨氮（0.96）、化学需氧量（0.69）、高锰酸盐指数（0.67）、总磷（0.54）（Ⅴ）、石油类（4.56）（Ⅳ）
						2014	劣Ⅴ	氨氮（2.52）（劣Ⅴ）、BOD_5（1.10）、化学需氧量（0.78）、总磷（0.70）（Ⅴ）、石油类（2.00）、高锰酸盐指数（0.43）、氟化物（0.03）（Ⅳ）
						2015	劣Ⅴ	氨氮（1.53）（劣Ⅴ）、BOD_5（1.27）、化学需氧量（0.76）（Ⅴ）、石油类（6.53）、总磷（0.40）、高锰酸盐指数（0.10）、氟化物（0.07）（Ⅳ）

序号	省份	城市	海区	河流	断面	年份	水质类别	超标因子
43	山东	滨州	渤海	德惠新河	大山	2011	V	化学需氧量（0.71）（V）、BOD_5（0.19）、高锰酸盐指数（0.01）（Ⅳ）
						2012	Ⅳ	DO、石油类（2.06）、BOD_5（0.50）、化学需氧量（0.34）、高锰酸盐指数（0.19）（Ⅳ）
						2013	V	BOD_5（0.65）、化学需氧量（0.58）（V）、石油类（1.26）、高锰酸盐指数（0.03）（Ⅳ）
						2014	V	BOD_5（0.90）（V）、石油类（1.81）、化学需氧量（0.47）（Ⅳ）
						2015	V	BOD_5（0.96）、化学需氧量（0.57）（V）、石油类（2.78）（Ⅳ）
44	山东	滨州	渤海	马颊河	塘坊桥	2011	V	化学需氧量（0.72）、BOD_5（0.63）（V）、高锰酸盐指数（0.26）、氨氮（0.18）（Ⅳ）
						2012	V	BOD_5（0.77）、化学需氧量（0.52）（V）、石油类（1.50）、高锰酸盐指数（0.34）（Ⅳ）
						2013	V	BOD_5（0.54）（V）、石油类（1.28）、化学需氧量（0.35）、总磷（0.04）（Ⅳ）
						2014	V	BOD_5（0.63）（V）、石油类（1.42）、化学需氧量（0.48）、氟化物（0.08）（Ⅳ）
						2015	V	BOD_5（1.10）、氨氮（0.98）（V）、石油类（4.87）、化学需氧量（0.48）（Ⅳ）
45	山东	滨州	渤海	徒骇河	富国	2011	Ⅳ	BOD_5（0.38）、化学需氧量（0.27）、高锰酸盐指数（0.04）（Ⅳ）
						2012	Ⅳ	石油类（0.92）、BOD_5（0.29）、高锰酸盐指数（0.20）、化学需氧量（0.12）（Ⅳ）
						2013	V	BOD_5（0.83）（V）、石油类（0.86）、化学需氧量（0.17）（Ⅳ）
						2014	V	BOD_5（0.67）（V）、石油类（1.27）、化学需氧量（0.23）（Ⅳ）
						2015	V	BOD_5（0.90）（V）、石油类（4.73）、化学需氧量（0.30）、氟化物（0.05）（Ⅳ）
46	山东	东营	渤海	广利河	广利港	2011	劣V	总磷（1.41）（劣V）、挥发酚（2.70）、化学需氧量（0.79）（V）、DO、石油类（8.50）、高锰酸盐指数（0.52）、BOD_5（0.44）、氨氮（0.27）、阴离子表面活性剂（0.08）（Ⅳ）
						2012	V	挥发酚（5.14）、BOD_5（1.06）、化学需氧量（0.82）、总磷（0.74）（V）、石油类（2.40）、汞（1.70）、高锰酸盐指数（0.06）、氨氮（0.06）（Ⅳ）

序号	省份	城市	海区	河流	断面	年份	水质类别	超标因子
46	山东	东营	渤海	广利河	广利港	2013	Ⅴ	化学需氧量（0.73）（Ⅴ）、DO、石油类（2.88）、挥发酚（0.42）、总磷（0.27）、高锰酸盐指数（0.19）、BOD_5（0.15）（Ⅳ）
						2014	Ⅴ	挥发酚（1.93）、化学需氧量（0.84）（Ⅴ）、DO、石油类（3.08）、BOD_5（0.44）、高锰酸盐指数（0.19）（Ⅳ）
						2015	Ⅴ	化学需氧量（0.66）（Ⅴ）、DO、石油类（2.17）、挥发酚（0.64）、BOD_5（0.35）、氨氮（0.16）、高锰酸盐指数（0.12）（Ⅳ）
47	山东	东营	渤海	黄河	利津水文站	2011	III	—
						2012	III	—
						2013	Ⅳ	化学需氧量（0.02）（Ⅳ）
						2014	Ⅳ	石油类（1.62）、化学需氧量（0.16）（Ⅳ）
						2015	III	—
48	山东	东营	渤海	神仙沟	五号桩	2011	劣Ⅴ	氨氮（3.07）、总磷（2.15）、化学需氧量（1.71）（劣Ⅴ）、石油类（9.50）、挥发酚（3.66）、BOD_5（0.63）（Ⅴ）、DO、汞（1.20）、高锰酸盐指数（0.59）、阴离子表面活性剂（0.46）、氟化物（0.03）（Ⅳ）
						2012	Ⅴ	挥发酚（3.80）、BOD_5（1.00）、总磷（0.99）、化学需氧量（0.87）、高锰酸盐指数（0.79）、氨氮（0.60）（Ⅴ）、石油类（5.60）、汞（4.50）（Ⅳ）
						2013	Ⅴ	高锰酸盐指数（0.77）、化学需氧量（0.76）（Ⅴ）、DO、石油类（3.60）、汞（0.50）、BOD_5（0.46）、总磷（0.37）、挥发酚（0.32）、氨氮（0.25）（Ⅳ）
						2014	Ⅴ	化学需氧量（0.78）、高锰酸盐指数（0.69）（Ⅴ）、DO、石油类（3.30）、BOD_5（0.50）、氨氮（0.21）、总磷（0.07）（Ⅳ）
						2015	劣Ⅴ	化学需氧量（2.08）（劣Ⅴ）、氨氮（0.64）（Ⅴ）、DO、石油类（7.87）、汞（0.58）、高锰酸盐指数（0.54）、BOD_5（0.06）（Ⅳ）
49	山东	东营	渤海	挑河	刁口桥	2011	劣Ⅴ	总磷（2.37）、氨氮（2.19）、化学需氧量（1.59）、阴离子表面活性剂（0.56）（劣Ⅴ）、石油类（11.50）、挥发酚（3.66）（Ⅴ）、DO、汞（3.10）、高锰酸盐指数（0.62）、BOD_5（0.50）（Ⅳ）
						2012	劣Ⅴ	总磷（1.21）、化学需氧量（1.02）（劣Ⅴ）、挥发酚（3.34）、BOD_5（1.38）、氨氮（0.57）（Ⅴ）、石油类（5.96）、汞（3.50）、高锰酸盐指数（0.65）（Ⅳ）
						2013	Ⅴ	化学需氧量（0.62）（Ⅴ）、DO、石油类（3.02）、高锰酸盐指数（0.39）、总磷（0.30）、氨氮（0.29）、BOD_5（0.25）、挥发酚（0.22）（Ⅳ）

序号	省份	城市	海区	河流	断面	年份	水质类别	超标因子
49	山东	东营	渤海	挑河	刁口桥	2014	Ⅴ	化学需氧量（0.59）（Ⅴ）、DO、石油类（2.49）、BOD_5（0.48）、高锰酸盐指数（0.33）、氨氮（0.03）（Ⅳ）
						2015	劣Ⅴ	氨氮（1.61）、化学需氧量（1.31）（劣Ⅴ）、DO、石油类（1.93）、高锰酸盐指数（0.46）、BOD_5（0.44）、汞（0.38）、总磷（0.05）（Ⅳ）
50	山东	东营	渤海	小清河	三岔	2011	劣Ⅴ	氨氮（3.75）、总磷（2.81）、化学需氧量（1.44）、阴离子表面活性剂（1.08）（劣Ⅴ）、石油类（11.50）、挥发酚（3.60）、镉（0.86）（Ⅴ）、DO、汞（0.70）、BOD_5（0.50）、高锰酸盐指数（0.27）、氟化物（0.13）（Ⅳ）
						2012	劣Ⅴ	氨氮（2.23）、总磷（1.69）（劣Ⅴ）、挥发酚（3.34）、化学需氧量（0.79）（Ⅴ）、石油类（3.26）、汞（2.70）、BOD_5（0.50）、高锰酸盐指数（0.35）（Ⅳ）
						2013	Ⅴ	化学需氧量（0.84）、总磷（0.50）（Ⅴ）、DO、石油类（3.12）、高锰酸盐指数（0.40）、挥发酚（0.28）、BOD_5（0.19）、氟化物（0.08）、氨氮（0.04）（Ⅳ）
						2014	Ⅴ	化学需氧量（0.72）（Ⅴ）、石油类（4.29）、BOD_5（0.48）、高锰酸盐指数（0.46）、挥发酚（0.38）、氨氮（0.04）、DO（Ⅳ）
						2015	Ⅴ	化学需氧量（0.68）（Ⅴ）、DO、石油类（1.12）、氨氮（0.45）、BOD_5（0.25）、高锰酸盐指数（0.18）（Ⅳ）
51	山东	青岛	黄海	大沽河	入海口	2011	劣Ⅴ	氨氮（1.24）、化学需氧量（1.09）（劣Ⅴ）、BOD_5（1.06）（Ⅴ）、总磷（0.27）、氟化物（0.01）（Ⅳ）
						2012	Ⅴ	总磷（0.89）、化学需氧量（0.81）、BOD_5（0.75）（Ⅴ）、氨氮（0.10）（Ⅳ）
						2013	Ⅴ	总磷（0.79）、化学需氧量（0.79）、BOD_5（0.63）、氨氮（0.58）（Ⅴ）
						2014	Ⅴ	氨氮（0.76）、总磷（0.62）、化学需氧量（0.60）、BOD_5（0.56）（Ⅴ）
						2015	劣Ⅴ	总磷（1.39）（劣Ⅴ）、BOD_5（0.60）（Ⅴ）、化学需氧量（0.44）、氨氮（0.31）（Ⅳ）
52	山东	青岛	黄海	风河	入海口	2011	Ⅳ	化学需氧量（0.50）、总磷（0.46）（Ⅳ）
						2012	Ⅴ	化学需氧量（0.72）、总磷（0.54）（Ⅴ）
						2013	Ⅴ	化学需氧量（0.74）、总磷（0.52）（Ⅴ）、BOD_5（Ⅳ）
						2014	Ⅴ	化学需氧量（0.76）（Ⅴ）、总磷（0.34）（Ⅳ）
						2015	Ⅴ	化学需氧量（0.53）、总磷（0.50）（Ⅴ）

序号	省份	城市	海区	河流	断面	年份	水质类别	超标因子
53	山东	青岛	黄海	海泊河	入海口	2011	劣Ⅴ	氨氮（18.32）、化学需氧量（6.58）、BOD_5（6.12）、总磷（6.02）、高锰酸盐指数（2.60）（劣Ⅴ）、挥发酚（11.00）（Ⅴ）、石油类（6.26）、硫化物（1.13）、汞（0.20）（Ⅳ）
						2012	劣Ⅴ	氨氮（19.55）、BOD_5（12.85）、总磷（8.35）、化学需氧量（4.17）、高锰酸盐指数（2.10）（劣Ⅴ）、挥发酚（7.50）、硫化物（3.60）（Ⅴ）、DO、石油类（3.46）、汞（0.20）（Ⅳ）
						2013	劣Ⅴ	氨氮（5.91）、总磷（5.84）、BOD_5（5.11）、化学需氧量（3.89）、阴离子表面活性剂（2.88）（劣Ⅴ）、挥发酚（9.20）、高锰酸盐指数（1.46）（Ⅴ）、DO、石油类（1.72）、硫化物（1.18）（Ⅳ）
						2014	劣Ⅴ	氨氮（7.62）、BOD_5（4.26）、总磷（3.85）、化学需氧量（2.00）、阴离子表面活性剂（0.66）（劣Ⅴ）、挥发酚（5.67）（Ⅴ）、DO、石油类（1.63）、高锰酸盐指数（0.41）（Ⅳ）
						2015	劣Ⅴ	氨氮（9.17）、总磷（7.14）、化学需氧量（5.72）、BOD_5（5.30）、高锰酸盐指数（1.83）、阴离子表面活性剂（1.12）（劣Ⅴ）、石油类（15.37）、挥发酚（5.33）（Ⅴ）、DO（Ⅳ）
54	山东	青岛	黄海	李村河	李村河入海口	2011	劣Ⅴ	氨氮（11.13）、BOD_5（7.12）、总磷（6.65）、化学需氧量（3.71）（劣Ⅴ）、挥发酚（6.00）、高锰酸盐指数（1.15）（Ⅴ）、石油类（3.26）、硫化物（1.00）（Ⅳ）
						2012	劣Ⅴ	氨氮（17.30）、总磷（9.10）、BOD_5（7.99）、化学需氧量（5.63）（劣Ⅴ）、石油类（16.36）、挥发酚（5.50）、高锰酸盐指数（1.41）（Ⅴ）、汞（0.20）（Ⅳ）
						2013	劣Ⅴ	氨氮（3.71）、BOD_5（2.94）、总磷（2.85）、阴离子表面活性剂（1.40）、化学需氧量（1.14）（劣Ⅴ）、挥发酚（9.40）、高锰酸盐指数（1.24）（Ⅴ）、石油类（2.00）（Ⅳ）
						2014	劣Ⅴ	氨氮（10.01）、总磷（5.63）、BOD_5（4.13）、化学需氧量（2.53）（劣Ⅴ）、挥发酚（5.67）（Ⅴ）、DO、石油类（4.20）、高锰酸盐指数（0.42）、阴离子表面活性剂（0.38）（Ⅳ）
						2015	劣Ⅴ	氨氮（10.30）、总磷（8.38）、化学需氧量（3.74）、BOD_5（3.60）、高锰酸盐指数（1.61）、阴离子表面活性剂（1.02）（劣Ⅴ）、石油类（10.82）、挥发酚（5.50）（Ⅴ）

序号	省份	城市	海区	河流	断面	年份	水质类别	超标因子
55	山东	青岛	黄海	墨水河	墨水河入海口	2011	劣Ⅴ	氨氮（4.40）、总磷（3.35）、氟化物（2.76）、BOD_5（2.19）、化学需氧量（1.10）（劣Ⅴ）、DO、石油类（6.26）、高锰酸盐指数（0.63）（Ⅳ）
						2012	劣Ⅴ	氟化物（6.77）、氨氮（5.61）、总磷（4.26）（劣Ⅴ）、BOD_5（1.31）、高锰酸盐指数（0.69）（Ⅴ）、DO、石油类（3.50）、化学需氧量（0.42）（Ⅳ）
						2013	劣Ⅴ	氟化物（18.60）、氨氮（2.24）、BOD_5（1.77）、总磷（1.39）（劣Ⅴ）、化学需氧量（0.64）（Ⅴ）、DO、石油类（4.00）、高锰酸盐指数（0.28）（Ⅳ）
						2014	劣Ⅴ	氟化物（8.34）、氨氮（1.88）（劣Ⅴ）、BOD_5（1.00）（Ⅴ）、DO、石油类（3.57）、总磷（0.26）、化学需氧量（0.26）、高锰酸盐指数（0.22）（Ⅳ）
						2015	劣Ⅴ	氟化物（0.78）（劣Ⅴ）、氨氮（1.00）、BOD_5（0.92）（Ⅴ）、石油类（6.10）、高锰酸盐指数（0.27）、化学需氧量（0.25）、总磷（0.09）（Ⅳ）
56	山东	日照	黄海	付疃河	大古镇	2011	Ⅴ	总磷（0.61）（Ⅴ）、石油类（1.96）、化学需氧量（0.09）（Ⅳ）
						2012	Ⅴ	总磷（0.66）（Ⅴ）、BOD_5（0.50）、氨氮（0.15）、化学需氧量（0.09）、高锰酸盐指数（0.05）（Ⅳ）
						2013	劣Ⅴ	总磷（1.81）（劣Ⅴ）、BOD_5（0.42）、石油类（0.20）、化学需氧量（0.17）（Ⅳ）
						2014	劣Ⅴ	总磷（11.72）、氨氮（3.41）、化学需氧量（1.08）（劣Ⅴ）、BOD_5（0.76）（Ⅴ）、石油类（1.38）、高锰酸盐指数（0.49）、氟化物（0.20）（Ⅳ）
						2015	劣Ⅴ	总磷（9.73）、氨氮（4.66）（劣Ⅴ）、化学需氧量（0.92）、高锰酸盐指数（0.75）、BOD_5（0.67）（Ⅴ）、石油类（2.25）、氟化物（0.15）（Ⅳ）
57	山东	威海	黄海	黄垒河	浪暖口	2011	Ⅲ	—
						2012	Ⅲ	—
						2013	Ⅲ	—
						2014	Ⅲ	—
						2015	Ⅲ	—
58	山东	威海	黄海	母猪河	南桥	2011	Ⅲ	—
						2012	Ⅲ	—
						2013	Ⅲ	—
						2014	Ⅲ	—
						2015	Ⅲ	—

序号	省份	城市	海区	河流	断面	年份	水质类别	超标因子
59	山东	威海	黄海	乳山河	二水厂	2011	III	—
						2012	III	—
						2013	II	—
						2014	III	—
						2015	II	—
60	山东	潍坊	渤海	白浪河	柳疃桥	2011	劣V	挥发酚（39.02）、硒（36.01）、总磷（4.61）、氨氮（3.45）、BOD_5（1.57）、pH（劣V）、石油类（14.30）、高锰酸盐指数（0.78）（V）、汞（7.40）（IV）
						2012	V	高锰酸盐指数（1.11）、BOD_5（0.91）、化学需氧量（0.68）、总磷（0.52）（V）、石油类（2.60）（IV）
						2013	V	高锰酸盐指数（1.19）、BOD_5（0.82）、化学需氧量（0.61）（V）、石油类（3.92）、总磷（0.38）（IV）
						2014	V	高锰酸盐指数（1.09）、BOD_5（0.98）、总磷（0.66）、化学需氧量（0.64）（V）、石油类（4.18）（IV）
						2015	V	BOD_5（1.20）、高锰酸盐指数（1.15）、总磷（0.86）、化学需氧量（0.85）（V）、石油类（3.13）、挥发酚（0.15）（IV）
61	山东	潍坊	渤海	虞河	潘家庵	2011	劣V	硒（96.51）、挥发酚（49.04）、石油类（36.70）、汞（17.60）、氨氮（9.75）、总磷（9.42）、BOD_5（4.76）、高锰酸盐指数（1.83）、化学需氧量（1.13）、pH（劣V）
						2012	劣V	BOD_5（1.69）、氨氮（1.05）、化学需氧量（1.05）（劣V）、高锰酸盐指数（1.46）（V）、石油类（5.26）（IV）
						2013	V	高锰酸盐指数（1.31）、BOD_5（1.00）、化学需氧量（0.74）（V）、石油类（5.70）、氨氮（0.14）、总磷（0.10）（IV）
						2014	V	高锰酸盐指数（1.32）、BOD_5（1.13）、化学需氧量（0.77）、氨氮（0.53）（V）、石油类（4.62）（IV）
						2015	V	高锰酸盐指数（1.31）、BOD_5（1.29）、化学需氧量（0.88）、氨氮（0.56）（V）、石油类（3.18）、总磷（0.38）、氟化物（0.28）（IV）
62	山东	潍坊	渤海	张僧河	八面河	2011	劣V	硒（151.57）、挥发酚（39.30）、石油类（30.16）、总磷（17.15）、汞（16.60）、氨氮（6.68）、BOD_5（2.73）、氟化物（1.78）、pH（劣V）、高锰酸盐指数（0.76）（V）、化学需氧量（0.10）（IV）
						2012	劣V	氟化物（3.44）、BOD_5（2.08）、氨氮（2.06）、高锰酸盐指数（1.61）（劣V）、挥发酚（3.16）、化学需氧量（1.00）（V）、石油类（8.16）、总磷（0.44）、阴离子表面活性剂（0.26）（IV）

序号	省份	城市	海区	河流	断面	年份	水质类别	超标因子
62	山东	潍坊	渤海	张僧河	八面河	2013	劣Ⅴ	BOD_5（1.85）（劣Ⅴ）、石油类（10.66）、高锰酸盐指数（1.22）、氨氮（0.85）、化学需氧量（0.76）、总磷（0.51）（Ⅴ）、氟化物（0.28）（Ⅳ）
						2014	劣Ⅴ	BOD_5（1.73）、氨氮（1.24）（劣Ⅴ）、石油类（9.15）、高锰酸盐指数（1.16）、化学需氧量（0.81）、总磷（0.61）（Ⅴ）
						2015	Ⅴ	BOD_5（1.39）、高锰酸盐指数（0.95）、化学需氧量（0.66）、氨氮（0.58）（Ⅴ）、石油类（3.50）、总磷（0.36）、氟化物（0.19）（Ⅳ）
63	山东	烟台	黄海	大沽夹河	新夹河桥	2011	Ⅲ	—
						2012	Ⅲ	—
						2013	Ⅲ	—
						2014	Ⅳ	BOD_5（0.17）、化学需氧量（0.16）、高锰酸盐指数（0.05）（Ⅳ）
						2015	Ⅴ	化学需氧量（0.92）、BOD_5（0.73）（Ⅴ）、高锰酸盐指数（0.14）（Ⅳ）
64	山东	烟台	黄海	东村河	东村河入海口	2011	Ⅳ	DO、高锰酸盐指数（0.29）、BOD_5（0.25）、化学需氧量（0.21）（Ⅳ）
						2012	Ⅳ	DO、高锰酸盐指数（0.03）、化学需氧量（0.01）（Ⅳ）
						2013	Ⅳ	DO、高锰酸盐指数（0.37）、化学需氧量（0.32）、BOD_5（0.21）、氨氮（0.15）（Ⅳ）
						2014	Ⅳ	DO、化学需氧量（0.28）、高锰酸盐指数（0.08）（Ⅳ）
						2015	Ⅳ	DO、化学需氧量（0.43）、高锰酸盐指数（0.14）（Ⅳ）
65	山东	烟台	渤海	黄水河	黄河营	2011	Ⅲ	—
						2012	Ⅲ	—
						2013	Ⅲ	—
						2014	Ⅲ	—
						2015	Ⅳ	BOD_5（0.42）、化学需氧量（0.18）、石油类（0.04）（Ⅳ）
66	山东	烟台	渤海	界河	界河入海口	2011	Ⅳ	化学需氧量（0.41）、BOD_5（0.17）（Ⅳ）
						2012	Ⅳ	化学需氧量（0.39）、阴离子表面活性剂（0.25）、石油类（0.18）、BOD_5（0.09）（Ⅳ）
						2013	Ⅳ	化学需氧量（0.44）、BOD_5（0.13）、阴离子表面活性剂（0.11）、石油类（0.06）（Ⅳ）
						2014	Ⅴ	化学需氧量（0.56）（Ⅴ）、BOD_5（0.17）、阴离子表面活性剂（0.15）、石油类（0.05）（Ⅳ）
						2015	Ⅴ	化学需氧量（0.76）（Ⅴ）、BOD_5（0.17）、阴离子表面活性剂（0.12）（Ⅳ）

序号	省份	城市	海区	河流	断面	年份	水质类别	超标因子
67	山东	烟台	黄海	龙山河	大皂孙家	2011	Ⅲ	—
						2012	Ⅳ	化学需氧量（0.26）、BOD_5（0.02）（Ⅳ）
						2013	Ⅳ	化学需氧量（0.21）、BOD_5（0.01）（Ⅳ）
						2014	Ⅳ	化学需氧量（0.30）、BOD_5（0.05）、总磷（0.02）（Ⅳ）
						2015	Ⅳ	化学需氧量（0.29）（Ⅳ）
68	山东	烟台	黄海	平畅河	平畅河入海口	2011	Ⅳ	化学需氧量（0.32）、氨氮（0.28）（Ⅳ）
						2012	Ⅲ	—
						2013	Ⅲ	—
						2014	Ⅲ	—
						2015	Ⅳ	化学需氧量（0.47）、氨氮（0.25）（Ⅳ）
69	山东	烟台	黄海	沁水河	烟威路桥	2011	Ⅲ	—
						2012	Ⅳ	BOD_5（0.02）（Ⅳ）
						2013	Ⅳ	化学需氧量（0.42）（Ⅳ）
						2014	Ⅳ	化学需氧量（0.27）（Ⅳ）
						2015	Ⅳ	化学需氧量（0.12）（Ⅳ）
70	山东	烟台	渤海	沙河	沙河桥	2011	Ⅲ	—
						2012	Ⅳ	BOD_5（0.06）（Ⅳ）
						2013	Ⅲ	—
						2014	Ⅴ	BOD_5（0.81）（Ⅴ）、高锰酸盐指数（0.55）、氨氮（0.21）、化学需氧量（0.21）（Ⅳ）
						2015	Ⅲ	—
71	山东	烟台	黄海	五龙河	桥头	2011	Ⅲ	—
						2012	Ⅴ	BOD_5（0.79）（Ⅴ）、高锰酸盐指数（0.38）、化学需氧量（0.22）（Ⅳ）
						2013	Ⅴ	BOD_5（0.92）（Ⅴ）、高锰酸盐指数（0.50）、化学需氧量（0.32）、氨氮（0.11）（Ⅳ）
						2014	Ⅴ	BOD_5（1.07）（Ⅴ）、高锰酸盐指数（0.32）、化学需氧量（0.30）、氨氮（0.12）（Ⅳ）
						2015	Ⅴ	BOD_5（1.13）（Ⅴ）、高锰酸盐指数（0.40）、氨氮（0.35）、化学需氧量（0.13）、总磷（0.07）（Ⅳ）
72	山东	烟台	黄海	辛安河	辛安河入海口	2011	Ⅴ	化学需氧量（0.71）（Ⅴ）、高锰酸盐指数（0.52）、氨氮（0.48）、总磷（0.38）、BOD_5（0.20）、阴离子表面活性剂（0.04）、氟化物（0.02）（Ⅳ）
						2012	Ⅱ	—
						2013	Ⅲ	—
						2014	Ⅲ	—
						2015	Ⅲ	—

序号	省份	城市	海区	河流	断面	年份	水质类别	超标因子
73	山东	烟台	渤海	泳汶河	后田	2011	Ⅳ	总磷（0.24）（Ⅳ）
73	山东	烟台	渤海	泳汶河	后田	2012	Ⅴ	高锰酸盐指数（1.02）、BOD_5（0.86）、化学需氧量（0.85）、氨氮（0.73）（Ⅴ）、总磷（0.35）、阴离子表面活性剂（0.34）（Ⅳ）
73	山东	烟台	渤海	泳汶河	后田	2013	Ⅴ	化学需氧量（0.84）、BOD_5（0.81）、高锰酸盐指数（0.75）、氨氮（0.66）（Ⅴ）、总磷（0.24）、阴离子表面活性剂（0.23）（Ⅳ）
73	山东	烟台	渤海	泳汶河	后田	2014	Ⅴ	化学需氧量（0.80）（Ⅴ）、BOD_5（0.49）、氨氮（0.48）、高锰酸盐指数（0.37）、阴离子表面活性剂（0.18）、总磷（0.07）（Ⅳ）
73	山东	烟台	渤海	泳汶河	后田	2015	Ⅴ	化学需氧量（0.62）（Ⅴ）
74	江苏	连云港	黄海	车轴河	四队桥	2011	Ⅲ	—
74	江苏	连云港	黄海	车轴河	四队桥	2012	Ⅲ	—
74	江苏	连云港	黄海	车轴河	四队桥	2013	Ⅲ	—
74	江苏	连云港	黄海	车轴河	四队桥	2014	Ⅲ	—
74	江苏	连云港	黄海	车轴河	四队桥	2015	Ⅲ	—
75	江苏	连云港	黄海	大浦河	大浦闸	2011	劣Ⅴ	总磷（15.39）、氨氮（10.79）、化学需氧量（1.57）、氟化物（0.56）（劣Ⅴ）、挥发酚（2.02）、BOD_5（1.38）、高锰酸盐指数（1.17）（Ⅴ）、石油类（0.96）（Ⅳ）
75	江苏	连云港	黄海	大浦河	大浦闸	2012	劣Ⅴ	总磷（9.75）、氨氮（7.17）、氟化物（0.72）（劣Ⅴ）、挥发酚（1.92）、BOD_5（0.86）、化学需氧量（0.82）（Ⅴ）、DO、石油类（2.10）、高锰酸盐指数（0.64）（Ⅳ）
75	江苏	连云港	黄海	大浦河	大浦闸	2013	劣Ⅴ	总磷（7.58）、氨氮（7.01）、氟化物（0.93）（劣Ⅴ）、化学需氧量（0.56）（Ⅴ）、石油类（0.72）、高锰酸盐指数（0.44）、BOD_5（0.44）、阴离子表面活性剂（0.25）、挥发酚（0.20）（Ⅳ）
75	江苏	连云港	黄海	大浦河	大浦闸	2014	劣Ⅴ	总磷（11.68）、氨氮（7.12）、氟化物（1.66）（劣Ⅴ）、化学需氧量（0.88）（Ⅴ）、DO、石油类（1.08）、高锰酸盐指数（0.45）、BOD_5（0.45）、阴离子表面活性剂（0.29）、挥发酚（0.25）（Ⅳ）
75	江苏	连云港	黄海	大浦河	大浦闸	2015	劣Ⅴ	氨氮（9.56）、总磷（5.52）、氟化物（0.58）（劣Ⅴ）、DO、石油类（0.57）、挥发酚（0.53）、化学需氧量（0.29）、高锰酸盐指数（0.25）、BOD_5（0.20）（Ⅳ）

序号	省份	城市	海区	河流	断面	年份	水质类别	超标因子
76	江苏	连云港	黄海	范河	范河桥	2011	Ⅳ	化学需氧量（0.45）、BOD_5（0.44）、高锰酸盐指数（0.25）、氨氮（0.18）、总磷（0.10）（Ⅳ）
						2012	Ⅳ	BOD_5（0.26）、高锰酸盐指数（0.14）、化学需氧量（0.10）（Ⅳ）
						2013	Ⅳ	BOD_5（0.26）、高锰酸盐指数（0.13）（Ⅳ）
						2014	Ⅳ	BOD_5（0.26）、高锰酸盐指数（0.20）、总磷（0.05）、化学需氧量（0.04）（Ⅳ）
						2015	Ⅳ	BOD_5（0.29）、高锰酸盐指数（0.25）、化学需氧量（0.25）、总磷（0.18）、氨氮（0.10）（Ⅳ）
77	江苏	连云港	黄海	古泊善后河	善后河闸	2011	Ⅲ	—
						2012	Ⅲ	—
						2013	Ⅲ	—
						2014	Ⅲ	—
						2015	Ⅲ	—
78	江苏	连云港	黄海	龙王河	海头大桥	2011	劣Ⅴ	氨氮（3.11）、总磷（3.04）、高锰酸盐指数（2.75）、化学需氧量（2.67）、BOD_5（2.21）（劣Ⅴ）、DO、石油类（0.76）（Ⅳ）
						2012	劣Ⅴ	总磷（6.13）、氨氮（5.50）、化学需氧量（2.56）、高锰酸盐指数（2.43）、BOD_5（2.32）（劣Ⅴ）、DO（Ⅴ）、氟化物（0.17）（Ⅳ）
						2013	Ⅳ	DO、高锰酸盐指数（0.47）、BOD_5（0.39）、总磷（0.27）、化学需氧量（0.26）、氨氮（0.06）（Ⅳ）
						2014	Ⅳ	高锰酸盐指数（0.37）、BOD_5（0.31）、化学需氧量（0.18）、总磷（0.11）（Ⅳ）
						2015	Ⅳ	BOD_5（0.27）、高锰酸盐指数（0.25）、化学需氧量（0.19）、氨氮（0.15）、总磷（0.04）（Ⅳ）
79	江苏	连云港	黄海	排淡河	大板跳闸	2011	劣Ⅴ	氨氮（13.95）、总磷（10.01）、化学需氧量（2.17）、BOD_5（1.96）（劣Ⅴ）、挥发酚（1.56）、高锰酸盐指数（1.46）（Ⅴ）、DO、硫化物（1.42）、石油类（0.80）、氟化物（0.26）（Ⅳ）
						2012	劣Ⅴ	氨氮（14.44）、总磷（6.85）、BOD_5（1.56）（劣Ⅴ）、DO、高锰酸盐指数（1.49）、化学需氧量（0.91）（Ⅴ）、石油类（1.50）、挥发酚（0.80）、氟化物（0.11）（Ⅳ）
						2013	劣Ⅴ	总磷（11.52）、氨氮（3.84）（劣Ⅴ）、DO、高锰酸盐指数（1.13）、BOD_5（1.10）、化学需氧量（0.81）（Ⅴ）、石油类（1.40）、阴离子表面活性剂（0.42）、氟化物（0.24）（Ⅳ）

序号	省份	城市	海区	河流	断面	年份	水质类别	超标因子
79	江苏	连云港	黄海	排淡河	大板跳闸	2014	劣Ⅴ	总磷（17.72）、氨氮（5.45）、化学需氧量（1.20）（劣Ⅴ）、DO、高锰酸盐指数（0.74）、BOD_5（0.73）（Ⅴ）、石油类（2.93）、阴离子表面活性剂（0.45）、氟化物（0.07）（Ⅳ）
						2015	劣Ⅴ	氨氮（7.68）、总磷（4.72）（劣Ⅴ）、高锰酸盐指数（0.78）、BOD_5（0.73）、化学需氧量（0.70）（Ⅴ）、石油类（1.53）、氟化物（0.22）（Ⅳ）
80	江苏	连云港	黄海	蔷薇河	临洪闸	2011	Ⅲ	—
						2012	Ⅲ	—
						2013	Ⅲ	—
						2014	Ⅲ	—
						2015	Ⅲ	—
81	江苏	连云港	黄海	青口河	坝头桥	2011	Ⅳ	BOD_5（0.25）、化学需氧量（0.17）、高锰酸盐指数（0.03）（Ⅳ）
						2012	劣Ⅴ	氨氮（1.83）（劣Ⅴ）、BOD_5（0.52）（Ⅴ）、高锰酸盐指数（0.36）、化学需氧量（0.27）（Ⅳ）
						2013	Ⅳ	BOD_5（0.09）、高锰酸盐指数（0.03）、化学需氧量（0.02）（Ⅳ）
						2014	Ⅳ	BOD_5（0.17）、高锰酸盐指数（0.07）、化学需氧量（0.01）（Ⅳ）
						2015	Ⅳ	BOD_5（0.22）、化学需氧量（0.13）、高锰酸盐指数（0.11）、氟化物（0.06）（Ⅳ）
82	江苏	连云港	黄海	沙旺河	204公路桥	2011	劣Ⅴ	氨氮（12.74）、总磷（6.45）、化学需氧量（1.99）、高锰酸盐指数（1.75）、BOD_5（1.68）（劣Ⅴ）、DO（Ⅴ）、石油类（2.06）、挥发酚（0.88）、硫化物（0.43）（Ⅳ）
						2012	劣Ⅴ	氨氮（5.45）、总磷（2.72）、化学需氧量（1.02）（劣Ⅴ）、BOD_5（0.93）、高锰酸盐指数（0.68）（Ⅴ）、DO（Ⅳ）
						2013	Ⅴ	BOD_5（0.74）、总磷（0.74）、高锰酸盐指数（0.71）（Ⅴ）、DO、化学需氧量（0.36）、氨氮（0.32）（Ⅳ）
						2014	Ⅴ	高锰酸盐指数（1.00）、BOD_5（0.93）、总磷（0.76）、化学需氧量（0.68）（Ⅴ）、DO、氨氮（0.33）（Ⅳ）
						2015	Ⅴ	BOD_5（1.01）、高锰酸盐指数（0.96）、化学需氧量（0.78）、总磷（0.77）（Ⅴ）、DO、氨氮（0.37）（Ⅳ）

序号	省份	城市	海区	河流	断面	年份	水质类别	超标因子
83	江苏	连云港	黄海	烧香河	烧香北闸	2011	V	BOD_5（0.70）、化学需氧量（0.63）（V）、高锰酸盐指数（0.54）、石油类（0.30）、氨氮（0.16）、总磷（0.15）、阴离子表面活性剂（0.04）（IV）
						2012	IV	石油类（1.00）、BOD_5（0.48）、高锰酸盐指数（0.45）、化学需氧量（0.34）、总磷（0.24）（IV）
						2013	V	化学需氧量（0.54）（V）、石油类（0.96）、高锰酸盐指数（0.55）、BOD_5（0.47）、总磷（0.24）、氟化物（0.16）、氨氮（0.14）（IV）
						2014	V	化学需氧量（0.64）（V）、石油类（1.13）、氟化物（0.47）、高锰酸盐指数（0.26）、BOD_5（0.24）、总磷（0.21）（IV）
						2015	V	总磷（0.77）、化学需氧量（0.58）（V）、石油类（0.60）、高锰酸盐指数（0.44）、BOD_5（0.42）、氨氮（0.27）、挥发酚（0.01）（IV）
84	江苏	连云港	黄海	五灌河	燕尾闸	2011	IV	化学需氧量（0.07）（IV）
						2012	IV	石油类（4.20）、氨氮（0.07）（IV）
						2013	劣V	化学需氧量（1.77）（劣V）、高锰酸盐指数（0.56）、BOD_5（0.45）、氨氮（0.25）（IV）
						2014	劣V	化学需氧量（2.87）（劣V）、BOD_5（0.63）（V）、石油类（3.77）、高锰酸盐指数（0.58）（IV）
						2015	劣V	化学需氧量（1.29）（劣V）、石油类（3.02）、氨氮（0.41）、BOD_5（0.37）、高锰酸盐指数（0.30）（IV）
85	江苏	连云港	黄海	新沭河	墩尚水漫桥	2011	IV	化学需氧量（0.12）、BOD_5（0.11）、高锰酸盐指数（0.02）（IV）
						2012	III	—
						2013	III	—
						2014	III	—
						2015	III	—
86	江苏	连云港	黄海	新沂河	新沂河海口控制工程	2011	劣V	氨氮（4.33）、总磷（4.09）、化学需氧量（1.06）（劣V）、BOD_5（1.02）、高锰酸盐指数（0.90）（V）、DO、石油类（2.28）（IV）
						2012	劣V	氨氮（1.54）（劣V）、石油类（4.90）、化学需氧量（0.39）、总磷（0.30）、BOD_5（0.26）、高锰酸盐指数（0.10）（IV）
						2013	劣V	化学需氧量（1.28）、氨氮（1.14）、总磷（1.05）（劣V）、高锰酸盐指数（0.83）、BOD_5（0.73）（V）、石油类（0.26）（IV）
						2014	劣V	化学需氧量（2.09）、氨氮（1.31）、总磷（1.17）（劣V）、挥发酚（6.60）、高锰酸盐指数（1.05）、BOD_5（0.91）（V）、石油类（7.30）、阴离子表面活性剂（0.11）（IV）

序号	省份	城市	海区	河流	断面	年份	水质类别	超标因子
86	江苏	连云港	黄海	新沂河	新沂河海口控制工程	2015	劣Ⅴ	化学需氧量（3.57）、氨氮（1.23）（劣Ⅴ）、高锰酸盐指数（0.79）、BOD_5（0.75）（Ⅴ）、石油类（2.53）、挥发酚（0.60）、总磷（0.26）（Ⅳ）
87	江苏	连云港	黄海	兴庄河	兴庄桥	2011	Ⅳ	BOD_5（0.33）、化学需氧量（0.24）、高锰酸盐指数（0.15）（Ⅳ）
						2012	Ⅳ	高锰酸盐指数（0.33）、BOD_5（0.31）、化学需氧量（0.30）、氨氮（0.22）、总磷（0.07）（Ⅳ）
						2013	Ⅳ	高锰酸盐指数（0.22）、BOD_5（0.22）、化学需氧量（0.05）（Ⅳ）
						2014	Ⅳ	高锰酸盐指数（0.35）、BOD_5（0.35）、化学需氧量（0.17）、总磷（0.06）（Ⅳ）
						2015	Ⅳ	BOD_5（0.30）、高锰酸盐指数（0.25）、化学需氧量（0.21）、总磷（0.14）（Ⅳ）
88	江苏	连云港	黄海	朱稽河	郑园桥	2011	劣Ⅴ	氨氮（1.44）（劣Ⅴ）、BOD_5（0.84）、化学需氧量（0.80）（Ⅴ）、高锰酸盐指数（0.66）、总磷（0.32）、石油类（0.06）（Ⅳ）
						2012	劣Ⅴ	氨氮（4.48）、总磷（1.29）（劣Ⅴ）、BOD_5（0.84）、化学需氧量（0.76）（Ⅴ）、高锰酸盐指数（0.64）、挥发酚（0.46）（Ⅳ）
						2013	Ⅳ	高锰酸盐指数（0.33）、BOD_5（0.26）、总磷（0.20）、化学需氧量（0.17）（Ⅳ）
						2014	Ⅳ	高锰酸盐指数（0.35）、BOD_5（0.31）、总磷（0.23）、化学需氧量（0.20）（Ⅳ）
						2015	Ⅳ	高锰酸盐指数（0.45）、BOD_5（0.42）、总磷（0.31）、化学需氧量（0.30）、氨氮（0.12）（Ⅳ）
89	江苏	南通	黄海	北凌河	北凌新河	2011	Ⅲ	—
						2012	Ⅲ	—
						2013	Ⅲ	—
						2014	Ⅲ	—
						2015	Ⅴ	总磷（0.85）、化学需氧量（0.61）（Ⅴ）、高锰酸盐指数（0.57）、BOD_5（0.42）、氨氮（0.36）（Ⅳ）
90	江苏	南通	黄海	栟茶运河	小洋口	2011	Ⅳ	高锰酸盐指数（0.09）（Ⅳ）
						2012	Ⅳ	DO、BOD_5（0.05）、化学需氧量（0.05）（Ⅳ）
						2013	Ⅳ	高锰酸盐指数（0.43）、总磷（0.21）、化学需氧量（0.18）、BOD_5（0.15）、氨氮（0.13）（Ⅳ）
						2014	Ⅳ	总磷（0.17）、高锰酸盐指数（0.15）、BOD_5（0.10）、氨氮（0.09）、化学需氧量（0.07）（Ⅳ）
						2015	Ⅳ	总磷（0.27）、氨氮（0.12）、高锰酸盐指数（Ⅳ）

序号	省份	城市	海区	河流	断面	年份	水质类别	超标因子
91	江苏	南通	黄海	掘苴河	环东闸口	2011	III	—
						2012	III	—
						2013	III	—
						2014	III	—
						2015	劣V	总磷（1.30）、氨氮（1.22）（劣V）、BOD_5（0.61）（V）、高锰酸盐指数（0.49）、化学需氧量（0.42）（IV）
92	江苏	南通	黄海	如泰运河	东安闸	2011	III	—
						2012	IV	BOD_5（0.05）、化学需氧量（0.03）（IV）
						2013	IV	高锰酸盐指数（0.36）、总磷（0.26）、BOD_5（0.19）、化学需氧量（0.17）、氨氮（0.08）（IV）
						2014	III	—
						2015	IV	总磷（0.07）（IV）
93	江苏	南通	黄海	通吕运河	大洋港桥	2011	III	—
						2012	III	—
						2013	IV	化学需氧量（0.13）（IV）
						2014	III	—
						2015	IV	化学需氧量（0.06）、总磷（0.01）（IV）
94	江苏	南通	黄海	通启运河	塘芦港闸	2011	III	—
						2012	IV	化学需氧量（0.05）（IV）
						2013	IV	化学需氧量（0.14）、高锰酸盐指数（0.02）（IV）
						2014	IV	化学需氧量（0.10）、石油类（0.05）（IV）
						2015	IV	高锰酸盐指数（0.04）、化学需氧量（0.02）（IV）
95	江苏	盐城	黄海	川东港河	川东闸	2011	V	氨氮（0.70）（V）、化学需氧量（0.35）、高锰酸盐指数（0.28）、挥发酚（0.18）（IV）
						2012	IV	化学需氧量（0.36）、氨氮（0.26）、高锰酸盐指数（0.22）（IV）
						2013	IV	高锰酸盐指数（0.42）、化学需氧量（0.23）、总磷（0.17）、石油类（0.10）、氨氮（0.02）（IV）
						2014	IV	汞（0.40）、高锰酸盐指数（0.36）、化学需氧量（0.35）、氨氮（0.22）、总磷（0.22）（IV）
						2015	IV	高锰酸盐指数（0.35）、总磷（0.25）、化学需氧量（0.21）、氨氮（0.14）、汞（IV）
96	江苏	盐城	黄海	东台河	川水港闸	2011	IV	石油类（0.28）、总磷（0.14）、氨氮（0.03）（IV）
						2012	IV	化学需氧量（0.07）、高锰酸盐指数（0.03）（IV）
						2013	IV	石油类（0.60）、总磷（0.24）、化学需氧量（0.14）、高锰酸盐指数（0.11）（IV）
						2014	IV	总磷（0.15）、化学需氧量（0.15）、高锰酸盐指数（0.10）（IV）
						2015	IV	总磷（0.37）、高锰酸盐指数（0.21）、化学需氧量（0.21）（IV）

序号	省份	城市	海区	河流	断面	年份	水质类别	超标因子
97	江苏	盐城	黄海	斗龙港河	斗龙闸	2011	Ⅲ	—
						2012	Ⅲ	—
						2013	Ⅳ	汞（0.10）（Ⅳ）
						2014	Ⅳ	汞（0.88）、总磷（0.03）（Ⅳ）
						2015	Ⅳ	总磷（Ⅳ）
98	江苏	盐城	黄海	灌河	陈港	2011	Ⅳ	石油类（5.16）、化学需氧量（0.15）（Ⅳ）
						2012	Ⅳ	DO、石油类（6.20）、化学需氧量（0.42）（Ⅳ）
						2013	Ⅳ	石油类（7.00）、化学需氧量（0.43）（Ⅳ）
						2014	Ⅳ	DO、石油类（5.66）、化学需氧量（0.25）（Ⅳ）
						2015	Ⅳ	DO、石油类（4.37）、化学需氧量（0.10）（Ⅳ）
99	江苏	盐城	黄海	黄沙港	黄沙港闸	2011	Ⅲ	—
						2012	Ⅲ	—
						2013	Ⅲ	—
						2014	Ⅲ	—
						2015	Ⅲ	—
100	江苏	盐城	黄海	射阳河	射阳河闸	2011	Ⅲ	—
						2012	Ⅲ	—
						2013	Ⅲ	—
						2014	Ⅲ	—
						2015	Ⅲ	—
101	江苏	盐城	黄海	苏北灌溉总渠	六垛闸	2011	Ⅲ	—
						2012	Ⅲ	—
						2013	Ⅲ	—
						2014	Ⅲ	—
						2015	Ⅲ	—
102	江苏	盐城	黄海	王港河	王港闸	2011	Ⅳ	氨氮（0.14）、汞（0.10）、化学需氧量（0.02）（Ⅳ）
						2012	Ⅳ	氨氮（0.07）、化学需氧量（0.06）（Ⅳ）
						2013	Ⅳ	汞（0.10）、高锰酸盐指数（0.03）（Ⅳ）
						2014	Ⅳ	汞（0.85）、化学需氧量（0.10）、总磷（0.05）、高锰酸盐指数（0.04）、氨氮（Ⅳ）
						2015	Ⅳ	总磷（0.08）、高锰酸盐指数（0.06）（Ⅳ）
103	江苏	盐城	黄海	新洋港	新洋港闸	2011	Ⅲ	—
						2012	Ⅲ	—
						2013	Ⅲ	—
						2014	Ⅲ	—
						2015	Ⅲ	—

序号	省份	城市	海区	河流	断面	年份	水质类别	超标因子
104	江苏	盐城	黄海	中山河	头罾闸	2011	III	—
						2012	III	—
						2013	III	—
						2014	III	—
						2015	III	—
105	上海		东海	长江	朝阳农场	2011	劣V	化学需氧量（5.65）、阴离子表面活性剂（1.08）、氟化物（0.99）（劣V）、挥发酚（1.48）、总磷（0.80）（V）、DO、石油类（4.34）、BOD_5（0.42）、高锰酸盐指数（0.12）（IV）
						2012	IV	总磷（0.20）（IV）
						2013	III	—
						2014	III	—
						2015	III	—
106	浙江	杭州市	东海	钱塘江	闸口	2011	II	—
						2012	II	—
						2013	II	—
						2014	III	—
						2015	II	—
107	浙江	嘉兴市	东海	海盐塘	南台头闸一号桥	2011	IV	石油类（3.26）、化学需氧量（0.49）、氨氮（0.48）、BOD_5（0.45）、高锰酸盐指数（0.17）、总磷（0.17）（IV）
						2012	V	氨氮（0.62）（V）、石油类（2.26）、BOD_5（0.14）、总磷（0.11）、化学需氧量（0.05）（IV）
						2013	V	总磷（0.75）、氨氮（0.61）（V）、DO、石油类（2.36）、BOD_5（0.38）、化学需氧量（0.30）、高锰酸盐指数（0.14）（IV）
						2014	IV	石油类（1.95）、氨氮（0.36）、总磷（0.25）、化学需氧量（0.11）、高锰酸盐指数（0.05）（IV）
						2015	IV	DO、石油类（0.82）、总磷（0.12）、化学需氧量（0.02）（IV）
108	浙江	嘉兴市	东海	上塘河	上塘河排涝闸	2011	劣V	总磷（2.53）（劣V）、BOD_5（0.91）、氨氮（0.75）、化学需氧量（0.71）、高锰酸盐指数（0.69）（V）、石油类（4.16）（IV）
						2012	劣V	总磷（3.03）、氨氮（2.31）（劣V）、BOD_5（0.90）、化学需氧量（0.55）（V）、石油类（3.56）、高锰酸盐指数（0.58）（IV）
						2013	劣V	总磷（3.18）、氨氮（2.22）（劣V）、BOD_5（0.71）（V）、DO、高锰酸盐指数（0.37）、化学需氧量（0.29）（IV）

序号	省份	城市	海区	河流	断面	年份	水质类别	超标因子
108	浙江	嘉兴市	东海	上塘河	上塘河排涝闸	2014	劣Ⅴ	BOD_5（2.13）、总磷（1.54）、氨氮（1.09）（劣Ⅴ）、化学需氧量（0.61）（Ⅴ）、石油类（6.90）、高锰酸盐指数（0.45）（Ⅳ）
						2015	Ⅴ	总磷（0.97）、化学需氧量（0.61）（Ⅴ）、石油类（4.73）、BOD_5（0.47）、氨氮（0.36）、高锰酸盐指数（0.30）（Ⅳ）
109	浙江	嘉兴市	东海	盐官下河	盐官排涝枢纽	2011	Ⅴ	总磷（0.67）、氨氮（0.64）（Ⅴ）、DO、石油类（4.20）、BOD_5（0.49）、高锰酸盐指数（0.03）（Ⅳ）
						2012	Ⅴ	氨氮（0.78）（Ⅴ）、石油类（2.96）、BOD_5（0.45）、总磷（0.37）（Ⅳ）
						2013	Ⅴ	氨氮（0.86）、总磷（0.69）、BOD_5（0.51）（Ⅴ）、石油类（0.28）、化学需氧量（0.17）（Ⅳ）
						2014	Ⅴ	石油类（9.90）、BOD_5（0.93）（Ⅴ）、化学需氧量（0.20）、氨氮（0.10）、总磷（0.04）（Ⅳ）
						2015	Ⅴ	BOD_5（0.54）（Ⅴ）、石油类（5.67）、氨氮（0.21）、化学需氧量（0.09）、总磷（0.07）（Ⅳ）
110	浙江	嘉兴市	东海	长山河	长山闸一号桥	2011	Ⅳ	石油类（0.90）、化学需氧量（0.13）（Ⅳ）
						2012	Ⅳ	石油类（1.42）、化学需氧量（0.08）、BOD_5（0.04）、总磷（0.02）（Ⅳ）
						2013	Ⅳ	石油类（3.00）、总磷（0.03）（Ⅳ）
						2014	Ⅳ	石油类（1.08）（Ⅳ）
						2015	Ⅳ	石油类（0.36）（Ⅳ）
111	浙江	宁波市	东海	四灶浦闸	四灶浦闸	2011	劣Ⅴ	氨氮（1.74）、总磷（1.27）（劣Ⅴ）、BOD_5（0.68）（Ⅴ）、石油类（7.40）、高锰酸盐指数（0.36）、化学需氧量（0.14）（Ⅳ）
						2012	劣Ⅴ	总磷（1.58）、氨氮（1.46）（劣Ⅴ）、BOD_5（1.33）（Ⅴ）、石油类（2.90）、高锰酸盐指数（0.47）、化学需氧量（0.43）（Ⅳ）
						2013	Ⅳ	石油类（1.84）、BOD_5（0.44）、高锰酸盐指数（0.27）、总磷（0.23）、化学需氧量（0.07）、氨氮（0.01）（Ⅳ）
						2014	Ⅳ	石油类（2.43）、总磷（0.43）、化学需氧量（0.41）、高锰酸盐指数（0.35）、BOD_5（0.07）（Ⅳ）
						2015	Ⅳ	石油类（3.58）、总磷（0.43）、化学需氧量（0.41）、高锰酸盐指数（0.13）、BOD_5（0.09）、氟化物（0.08）（Ⅳ）
112	浙江	宁波市	东海	甬江	三江口	2011	Ⅳ	DO、石油类（5.58）、BOD_5（0.30）、氨氮（0.07）、化学需氧量（0.06）、高锰酸盐指数（0.05）（Ⅳ）
						2012	Ⅳ	DO、石油类（5.42）、氨氮（0.30）、BOD_5（0.05）、化学需氧量（0.04）（Ⅳ）

序号	省份	城市	海区	河流	断面	年份	水质类别	超标因子
112	浙江	宁波市	东海	甬江	三江口	2013	Ⅳ	DO、石油类（4.78）、氨氮（0.20）、BOD_5（0.15）、化学需氧量（0.02）、总磷（0.01）（Ⅳ）
						2014	Ⅳ	DO、石油类（5.00）、BOD_5（0.05）、化学需氧量（0.01）（Ⅳ）
						2015	Ⅳ	石油类（2.01）、BOD_5（0.05）、化学需氧量（0.03）（Ⅳ）
113	浙江	绍兴市	东海	曹娥江	曹娥江大闸闸前	2011	Ⅳ	石油类（5.30）、BOD_5（0.04）（Ⅳ）
						2012	Ⅳ	石油类（5.06）（Ⅳ）
						2013	Ⅳ	石油类（0.94）（Ⅳ）
						2014	Ⅳ	石油类（1.33）（Ⅳ）
						2015	Ⅲ	—
114	浙江	台州市	东海	椒江	老鼠屿	2011	劣Ⅴ	化学需氧量（3.00）（劣Ⅴ）、石油类（1.52）（Ⅳ）
						2012	Ⅳ	石油类（0.80）（Ⅳ）
						2013	Ⅲ	—
						2014	Ⅲ	—
						2015	Ⅲ	—
115	浙江	台州市	东海	金清河网	金清新闸	2011	劣Ⅴ	氨氮（2.50）、总磷（1.26）（劣Ⅴ）、石油类（3.94）、高锰酸盐指数（0.08）（Ⅳ）
						2012	劣Ⅴ	氨氮（3.21）、总磷（1.17）（劣Ⅴ）、DO、石油类（3.74）（Ⅳ）
						2013	劣Ⅴ	氨氮（3.50）、总磷（1.35）（劣Ⅴ）、DO、石油类（0.44）、高锰酸盐指数（0.18）（Ⅳ）
						2014	劣Ⅴ	氨氮（3.08）（劣Ⅴ）、总磷（0.95）（Ⅴ）、石油类（0.38）（Ⅳ）
						2015	劣Ⅴ	氨氮（4.20）、总磷（1.24）（劣Ⅴ）、高锰酸盐指数（0.09）、石油类（0.04）（Ⅳ）
116	浙江	温州市	东海	鳌江	江口渡	2011	Ⅴ	化学需氧量（0.79）（Ⅴ）、DO、挥发酚（0.28）、石油类（0.02）（Ⅳ）
						2012	Ⅴ	化学需氧量（0.89）（Ⅴ）、DO、氨氮（0.14）（Ⅳ）
						2013	Ⅴ	DO（Ⅴ）、氨氮（0.17）（Ⅳ）
						2014	Ⅴ	DO（Ⅴ）
						2015	Ⅲ	—
117	浙江	温州市	东海	飞云江	第三农业站	2011	Ⅲ	—
						2012	Ⅲ	—
						2013	Ⅱ	—
						2014	Ⅲ	—
						2015	Ⅲ	—

序号	省份	城市	海区	河流	断面	年份	水质类别	超标因子
118	浙江	温州市	东海	瓯江	龙湾	2011	Ⅱ	—
						2012	Ⅱ	—
						2013	Ⅱ	—
						2014	Ⅲ	—
						2015	Ⅲ	—
119	福建	福州	东海	敖江	荷山渡口	2011	Ⅲ	—
						2012	Ⅲ	—
						2013	Ⅱ	—
						2014	Ⅲ	—
						2015	Ⅲ	—
120	福建	福州	东海	龙江	海口桥	2011	劣Ⅴ	氨氮（1.12）（劣Ⅴ）、BOD_5（0.86）、总磷（0.72）、化学需氧量（0.54）（Ⅴ）、DO、高锰酸盐指数（0.14）（Ⅳ）
						2012	Ⅴ	BOD_5（1.08）、氨氮（0.59）（Ⅴ）、DO、总磷（0.44）、化学需氧量（0.24）、高锰酸盐指数（0.15）、石油类（0.10）（Ⅳ）
						2013	Ⅴ	总磷（0.76）、氨氮（0.50）（Ⅴ）、化学需氧量（0.27）、BOD_5（0.19）、高锰酸盐指数（0.18）（Ⅳ）
						2014	Ⅴ	氨氮（0.70）、总磷（0.64）（Ⅴ）、DO、BOD_5（0.12）、高锰酸盐指数（0.07）（Ⅳ）
						2015	Ⅴ	总磷（0.76）（Ⅴ）、DO、氨氮（0.27）、BOD_5（0.20）、化学需氧量（0.19）、高锰酸盐指数（0.07）（Ⅳ）
121	福建	福州	东海	闽江	闽安	2011	Ⅲ	—
						2012	Ⅲ	—
						2013	Ⅱ	—
						2014	Ⅱ	—
						2015	Ⅲ	—
122	福建	宁德	东海	霍童溪	八都	2011	Ⅱ	—
						2012	Ⅱ	—
						2013	Ⅱ	—
						2014	Ⅱ	—
						2015	Ⅱ	—
123	福建	宁德	东海	交溪	赛岐	2011	Ⅲ	—
						2012	Ⅲ	—
						2013	Ⅱ	—
						2014	Ⅲ	—
						2015	Ⅳ	化学需氧量（0.09）（Ⅳ）

序号	省份	城市	海区	河流	断面	年份	水质类别	超标因子
124	福建	莆田	东海	木兰溪	三江口	2011	Ⅴ	化学需氧量（0.77）、总磷（0.58）（Ⅴ）、高锰酸盐指数（0.17）（Ⅳ）
						2012	劣Ⅴ	总磷（1.43）（劣Ⅴ）、氨氮（0.72）（Ⅴ）、DO、高锰酸盐指数（0.26）、化学需氧量（0.12）（Ⅳ）
						2013	Ⅳ	DO、氨氮（0.48）、总磷（0.40）、化学需氧量（0.34）、高锰酸盐指数（0.20）（Ⅳ）
						2014	Ⅳ	DO、化学需氧量（0.50）、总磷（0.43）、BOD_5（0.41）、高锰酸盐指数（0.34）（Ⅳ）
						2015	Ⅴ	化学需氧量（0.99）（Ⅴ）、高锰酸盐指数（0.36）、总磷（0.15）、BOD_5（0.04）（Ⅳ）
125	福建	莆田	东海	萩芦溪	江口桥	2011	Ⅴ	化学需氧量（0.57）（Ⅴ）
						2012	Ⅲ	—
						2013	Ⅳ	化学需氧量（0.06）（Ⅳ）
						2014	Ⅴ	化学需氧量（0.52）（Ⅴ）
						2015	Ⅴ	化学需氧量（0.60）（Ⅴ）
126	福建	泉州	东海	晋江	鲟埔	2011	Ⅲ	—
						2012	Ⅲ	—
						2013	Ⅲ	—
						2014	Ⅲ	—
						2015	Ⅲ	—
127	福建	厦门	东海	九龙江	河口	2011	Ⅲ	—
						2012	Ⅲ	—
						2013	Ⅳ	总磷（0.11）、氨氮（0.09）（Ⅳ）
						2014	Ⅴ	氨氮（0.51）（Ⅴ）、总磷（0.07）（Ⅳ）
						2015	Ⅳ	总磷（0.31）（Ⅳ）
128	福建	漳州	东海	东溪	诏安澳子头	2011	Ⅲ	—
						2012	Ⅲ	—
						2013	Ⅲ	—
						2014	Ⅲ	—
						2015	Ⅲ	—
129	福建	漳州	东海	漳江	云霄高塘渡口	2011	Ⅲ	—
						2012	Ⅲ	—
						2013	Ⅲ	—
						2014	Ⅲ	—
						2015	Ⅲ	—

序号	省份	城市	海区	河流	断面	年份	水质类别	超标因子
130	广东	潮州	南海	黄冈河	东溪水闸	2011	Ⅱ	—
						2012	Ⅲ	—
						2013	Ⅲ	—
						2014	Ⅱ	—
						2015	Ⅲ	—
131	广东	东莞	南海	东江南支流	沙田泗盛	2011	Ⅲ	—
						2012	Ⅲ	—
						2013	Ⅳ	DO、氨氮（0.24）（Ⅳ）
						2014	Ⅳ	DO、氨氮（0.42）、BOD_5（0.13）、总磷（0.02）（Ⅳ）
						2015	Ⅴ	氨氮（0.60）（Ⅴ）、DO、总磷（0.31）（Ⅳ）
132	广东	广州	南海	洪奇沥水道	洪奇沥	2011	—	—
						2012	Ⅱ	—
						2013	Ⅱ	—
						2014	Ⅱ	—
						2015	Ⅱ	—
133	广东	广州	南海	蕉门水道	蕉门	2011	—	—
						2012	Ⅱ	—
						2013	Ⅱ	—
						2014	Ⅱ	—
						2015	Ⅱ	—
134	广东	广州	南海	珠江广州河段	莲花山	2011	Ⅳ	石油类（1.16）（Ⅳ）
						2012	Ⅳ	石油类（0.60）（Ⅳ）
						2013	Ⅳ	DO（Ⅳ）
						2014	Ⅳ	DO（Ⅳ）
						2015	Ⅳ	DO（Ⅳ）
135	广东	惠州	南海	柏岗河	滨海十路与石化大道中交汇处	2011	Ⅳ	高锰酸盐指数（0.38）、化学需氧量（0.34）、氨氮（0.11）（Ⅳ）
						2012	Ⅳ	化学需氧量（0.33）、高锰酸盐指数（0.06）、BOD_5（0.03）（Ⅳ）
						2013	Ⅳ	化学需氧量（0.03）（Ⅳ）
						2014	Ⅳ	BOD_5（0.19）、化学需氧量（0.14）、高锰酸盐指数（0.03）（Ⅳ）
						2015	Ⅳ	化学需氧量（0.19）、BOD_5（0.06）（Ⅳ）
136	广东	惠州	南海	淡澳河	虎爪断桥	2011	劣Ⅴ	氨氮（7.71）、总磷（3.00）（劣Ⅴ）、DO、化学需氧量（0.71）（Ⅴ）、高锰酸盐指数（0.61）（Ⅳ）
						2012	劣Ⅴ	总磷（5.23）、氨氮（4.80）（劣Ⅴ）、化学需氧量（0.77）（Ⅴ）、DO、高锰酸盐指数（0.18）、阴离子表面活性剂（0.16）、BOD_5（0.06）（Ⅳ）

序号	省份	城市	海区	河流	断面	年份	水质类别	超标因子
136	广东	惠州	南海	淡澳河	虎爪断桥	2013	劣Ⅴ	总磷（6.25）、氨氮（5.00）（劣Ⅴ）、BOD_5（1.44）、高锰酸盐指数（1.32）、化学需氧量（0.89）（Ⅴ）、DO、阴离子表面活性剂（0.04）（Ⅳ）
						2014	劣Ⅴ	总磷（3.40）、氨氮（1.47）（劣Ⅴ）、BOD_5（0.88）、高锰酸盐指数（0.67）、化学需氧量（0.60）（Ⅴ）
						2015	劣Ⅴ	总磷（12.49）、氨氮（4.04）（劣Ⅴ）、化学需氧量（0.75）、BOD_5（0.63）（Ⅴ）、高锰酸盐指数（0.66）（Ⅳ）
137	广东	惠州	南海	吉隆河	吉隆商贸城前	2011	劣Ⅴ	DO、总磷（2.25）、化学需氧量（1.13）（劣Ⅴ）、BOD_5（1.13）（Ⅴ）、石油类（1.20）、氨氮（0.45）（Ⅳ）
						2012	劣Ⅴ	DO、氨氮（3.13）、BOD_5（1.56）、阴离子表面活性剂（1.49）、化学需氧量（1.45）（劣Ⅴ）、总磷（0.99）（Ⅴ）、石油类（1.50）（Ⅳ）
						2013	劣Ⅴ	氨氮（2.19）、阴离子表面活性剂（0.52）（劣Ⅴ）、DO、BOD_5（1.44）、化学需氧量（0.84）、总磷（0.72）（Ⅴ）、石油类（2.06）（Ⅳ）
						2014	Ⅴ	DO、氨氮（0.92）、化学需氧量（0.59）、BOD_5（0.56）（Ⅴ）
						2015	劣Ⅴ	氨氮（2.67）（劣Ⅴ）、总磷（0.80）（Ⅴ）、DO、BOD_5（0.06）（Ⅳ）
138	广东	惠州	南海	南边灶河	南边灶桥	2011	劣Ⅴ	DO、氨氮（2.00）（劣Ⅴ）、总磷（0.52）（Ⅴ）、高锰酸盐指数（0.54）、化学需氧量（0.47）（Ⅳ）
						2012	Ⅳ	DO、化学需氧量（0.13）、总磷（0.06）（Ⅳ）
						2013	Ⅲ	—
						2014	Ⅳ	BOD_5（0.44）、高锰酸盐指数（0.39）、化学需氧量（0.36）（Ⅳ）
						2015	劣Ⅴ	氨氮（5.02）、总磷（2.06）（劣Ⅴ）、化学需氧量（0.74）、高锰酸盐指数（0.72）、BOD_5（0.63）（Ⅴ）、DO（Ⅳ）
139	广东	惠州	南海	霞涌河	横头街霞涌医院门口前	2011	劣Ⅴ	氨氮（3.46）、总磷（1.33）（劣Ⅴ）、DO、高锰酸盐指数（1.10）、化学需氧量（0.98）（Ⅴ）
						2012	劣Ⅴ	氨氮（4.34）、总磷（1.22）（劣Ⅴ）、化学需氧量（0.23）、阴离子表面活性剂（0.16）（Ⅳ）
						2013	劣Ⅴ	氨氮（5.37）、总磷（1.03）（劣Ⅴ）、BOD_5（0.94）、高锰酸盐指数（0.71）、化学需氧量（0.63）（Ⅴ）、阴离子表面活性剂（0.18）（Ⅳ）
						2014	Ⅴ	氨氮（0.92）（Ⅴ）、阴离子表面活性剂（0.49）、BOD_5（0.38）、化学需氧量（0.29）、高锰酸盐指数（0.25）、总磷（0.01）（Ⅳ）
						2015	劣Ⅴ	氨氮（3.15）（劣Ⅴ）、化学需氧量（0.68）、BOD_5（0.56）（Ⅴ）、DO、高锰酸盐指数（0.52）、总磷（0.19）（Ⅳ）

序号	省份	城市	海区	河流	断面	年份	水质类别	超标因子
140	广东	惠州	南海	岩前河	三棵树	2011	Ⅳ	高锰酸盐指数（0.49）、化学需氧量（0.31）（Ⅳ）
						2012	Ⅳ	化学需氧量（0.17）、BOD_5（0.06）（Ⅳ）
						2013	Ⅳ	BOD_5（0.31）、化学需氧量（0.14）、高锰酸盐指数（Ⅳ）
						2014	Ⅳ	化学需氧量（0.33）、高锰酸盐指数（0.23）、BOD_5（0.19）（Ⅳ）
						2015	Ⅴ	BOD_5（0.56）（Ⅴ）、化学需氧量（0.50）、高锰酸盐指数（0.45）（Ⅳ）
141	广东	江门	南海	潭江	苍山渡口	2011	Ⅲ	—
						2012	Ⅲ	—
						2013	Ⅲ	—
						2014	Ⅲ	—
						2015	Ⅱ	—
142	广东	茂名	南海	关屋河	电力局排海口	2011	—	—
						2012	劣Ⅴ	BOD_5（2.45）、氨氮（1.54）（劣Ⅴ）、化学需氧量（0.97）、高锰酸盐指数（0.91）（Ⅴ）、DO、总磷（0.04）（Ⅳ）
						2013	劣Ⅴ	阴离子表面活性剂（23.30）、氨氮（4.47）、总磷（4.12）（劣Ⅴ）、DO、BOD_5（0.36）、化学需氧量（0.04）（Ⅳ）
						2014	劣Ⅴ	总磷（2.97）（劣Ⅴ）、氨氮（0.75）（Ⅴ）
						2015	Ⅴ	总磷（0.89）（Ⅴ）、DO、氨氮（0.38）（Ⅳ）
143	广东	茂名	南海	森高河	森高排污口	2011	—	—
						2012	劣Ⅴ	BOD_5（2.54）、氨氮（2.11）、高锰酸盐指数（1.69）、总磷（1.52）、化学需氧量（1.15）（劣Ⅴ）、DO、阴离子表面活性剂（0.35）（Ⅳ）
						2013	劣Ⅴ	阴离子表面活性剂（4.97）、氨氮（1.36）、总磷（1.30）（劣Ⅴ）、BOD_5（0.70）（Ⅴ）、DO、化学需氧量（0.23）、高锰酸盐指数（0.09）（Ⅳ）
						2014	劣Ⅴ	总磷（3.79）、氨氮（2.53）（劣Ⅴ）、DO（Ⅳ）
						2015	Ⅴ	总磷（0.95）（Ⅴ）、DO、氨氮（0.36）、化学需氧量（0.07）、高锰酸盐指数（0.06）（Ⅳ）
144	广东	茂名	南海	寨头河	寨头河出海口	2011	—	—
						2012	劣Ⅴ	BOD_5（3.53）、高锰酸盐指数（1.99）、化学需氧量（1.60）、氨氮（1.51）（劣Ⅴ）、总磷（0.70）（Ⅴ）、石油类（0.98）、阴离子表面活性剂（0.12）（Ⅳ）
						2013	劣Ⅴ	阴离子表面活性剂（42.35）、总磷（5.31）、氨氮（3.20）（劣Ⅴ）、BOD_5（0.82）（Ⅴ）、DO、化学需氧量（0.47）、高锰酸盐指数（0.29）（Ⅳ）
						2014	劣Ⅴ	总磷（11.95）、氨氮（1.67）（劣Ⅴ）、DO（Ⅳ）
						2015	劣Ⅴ	总磷（4.06）（劣Ⅴ）、化学需氧量（0.60）（Ⅴ）、DO、氨氮（0.39）、BOD_5（0.21）、高锰酸盐指数（0.18）（Ⅳ）

序号	省份	城市	海区	河流	断面	年份	水质类别	超标因子
145	广东	汕头	南海	韩江东溪	莲阳桥闸	2011	Ⅱ	—
						2012	Ⅱ	—
						2013	Ⅱ	—
						2014	Ⅱ	—
						2015	Ⅲ	—
146	广东	汕头	南海	韩江梅溪河	升平	2011	Ⅳ	石油类（0.08）（Ⅳ）
						2012	Ⅲ	—
						2013	Ⅳ	石油类（0.30）（Ⅳ）
						2014	Ⅳ	石油类（0.40）（Ⅳ）
						2015	Ⅳ	石油类（0.48）、总磷（0.29）（Ⅳ）
147	广东	汕头	南海	韩江外砂河	外砂桥闸	2011	Ⅱ	—
						2012	Ⅱ	—
						2013	Ⅱ	—
						2014	Ⅱ	—
						2015	Ⅱ	—
148	广东	汕头	南海	练江	海门湾桥闸	2011	劣Ⅴ	总磷（6.22）、BOD_5（5.13）、化学需氧量（3.75）、氨氮（2.96）、阴离子表面活性剂（2.55）、氟化物（0.63）（劣Ⅴ）、DO、高锰酸盐指数（1.33）（Ⅴ）、石油类（0.62）（Ⅳ）
						2012	劣Ⅴ	DO、氨氮（6.20）、BOD_5（5.63）、化学需氧量（4.08）、总磷（3.66）、阴离子表面活性剂（3.04）（劣Ⅴ）、高锰酸盐指数（1.47）（Ⅴ）、石油类（1.10）（Ⅳ）
						2013	劣Ⅴ	DO、氨氮（4.39）、BOD_5（3.22）、阴离子表面活性剂（3.02）、化学需氧量（2.90）、总磷（2.58）（劣Ⅴ）、高锰酸盐指数（1.39）（Ⅴ）、石油类（0.86）（Ⅳ）
						2014	劣Ⅴ	DO、氨氮（6.82）、BOD_5（4.81）、阴离子表面活性剂（4.73）、总磷（3.76）、化学需氧量（3.33）、高锰酸盐指数（2.01）（劣Ⅴ）、石油类（0.92）、氟化物（0.27）（Ⅳ）
						2015	劣Ⅴ	DO、氨氮（7.84）、BOD_5（6.52）、阴离子表面活性剂（4.98）、化学需氧量（4.58）、总磷（4.02）、高锰酸盐指数（3.18）（劣Ⅴ）、石油类（1.13）、氟化物（0.02）（Ⅳ）
149	广东	汕头	南海	榕江	地都	2011	Ⅳ	化学需氧量（0.12）（Ⅳ）
						2012	Ⅳ	DO、化学需氧量（0.29）（Ⅳ）
						2013	Ⅳ	化学需氧量（0.21）、石油类（0.12）（Ⅳ）
						2014	Ⅳ	石油类（0.32）（Ⅳ）
						2015	Ⅳ	石油类（0.40）（Ⅳ）

序号	省份	城市	海区	河流	断面	年份	水质类别	超标因子
150	广东	汕尾	南海	赤石河	小漠桥	2011	—	—
						2012	III	—
						2013	III	—
						2014	II	—
						2015	II	—
151	广东	汕尾	南海	黄江河	东溪水闸	2011	III	—
						2012	III	—
						2013	III	—
						2014	II	—
						2015	II	—
152	广东	汕尾	南海	黄江河	海丰西闸左	2011	III	—
						2012	III	—
						2013	III	—
						2014	II	—
						2015	II	—
153	广东	汕尾	南海	螺河	半湾水闸	2011	III	—
						2012	III	—
						2013	III	—
						2014	II	—
						2015	II	—
154	广东	汕尾	南海	乌坎河	乌坎	2011	III	—
						2012	III	—
						2013	III	—
						2014	II	—
						2015	II	—
155	广东	深圳	南海	深圳河	河口	2011	劣V	氨氮（11.18）、DO、总磷（4.27）、BOD_5（1.66）、阴离子表面活性剂（0.70）（劣V）、化学需氧量（0.76）（V）、高锰酸盐指数（0.53）（IV）
						2012	劣V	DO、氨氮（7.39）、总磷（2.55）（劣V）、BOD_5（1.19）、化学需氧量（0.61）（V）、高锰酸盐指数（0.32）（IV）
						2013	劣V	DO、氨氮（6.84）、总磷（2.09）（劣V）、BOD_5（0.77）（V）、挥发酚（0.34）、化学需氧量（0.33）、石油类（0.30）、高锰酸盐指数（0.08）（IV）
						2014	劣V	DO、氨氮（8.36）、总磷（2.61）（劣V）、BOD_5（1.17）、化学需氧量（0.54）（V）、高锰酸盐指数（0.33）（IV）
						2015	劣V	DO、氨氮（6.34）、总磷（3.31）（劣V）、BOD_5（1.03）（V）、化学需氧量（0.42）、高锰酸盐指数（0.28）（IV）

序号	省份	城市	海区	河流	断面	年份	水质类别	超标因子
156	广东	阳江	南海	丰头河	大泉	2011	III	—
156	广东	阳江	南海	丰头河	大泉	2012	III	—
156	广东	阳江	南海	丰头河	大泉	2013	II	—
156	广东	阳江	南海	丰头河	大泉	2014	II	—
156	广东	阳江	南海	丰头河	大泉	2015	II	—
157	广东	阳江	南海	漠阳江	埠场	2011	II	—
157	广东	阳江	南海	漠阳江	埠场	2012	II	—
157	广东	阳江	南海	漠阳江	埠场	2013	III	—
157	广东	阳江	南海	漠阳江	埠场	2014	III	—
157	广东	阳江	南海	漠阳江	埠场	2015	III	—
158	广东	阳江	南海	漠阳江	尖山	2011	II	—
158	广东	阳江	南海	漠阳江	尖山	2012	II	—
158	广东	阳江	南海	漠阳江	尖山	2013	III	—
158	广东	阳江	南海	漠阳江	尖山	2014	III	—
158	广东	阳江	南海	漠阳江	尖山	2015	III	—
159	广东	阳江	南海	漠阳江	那格	2011	III	—
159	广东	阳江	南海	漠阳江	那格	2012	III	—
159	广东	阳江	南海	漠阳江	那格	2013	III	—
159	广东	阳江	南海	漠阳江	那格	2014	III	—
159	广东	阳江	南海	漠阳江	那格	2015	III	—
160	广东	阳江	南海	寿长河	寿长	2011	II	—
160	广东	阳江	南海	寿长河	寿长	2012	III	—
160	广东	阳江	南海	寿长河	寿长	2013	II	—
160	广东	阳江	南海	寿长河	寿长	2014	II	—
160	广东	阳江	南海	寿长河	寿长	2015	III	—
161	广东	湛江	南海	鉴江	黄坡	2011	III	—
161	广东	湛江	南海	鉴江	黄坡	2012	III	—
161	广东	湛江	南海	鉴江	黄坡	2013	III	—
161	广东	湛江	南海	鉴江	黄坡	2014	III	—
161	广东	湛江	南海	鉴江	黄坡	2015	III	—
162	广东	湛江	南海	九洲江	安铺	2011	III	—
162	广东	湛江	南海	九洲江	安铺	2012	III	—
162	广东	湛江	南海	九洲江	安铺	2013	III	—
162	广东	湛江	南海	九洲江	安铺	2014	III	—
162	广东	湛江	南海	九洲江	安铺	2015	III	—

序号	省份	城市	海区	河流	断面	年份	水质类别	超标因子
163	广东	湛江	南海	九洲江	营仔	2011	Ⅱ	—
						2012	Ⅲ	—
						2013	Ⅲ	—
						2014	Ⅲ	—
						2015	Ⅲ	—
164	广东	湛江	南海	袂花江	大山江	2011	Ⅲ	—
						2012	Ⅲ	—
						2013	Ⅲ	—
						2014	Ⅲ	—
						2015	Ⅲ	—
165	广东	中山	南海	横门水道	中山港码头	2011	Ⅲ	—
						2012	Ⅲ	—
						2013	Ⅱ	—
						2014	Ⅱ	—
						2015	Ⅲ	—
166	广东	中山	南海	兰溪河	翠亨宾馆	2011	劣Ⅴ	氨氮（4.46）、总磷（1.07）（劣Ⅴ）、DO（Ⅳ）
						2012	劣Ⅴ	氨氮（4.76）、总磷（3.35）（劣Ⅴ）、DO、石油类（0.66）（Ⅳ）
						2013	劣Ⅴ	总磷（7.35）、氨氮（3.12）、硒（2.64）（劣Ⅴ）、石油类（8.90）、阴离子表面活性剂（0.13）（Ⅳ）
						2014	Ⅳ	DO、石油类（0.90）、阴离子表面活性剂（0.34）、总磷（0.31）（Ⅳ）
						2015	劣Ⅴ	氨氮（3.01）、总磷（1.09）（劣Ⅴ）、DO、石油类（0.82）（Ⅳ）
167	广东	中山	南海	泮沙排洪渠	泮沙桥	2011	劣Ⅴ	氨氮（4.79）、总磷（1.43）（劣Ⅴ）、DO、石油类（0.16）、高锰酸盐指数（0.01）（Ⅳ）
						2012	劣Ⅴ	氨氮（10.80）、总磷（4.69）、阴离子表面活性剂（1.59）（劣Ⅴ）、DO、高锰酸盐指数（0.19）、化学需氧量（0.14）、石油类（0.10）、BOD_5（0.03）（Ⅳ）
						2013	劣Ⅴ	总磷（7.26）、硒（6.01）、氨氮（3.97）、阴离子表面活性剂（0.65）（劣Ⅴ）、石油类（11.36）（Ⅴ）、高锰酸盐指数（0.06）（Ⅳ）
						2014	劣Ⅴ	氨氮（3.40）、总磷（1.15）（劣Ⅴ）、DO、石油类（1.52）、阴离子表面活性剂（0.44）（Ⅳ）
						2015	劣Ⅴ	氨氮（3.68）、总磷（1.97）（劣Ⅴ）、BOD_5（0.56）（Ⅴ）、DO、化学需氧量（0.38）、高锰酸盐指数（0.19）、石油类（0.07）（Ⅳ）

序号	省份	城市	海区	河流	断面	年份	水质类别	超标因子
168	广东	中山	南海	中心河	合水口	2011	劣Ⅴ	氨氮（2.71）、总磷（1.05）（劣Ⅴ）、DO（Ⅴ）、石油类（0.06）（Ⅳ）
						2012	劣Ⅴ	氨氮（2.55）、阴离子表面活性剂（1.17）（劣Ⅴ）、DO、总磷（0.44）（Ⅳ）
						2013	Ⅳ	DO、石油类（0.42）、氨氮（0.39）、总磷（0.29）（Ⅳ）
						2014	Ⅳ	DO、石油类（0.65）、总磷（0.42）（Ⅳ）
						2015	劣Ⅴ	氨氮（1.26）（劣Ⅴ）、石油类（0.95）、总磷（0.21）（Ⅳ）
169	广东	珠海	南海	鸡啼门	鸡啼门大桥	2011	Ⅲ	—
						2012	Ⅲ	—
						2013	Ⅲ	—
						2014	Ⅲ	—
						2015	Ⅲ	—
170	广东	珠海	南海	磨刀门水道	珠海大桥	2011	Ⅱ	—
						2012	Ⅱ	—
						2013	Ⅱ	—
						2014	Ⅱ	—
						2015	Ⅱ	—
171	广西	北海	南海	白沙河	高速公路桥	2011	Ⅳ	DO（Ⅳ）
						2012	Ⅳ	化学需氧量（0.07）（Ⅳ）
						2013	Ⅲ	—
						2014	Ⅳ	总磷（0.22）（Ⅳ）
						2015	Ⅳ	DO、总磷（0.02）（Ⅳ）
172	广西	北海	南海	大风江	东场镇挡潮闸	2011	Ⅱ	—
						2012	Ⅱ	—
						2013	Ⅲ	—
						2014	Ⅳ	总磷（0.26）（Ⅳ）
						2015	Ⅱ	—
173	广西	北海	南海	南康江	婆围村	2011	Ⅳ	氨氮（0.04）（Ⅳ）
						2012	Ⅳ	氨氮（0.03）（Ⅳ）
						2013	Ⅲ	—
						2014	Ⅲ	—
						2015	Ⅲ	—
174	广西	北海	南海	南流江	南域	2011	Ⅲ	—
						2012	Ⅳ	总磷（0.20）（Ⅳ）
						2013	Ⅲ	—
						2014	Ⅳ	总磷（0.30）（Ⅳ）
						2015	Ⅲ	—

序号	省份	城市	海区	河流	断面	年份	水质类别	超标因子
175	广西	北海	南海	南流江	亚桥	2011	Ⅲ	—
						2012	Ⅳ	总磷（0.24）（Ⅳ）
						2013	Ⅲ	—
						2014	Ⅳ	总磷（0.42）（Ⅳ）
						2015	Ⅳ	总磷（0.19）（Ⅳ）
176	广西	北海	南海	西门江	老哥渡	2011	Ⅴ	氨氮（0.63）（Ⅴ）、总磷（0.46）、化学需氧量（0.07）（Ⅳ）
						2012	Ⅳ	总磷（0.45）、氨氮（0.02）（Ⅳ）
						2013	Ⅳ	DO、总磷（0.45）、氨氮（0.27）（Ⅳ）
						2014	劣Ⅴ	总磷（1.45）、氨氮（1.30）（劣Ⅴ）、DO、化学需氧量（0.01）（Ⅳ）
						2015	劣Ⅴ	氨氮（1.09）、总磷（1.09）（劣Ⅴ）、DO（Ⅳ）
177	广西	防城港	南海	北仑河	边贸码头	2011	Ⅳ	石油类（0.86）（Ⅳ）
						2012	Ⅲ	—
						2013	Ⅲ	—
						2014	Ⅲ	—
						2015	Ⅲ	—
178	广西	防城港	南海	防城江	三滩	2011	Ⅲ	—
						2012	Ⅲ	—
						2013	Ⅲ	—
						2014	Ⅲ	—
						2015	Ⅲ	—
179	广西	钦州	南海	茅岭江	长墩	2011	Ⅲ	—
						2012	Ⅲ	—
						2013	Ⅱ	—
						2014	Ⅱ	—
						2015	Ⅲ	—
180	广西	钦州	南海	钦江	高速公路东桥	2011	Ⅳ	氨氮（0.11）（Ⅳ）
						2012	Ⅲ	—
						2013	Ⅲ	—
						2014	Ⅲ	—
						2015	Ⅲ	—
181	广西	钦州	南海	钦江	高速公路西桥	2011	Ⅴ	氨氮（0.63）（Ⅴ）、化学需氧量（0.38）、总磷（0.28）（Ⅳ）
						2012	Ⅳ	氨氮（0.50）、总磷（0.21）（Ⅳ）
						2013	劣Ⅴ	氨氮（1.12）（劣Ⅴ）、总磷（0.74）（Ⅴ）、DO（Ⅳ）
						2014	劣Ⅴ	氨氮（1.77）、总磷（1.44）（劣Ⅴ）、DO、化学需氧量（0.12）、高锰酸盐指数（0.03）（Ⅳ）
						2015	劣Ⅴ	氨氮（2.02）、总磷（1.20）（劣Ⅴ）、DO、化学需氧量（0.10）（Ⅳ）

序号	省份	城市	海区	河流	断面	年份	水质类别	超标因子
182	海南	海口	南海	海甸溪	华侨宾馆	2011	Ⅳ	DO（Ⅳ）
						2012	Ⅲ	—
						2013	Ⅳ	DO（Ⅳ）
						2014	Ⅳ	DO（Ⅳ）
						2015	Ⅲ	—
183	海南	海口	南海	南渡江	儒房	2011	Ⅲ	—
						2012	Ⅱ	—
						2013	Ⅱ	—
						2014	Ⅱ	—
						2015	Ⅱ	—
184	海南	海口	南海	演州河	演州河河口	2011	Ⅲ	—
						2012	Ⅲ	—
						2013	Ⅳ	BOD_5（Ⅳ）
						2014	Ⅲ	—
						2015	Ⅲ	—
185	海南	三亚	南海	宁远河	崖城大桥	2011	Ⅱ	—
						2012	Ⅱ	—
						2013	Ⅱ	—
						2014	Ⅱ	—
						2015	Ⅱ	—
186	海南	三亚	南海	藤桥河	藤桥河大桥	2011	Ⅱ	—
						2012	Ⅱ	—
						2013	Ⅲ	—
						2014	Ⅲ	—
						2015	Ⅲ	—
187	海南		南海	北门江	中和桥	2011	Ⅳ	化学需氧量（0.04）（Ⅳ）
						2012	Ⅲ	—
						2013	Ⅲ	—
						2014	Ⅲ	—
						2015	Ⅲ	—
188	海南		南海	昌化江	大风	2011	Ⅱ	—
						2012	Ⅱ	—
						2013	Ⅲ	—
						2014	Ⅱ	—
						2015	Ⅲ	—

序号	省份	城市	海区	河流	断面	年份	水质类别	超标因子
189	海南		南海	东山河	后山村	2011	Ⅲ	—
						2012	Ⅲ	—
						2013	Ⅳ	DO、化学需氧量（0.07）（Ⅳ）
						2014	Ⅳ	DO、化学需氧量（0.10）、高锰酸盐指数（Ⅳ）
						2015	Ⅳ	化学需氧量（0.05）（Ⅳ）
190	海南		南海	九曲江	羊头外村桥	2011	Ⅱ	—
						2012	Ⅱ	—
						2013	Ⅱ	—
						2014	Ⅱ	—
						2015	Ⅱ	—
191	海南		南海	陵水河	大溪村	2011	Ⅱ	—
						2012	Ⅱ	—
						2013	Ⅲ	—
						2014	Ⅱ	—
						2015	Ⅱ	—
192	海南		南海	龙首河	和乐桥	2011	Ⅱ	—
						2012	Ⅱ	—
						2013	Ⅲ	—
						2014	Ⅱ	—
						2015	Ⅲ	—
193	海南		南海	龙尾河	后安桥	2011	Ⅲ	—
						2012	Ⅲ	—
						2013	Ⅲ	—
						2014	Ⅱ	—
						2015	Ⅲ	—
194	海南		南海	罗带河	罗带铁路桥	2011	Ⅳ	化学需氧量（0.01）（Ⅳ）
						2012	Ⅲ	—
						2013	Ⅲ	—
						2014	Ⅳ	DO、化学需氧量（0.08）（Ⅳ）
						2015	Ⅳ	化学需氧量（0.31）（Ⅳ）
195	海南		南海	太阳河	分洪桥	2011	Ⅱ	—
						2012	Ⅱ	—
						2013	Ⅲ	—
						2014	Ⅱ	—
						2015	Ⅲ	—

序号	省份	城市	海区	河流	断面	年份	水质类别	超标因子
196	海南		南海	万泉河	汀洲	2011	Ⅱ	—
196	海南		南海	万泉河	汀洲	2012	Ⅱ	—
196	海南		南海	万泉河	汀洲	2013	Ⅱ	—
196	海南		南海	万泉河	汀洲	2014	Ⅱ	—
196	海南		南海	万泉河	汀洲	2015	Ⅱ	—
197	海南		南海	望楼河	乐罗	2011	Ⅲ	—
197	海南		南海	望楼河	乐罗	2012	Ⅲ	—
197	海南		南海	望楼河	乐罗	2013	Ⅲ	—
197	海南		南海	望楼河	乐罗	2014	Ⅲ	—
197	海南		南海	望楼河	乐罗	2015	Ⅲ	—
198	海南		南海	文昌河	水涯新区	2011	Ⅳ	DO、氨氮（0.44）、化学需氧量（0.31）、高锰酸盐指数（0.22）（Ⅳ）
198	海南		南海	文昌河	水涯新区	2012	Ⅳ	高锰酸盐指数（0.24）、氨氮（0.23）、化学需氧量（0.07）（Ⅳ）
198	海南		南海	文昌河	水涯新区	2013	Ⅳ	高锰酸盐指数（0.24）、氨氮（0.07）、化学需氧量（0.07）（Ⅳ）
198	海南		南海	文昌河	水涯新区	2014	Ⅳ	高锰酸盐指数（0.27）、化学需氧量（0.16）、氨氮（0.02）（Ⅳ）
198	海南		南海	文昌河	水涯新区	2015	Ⅳ	高锰酸盐指数（0.26）、氨氮（0.25）、化学需氧量（0.08）（Ⅳ）
199	海南		南海	文教河	坡柳水闸	2011	Ⅳ	高锰酸盐指数（0.17）、化学需氧量（0.01）（Ⅳ）
199	海南		南海	文教河	坡柳水闸	2012	Ⅳ	高锰酸盐指数（0.11）（Ⅳ）
199	海南		南海	文教河	坡柳水闸	2013	Ⅳ	高锰酸盐指数（0.16）、化学需氧量（0.02）（Ⅳ）
199	海南		南海	文教河	坡柳水闸	2014	Ⅳ	高锰酸盐指数（0.15）、化学需氧量（0.03）（Ⅳ）
199	海南		南海	文教河	坡柳水闸	2015	Ⅳ	高锰酸盐指数（0.13）、化学需氧量（0.06）（Ⅳ）
200	海南		南海	文澜江	白仞滩电站	2011	Ⅲ	—
200	海南		南海	文澜江	白仞滩电站	2012	Ⅲ	—
200	海南		南海	文澜江	白仞滩电站	2013	Ⅲ	—
200	海南		南海	文澜江	白仞滩电站	2014	Ⅲ	—
200	海南		南海	文澜江	白仞滩电站	2015	Ⅲ	—
201	海南		南海	珠碧江	上村桥	2011	Ⅲ	—
201	海南		南海	珠碧江	上村桥	2012	Ⅲ	—
201	海南		南海	珠碧江	上村桥	2013	Ⅲ	—
201	海南		南海	珠碧江	上村桥	2014	Ⅲ	—
201	海南		南海	珠碧江	上村桥	2015	Ⅲ	—

附表 3 各省直排海污染源监测结果

省份	年份	排口数/个	达标比例/%	污水量/（万 t/a）	COD/（t/a）	石油类/（t/a）	氨氮/（t/a）	总氮/（t/a）	总磷/（t/a）	总汞/（kg/a）	六价铬/（kg/a）	总铅/（kg/a）	总镉/（kg/a）
辽宁	2011	37	43.2	41 610	21 131	70	2 691	5 119	347	20.40	0.009	14.44	0.04
	2012	38	60.5	56 566	32 207	94	2 530	6 848	457	14.84	40.098	20.19	2.02
	2013	36	50.0	58 737	34 550	229	2 819	6 026	420	26.24	10.854	126.75	2.91
	2014	34	58.8	53 118	19 396	69	2 057	5 037	279	25.09	27.889	447.13	1.72
	2015	35	74.3	49 057	22 118	63	3 556	8 138	307	25.19	367.805	955.77	0.00
河北	2011	7	100.0	7 899	4 035	0	541	1 099	44	0.00	0.000	4.00	0.46
	2012	7	100.0	8 148	2 250	0	541	978	44	0.00	0.000	4.20	0.51
	2013	6	100.0	7 411	2 678	0	495	1 165	94	0.00	0.000	9.62	1.18
	2014	5	100.0	7 494	1 867	0	285	870	92	0.05	0.000	6.00	0.66
	2015	5	40.0	7 888	5 081	0	1 408	1 994	231	0.12	0.000	6.92	0.41
天津	2011	15	40.0	4 204	2 895	12	363	623	57	4.46	33.649	18.41	0.25
	2012	22	45.5	4 259	2 129	4	209	526	31	3.05	24.064	75.78	1.96
	2013	19	42.1	5 366	6 394	7	543	894	60	7.38	0.631	548.54	0.30
	2014	19	42.1	12 638	11 978	9	1 131	2 095	118	17.04	20.516	0.00	0.00
	2015	18	38.9	3 736	9 850	8	854	1 317	94	3.89	29.900	8.72	1.85
山东	2011	46	100.0	51 064	22 342	22	1 402	3 876	304	0.18	0.088	0.00	0.00
	2012	44	90.9	51 249	21 850	32	1 198	4 028	215	0.39	136.537	0.00	24.81
	2013	46	100.0	55 935	21 364	30	1 312	4 366	241	1.14	121.632	0.00	0.00
	2014	46	91.3	58 773	22 001	29	1 320	5 851	200	2.89	81.803	560.96	190.45
	2015	43	83.7	61 181	22 753	22	1 216	6 685	212	0.10	156.134	1 117.85	0.00
江苏	2011	21	28.6	2 817	2 082	13	178	380	22	2.31	16.399	117.50	19.64
	2012	19	52.6	3 052	2 192	8	169	376	18	6.88	9.900	52.90	0.00
	2013	17	64.7	3 588	2 162	6	229	415	28	1.89	3.581	155.08	33.44
	2014	16	62.5	3 727	2 153	7	171	534	33	9.12	72.227	100.58	46.85
	2015	16	75.0	4 730	2 414	9	165	483	33	11.38	4.598	1.65	8.28
上海	2011	12	41.7	15 733	6 700	83	626	1 275	117	14.96	20.272	494.05	55.16
	2012	12	83.3	19 154	5 497	37	749	1 622	70	5.81	0.119	823.88	19.88
	2013	11	90.9	18 487	4 393	35	324	1 296	49	6.72	2.092	844.99	18.23
	2014	11	36.4	19 276	7 255	55	756	2 008	291	19.53	18.011	87.32	218.25
	2015	11	36.4	24 058	7 416	37	476	2 547	435	14.04	34.560	592.52	68.05
浙江	2011	127	81.1	141 890	83 388	355	8 130	27 475	874	180.53	1.724	358.97	142.48
	2012	116	82.8	160 522	83 938	340	6 347	25 540	808	79.81	2 154.375	623.47	393.24
	2013	109	83.5	168 945	86 780	678	6 334	30 736	737	82.57	934.329	532.08	16.12
	2014	95	78.9	175 745	82 684	694	3 584	30 300	823	93.83	977.982	1 145.77	80.69
	2015	88	73.9	183 016	82 132	341	3 214	30 554	709	57.50	384.093	13 991.41	404.22

省份	年份	排口数/个	达标比例/%	污水量/（万 t/a）	COD/（t/a）	石油类/（t/a）	氨氮/（t/a）	总氮/（t/a）	总磷/（t/a）	总汞/（kg/a）	六价铬/（kg/a）	总铅/（kg/a）	总镉/（kg/a）
福建	2011	60	68.3	112 548	33 071	100	2 003	5 431	283	68.52	119.618	2 578.42	114.66
	2012	62	74.2	160 645	33 741	238	1 983	5 598	329	84.26	111.653	478.58	136.16
	2013	56	78.6	187 057	27 543	149	1 182	5 003	260	46.79	588.258	1 030.80	133.39
	2014	55	69.1	188 735	25 780	104	1 086	5 066	237	75.59	128.488	356.82	153.75
	2015	51	78.4	189 009	25 871	127	966	5 461	243	34.55	46.037	311.29	64.72
广东	2011	68	77.9	69 472	20 404	167	2 498	7 765	499	28.32	98.756	1 558.93	521.34
	2012	64	76.6	65 986	16 865	172	1 552	6 679	484	28.77	260.953	2 180.45	174.88
	2013	62	77.4	71 375	16 000	374	1 228	6 681	481	28.62	213.509	3 544.67	113.95
	2014	62	71.0	69 396	15 668	103	1 524	6 116	399	25.89	244.427	2 500.04	129.37
	2015	62	66.1	61 228	11 133	103	1 181	5 026	299	14.21	24.290	495.15	3.20
广西	2011	24	12.5	7 516	6 538	13	407	1 406	324	2.59	139.445	148.70	21.74
	2012	24	20.8	9 135	8 945	22	600	1 580	359	4.72	0.000	316.77	71.12
	2013	44	36.4	37 188	9 242	55	1 086	3 192	365	11.76	0.000	827.67	70.21
	2014	49	34.7	16 466	12 186	59	1 348	2 984	492	11.43	0.894	552.06	37.35
	2015	49	38.8	12 893	13 023	19	1 278	2 503	449	17.64	4.157	529.31	67.49
海南	2011	15	26.7	18 854	7 820	73	1 341	2 738	176	0.00	21.392	34.76	3.14
	2012	17	41.2	21 235	8 376	79	1 184	2 763	106	0.02	14.986	10.58	1.47
	2013	17	52.9	24 351	9 613	72	1 418	3 060	106	0.00	32.963	61.01	2.26
	2014	23	56.5	25 799	9 702	69	1 488	2 964	161	0.00	39.880	43.70	5.02
	2015	23	65.2	27 706	9 475	94	866	3 076	137	11.91	37.532	75.63	4.78